建筑工程计量与计价实务
（第2版）

主　编　肖明和　关永冰　胡安春
副主编　刘德军　李静文　刘　萌

北京理工大学出版社
BEIJING INSTITUTE OF TECHNOLOGY PRESS

内 容 提 要

本书为"十四五"职业教育国家规划教材。本书根据高等院校土建类专业的人才培养目标和教学计划、建筑工程计量与计价课程的教学特点和要求，并结合国家大力发展装配式建筑的国家战略，按照国家、省颁布的有关新规范和新标准编写而成。全书除绪论外共分为22个任务，主要内容包括土石方工程，地基处理与边坡支护工程，桩基础工程，砌筑工程，钢筋及混凝土工程，金属结构工程，木结构工程，门窗工程，屋面及防水工程，保温、隔热、防腐工程，楼地面装饰工程，墙、柱面装饰与隔断、幕墙工程，顶棚工程，油漆、涂料及裱糊工程，其他装饰工程，构筑物及其他工程，脚手架工程，模板工程，施工运输工程，建筑施工增加，建设工程工程量清单计价规范，房屋建筑与装饰工程工程量计算规范应用等。

本书可作为高等院校土木工程、工程造价、建设工程监理、建筑装饰工程技术等相关专业的教学用书，也可作为应用型本科、中职、函授、培训机构及土建类工程技术人员的参考用书。

版权专有　侵权必究

图书在版编目（CIP）数据

建筑工程计量与计价实务 / 肖明和，关永冰，胡安春主编 . --2 版 . -- 北京：北京理工大学出版社，2022.2（2024.2 重印）

ISBN 978-7-5763-0986-7

Ⅰ . ①建… Ⅱ . ①肖… ②关… ③胡… Ⅲ . ①建筑工程—计量—高等学校—教材②建筑造价—高等学校—教材 Ⅳ . ① TU723.3

中国版本图书馆 CIP 数据核字（2022）第 028228 号

责任编辑：杜春英	**文案编辑**：杜春英
责任校对：周瑞红	**责任印制**：边心超

出版发行 /	北京理工大学出版社有限责任公司
社　　址 /	北京市丰台区四合庄路 6 号
邮　　编 /	100070
电　　话 /	（010）68914026（教材售后服务热线）
	（010）68944437（课件资源服务热线）
网　　址 /	http: //www.bitpress.com.cn
版印次 /	2024 年 2 月第 2 版第 6 次印刷
印　　刷 /	北京紫瑞利印刷有限公司
开　　本 /	787 mm×1092 mm　1/16
印　　张 /	20
字　　数 /	537 千字
定　　价 /	55.80 元

图书出现印装质量问题，请拨打售后服务热线，负责调换

FOREWORD 第2版前言

党的二十大报告指出：到二〇三五年，我国发展的总体目标包括"建成现代化经济体系，形成新发展格局，基本实现新型工业化、信息化、城镇化、农业现代化"；"建成教育强国、科技强国、人才强国、文化强国、体育强国、健康中国，国家文化软实力显著增强"；建设现代化产业体系，"坚持把发展经济的着力点放在实体经济上，推进新型工业化，加快建设制造强国、质量强国、航天强国、交通强国、网络强国、数字中国"。促进区域协调发展，"推进以人为核心的新型城镇化，加快农业转移人口市民化。以城市群、都市圈为依托构建大中小城市协调发展格局，推进以县城为重要载体的城镇化建设。坚持人民城市人民建、人民城市为人民，提高城市规划、建设、治理水平，加快转变超大特大城市发展方式，实施城市更新行动，加强城市基础设施建设，打造宜居、韧性、智慧城市"。深入实施人才强国战略，"加快建设国家战略人才力量，努力培养造就更多大师、战略科学家、一流科技领军人才和创新团队、青年科技人才、卓越工程师、大国工匠、高技能人才"。

青年强，则国家强。"广大青年要坚定不移听党话、跟党走，怀抱梦想又脚踏实地，敢想敢为又善作善成，立志做有理想、敢担当、能吃苦、肯奋斗的新时代好青年，让青春在全面建设社会主义现代化国家的火热实践中绽放绚丽之花。"这一目标的实现，需要培养造就大批德才兼备的高素质人才，这是国家和民族长远发展大计。功以才成，业由才广。编者在党的二十大政策方针的指导下，围绕"办好人民满意的教育""推进教育数字化"等原则对本书进行了完善和优化。

本书是高等院校土建类专业的专业核心课之一。本书第1版在2018年5月出版，出版后获评"十三五"职业教育国家规划教材。本次修订，编者在第1版的基础上，根据工程造价、建筑工程技术等专业教学标准针对"建筑工程计量与计价"课程的教学要求，结合《住房和城乡建设部等部门关于推动智能建造与建筑工业化协同发展的指导意见》（建市［2020］60号）、《住房和城乡建设部关于印发"十四五"建筑业发展规划的通知》（建市［2022］11号）等文件，以《山东省建筑工程消耗量定额》（SD 01-31—2016）、《山东省建筑工程价目表》（2020年）、《建设工程工程量清单计价规范》（GB 50500—2013）及《房屋建筑与装饰工程工程量计算规范》（GB 50854—2013）等为主要依据编写而成，并加入了课程建设的新成果，重点突出任务教学、案例教学，以提高学生的实践应用能力。本次修订出版后，获评"十四五"职业教育国家规划教材。

FOREWORD

本次修订，及时准确落实党的二十大精神进教材、进课堂、进头脑，充分发挥教材的铸魂育人功能，发挥教材在提升学生政治素养、职业道德上的引领作用，创新教材呈现形式，实现"三全育人"。修订后教材，主要特色如下：

1. 坚持正确政治导向，弘扬劳动光荣风尚

本书以造价员所需的工程量计算、价格计算能力为主线，帮助学生适应工程建设艰苦行业和一线技术岗位，融入劳动光荣、精打细算和工匠精神等思政元素。

2. 围绕"实例分析＋相关知识＋任务实施＋知识拓展"，架构案例式教材体系

由于该课程知识面广、知识点多，以"任务引领、实例导入"引出各任务要解决的主要问题，围绕主要问题阅读定额说明，理解计算规则，学生带着目标、疑问学习，激发学生的求知欲。在任务实施环节，充分考虑任务、案例的典型性，由简单到复杂设置，采用清晰、明了的图表形式呈现计算过程和结果，力求知识点全面融入。

3. 实现"岗课赛证"融通，推进"三教"改革

结合造价员岗位技能，"课岗对接"，教材内容对接造价员岗位标准；"课赛融合"，将建设工程数字化计量与计价大赛内容融入教材，以赛促教、以赛促学；"课证融通"，将"1+X"工程造价数字化应用职业技能等级证书内容融入教材，促进课证互嵌共生、互动共长。教材以国家规范分项工程任务为引领，以建筑工程量计算和定额（规范）应用能力为主线，倡导学生在任务活动中学会灵活进行计量与计价。

4. 创新"互联网＋"融媒体，建设立体化教学资源

本书以纸质教材为基础，建设了"教材＋素材库＋题库＋教学课件＋测评系统＋名师授课录像＋课程思政"的立体化教学资源。围绕"互联网＋"，本书建设有动画、微课、教学课件、习题等网络资源，读者可通过扫描书中二维码或访问链接：https://mooc.icve.com.cn/course.html?cid=JZGJN178415 获取；围绕"课程思政"，挖掘课程思政元素，特别是工程建设所需的家国情怀、工匠精神、劳动风尚，设置精细化的计量与计价案例，凸显"精打细算""遵纪守法"准则，教师和学生可以利用课程资源平台实现自学、训练、解惑、测试等全过程，有效实施线上线下的混合式教学。

5. 本书适用于不同专业使用

本书适用于"建筑工程计量与计价"或"建筑工程概预算"等相关课程，建议工程

FOREWORD

造价专业学生学习时，参考学时为 128 学时；建筑工程技术、建筑装饰工程技术、智能建造技术等专业学生学习时，参考学时为 64 学时。

本书由济南工程职业技术学院肖明和、关永冰，山东天齐置业集团股份有限公司胡安春担任主编；济南工程职业技术学院刘德军、李静文，山东商务职业学院刘萌担任副主编。其中绪论、任务 1~8、任务 19~21 由肖明和编写，任务 9、10 由刘德军编写，任务 11~14 由关永冰编写，任务 15、16 由胡安春编写，任务 17、18 由李静文编写，任务 22 由刘萌编写。

本书在编写过程中参考了国内外同类教材和相关的资料，在此，向原作者表示感谢！并对为本书付出辛勤劳动的编辑同志们表示衷心的感谢！由于编者水平有限，书中难免有不足之处，恳请读者批评指正。联系 E-mail：1159325168@qq.com。

编 者

第1版前言 FOREWORD

  本书根据高等院校土建类专业的人才培养目标和教学计划、建筑工程计量与计价课程的教学特点和要求，并结合国家大力发展装配式建筑的国家战略，以《建筑工程建筑面积计算规范》（GB/T 50353—2013）、《山东省建筑工程消耗量定额》(SD 01—31—2016)、《山东省建筑工程消耗量定额》交底培训资料（2016年）、《山东省建设工程费用项目组成及计算规则》（2016年）、《山东省建筑工程价目表》（2017年）、《建设工程工程量清单计价规范》（GB 50500—2013）、《房屋建筑与装饰工程工程量计算规范》（GB 50854—2013）以及山东省《建筑业营改增建设工程计价依据调整实施意见》（鲁建办字〔2016〕20号）等为主要依据编写而成，理论联系实际，重点突出项目教学、案例教学，以提高学生的实践应用能力。

  本书适用于"建筑工程计量与计价"或"建筑工程概预算"等相关课程，建议工程造价专业学生学习时，参考学时为128学时；建筑工程技术、工程监理等相关专业学生学习时，参考学时为64学时。此外，结合"建筑工程计量与计价"课程的实践性教学特点，针对培养学生实际技能的要求，我们另外组织编写了本书的配套实训教材《建筑工程计量与计价实训》同步出版，该书理论联系实际，突出案例教学法教学，采用真题实做、任务驱动模式，以提高学生的实际应用能力，与本书相辅相成，有助于读者更好地掌握建筑工程计量与计价的实践技能。

  本书由济南工程职业技术学院肖明和、关永冰，山东天齐置业集团股份有限公司胡安春担任主编，济南工程职业技术学院刘德军、李静文，山东商务职业学院刘萌担任副主编。

  本书在编写过程中参考了国内外同类教材和相关的资料，在此，向原作者表示感谢！并对为本书出版付出辛勤劳动的编辑同志们表示衷心的感谢！由于编者水平有限，教材中难免存在不足之处，恳请读者批评指正。联系 E-mail：1159325168@qq.com。

编 者

目录 CONTENTS

绪论 ………………………………………… 1
  0.1 基本建设概述 ……………………… 1
    0.1.1 基本建设程序 ………………… 1
    0.1.2 基本建设预算 ………………… 3
  0.2 建筑工程定额计价办法 …………… 5
    0.2.1 建筑工程定额计价依据 ……… 5
    0.2.2 建筑工程施工图预算书的编制 … 6
    0.2.3 建筑工程工程量的计算 ……… 9
  0.3 建筑工程消耗量定额概述 ………… 13
    0.3.1 建筑工程消耗量定额总说明 … 13
    0.3.2 建筑工程价目表说明 ………… 14
  0.4 建筑面积计算规范 ………………… 14
    0.4.1 概述 …………………………… 14
    0.4.2 计算建筑面积的范围 ………… 15
    0.4.3 不应计算建筑面积的范围 …… 22
  0.5 建设工程费用项目组成及计算
       规则 ………………………………… 25
    0.5.1 总说明 ………………………… 25
    0.5.2 建设工程费用项目组成 ……… 25
    0.5.3 建设工程费用计算程序 ……… 34
    0.5.4 建设工程费用费率 …………… 35
    0.5.5 工程类别划分标准 …………… 37

任务 1 土石方工程 …………………… 44
  1.1 实例分析 …………………………… 44
  1.2 相关知识 …………………………… 44
    1.2.1 土石方工程定额说明 ………… 44
    1.2.2 土石方工程工程量计算规则 … 49
  1.3 任务实施 …………………………… 53
  1.4 知识拓展 …………………………… 57

任务 2 地基处理与边坡支护工程 …… 63
  2.1 实例分析 …………………………… 63
  2.2 相关知识 …………………………… 63
    2.2.1 地基处理与边坡支护工程定额
         说明 …………………………… 63
    2.2.2 地基处理与边坡支护工程工程量
         计算规则 ……………………… 65
  2.3 任务实施 …………………………… 67
  2.4 知识拓展 …………………………… 69

任务 3 桩基础工程 …………………… 72
  3.1 实例分析 …………………………… 72
  3.2 相关知识 …………………………… 72
    3.2.1 桩基础工程定额说明 ………… 72
    3.2.2 桩基础工程工程量计算规则 … 74
  3.3 任务实施 …………………………… 75
  3.4 知识拓展 …………………………… 77

任务 4 砌筑工程 ……………………… 79
  4.1 实例分析 …………………………… 79
  4.2 相关知识 …………………………… 79
    4.2.1 砌筑工程定额说明 …………… 79
    4.2.2 砌筑工程工程量计算规则 …… 82
  4.3 任务实施 …………………………… 86
  4.4 知识拓展 …………………………… 89

CONTENTS

任务 5　钢筋及混凝土工程 ……… 95
　5.1　实例分析 ……………………… 95
　5.2　相关知识 ……………………… 96
　　5.2.1　钢筋及混凝土工程定额说明 ……… 96
　　5.2.2　钢筋及混凝土工程工程量计算规则 ……………………………… 100
　5.3　任务实施 ……………………… 108
　5.4　知识拓展 ……………………… 118

任务 6　金属结构工程 ……………… 126
　6.1　实例分析 ……………………… 126
　6.2　相关知识 ……………………… 126
　　6.2.1　金属结构工程定额说明 ……… 126
　　6.2.2　金属结构工程工程量计算规则 ……… 128
　6.3　任务实施 ……………………… 129
　6.4　知识拓展 ……………………… 130

任务 7　木结构工程 ………………… 133
　7.1　实例分析 ……………………… 133
　7.2　相关知识 ……………………… 133
　　7.2.1　木结构工程定额说明 ………… 133
　　7.2.2　木结构工程工程量计算规则 … 134
　7.3　任务实施 ……………………… 138
　7.4　知识拓展 ……………………… 138

任务 8　门窗工程 …………………… 141
　8.1　实例分析 ……………………… 141
　8.2　相关知识 ……………………… 141
　　8.2.1　门窗工程定额说明 …………… 141
　　8.2.2　门窗工程工程量计算规则 …… 141
　8.3　任务实施 ……………………… 142
　8.4　知识拓展 ……………………… 143

任务 9　屋面及防水工程 …………… 145
　9.1　实例分析 ……………………… 145
　9.2　相关知识 ……………………… 145
　　9.2.1　屋面及防水工程定额说明 …… 145
　　9.2.2　屋面及防水工程工程量计算规则 … 148
　9.3　任务实施 ……………………… 153
　9.4　知识拓展 ……………………… 155

任务 10　保温、隔热、防腐工程 …… 159
　10.1　实例分析 …………………… 159
　10.2　相关知识 …………………… 159
　　10.2.1　保温、隔热、防腐工程定额说明 …… 159
　　10.2.2　保温、隔热、防腐工程工程量计算规则 ……………………… 160
　10.3　任务实施 …………………… 161
　10.4　知识拓展 …………………… 165

任务 11　楼地面装饰工程 ………… 168
　11.1　实例分析 …………………… 168
　11.2　相关知识 …………………… 168
　　11.2.1　楼地面装饰工程定额说明 … 168

CONTENTS

  11.2.2 楼地面装饰工程工程量计算规则……170
 11.3 任务实施……171
 11.4 知识拓展……173

任务12 墙、柱面装饰与隔断、幕墙工程……181
 12.1 实例分析……181
 12.2 相关知识……181
  12.2.1 墙、柱面装饰与隔断、幕墙工程定额说明……181
  12.2.2 墙、柱面装饰与隔断、幕墙工程工程量计算规则……183
 12.3 任务实施……183
 12.4 知识拓展……187

任务13 顶棚工程……191
 13.1 实例分析……191
 13.2 相关知识……191
  13.2.1 顶棚工程定额说明……191
  13.2.2 顶棚工程工程量计算规则……194
 13.3 任务实施……194
 13.4 知识拓展……195

任务14 油漆、涂料及裱糊工程……199
 14.1 实例分析……199
 14.2 相关知识……199
  14.2.1 油漆、涂料及裱糊工程定额说明……199
  14.2.2 油漆、涂料及裱糊工程工程量计算规则……200
 14.3 任务实施……203
 14.4 知识拓展……204

任务15 其他装饰工程……206
 15.1 实例分析……206
 15.2 相关知识……206
  15.2.1 其他装饰工程定额说明……206
  15.2.2 其他装饰工程工程量计算规则……208
 15.3 任务实施……209
 15.4 知识拓展……210

任务16 构筑物及其他工程……213
 16.1 实例分析……213
 16.2 相关知识……213
  16.2.1 构筑物及其他工程定额说明……213
  16.2.2 构筑物及其他工程工程量计算规则……214
 16.3 任务实施……216
 16.4 知识拓展……216

任务17 脚手架工程……220
 17.1 实例分析……220
 17.2 相关知识……220
  17.2.1 脚手架工程定额说明……220
  17.2.2 脚手架工程工程量计算规则……223

17.3　任务实施 …… 227	任务21　建设工程工程量清单计价
17.4　知识拓展 …… 228	规范 …… 260
	21.1　实例分析 …… 260
任务18　模板工程 …… 232	21.2　相关知识 …… 260
18.1　实例分析 …… 232	21.2.1　总则及术语 …… 260
18.2　相关知识 …… 232	21.2.2　一般规定 …… 268
18.2.1　模板工程定额说明 …… 232	21.2.3　工程量清单编制 …… 271
18.2.2　模板工程工程量计算规则 …… 233	21.2.4　投标报价 …… 284
18.3　任务实施 …… 238	21.3　任务实施 …… 294
18.4　知识拓展 …… 239	21.4　知识拓展 …… 295
	21.4.1　招标控制价 …… 295
任务19　施工运输工程 …… 242	21.4.2　竣工结算与支付 …… 298
19.1　实例分析 …… 242	
19.2　相关知识 …… 242	**任务22　房屋建筑与装饰工程工程量**
19.2.1　施工运输工程定额说明 …… 242	**计算规范应用** …… 301
19.2.2　施工运输工程工程量计算规则 …… 245	22.1　实例分析 …… 301
19.3　任务实施 …… 247	22.2　相关知识 …… 301
19.4　知识拓展 …… 251	22.3　任务实施 …… 302
	22.4　知识拓展 …… 307
任务20　建筑施工增加 …… 253	
20.1　实例分析 …… 253	**参考文献** …… 310
20.2　相关知识 …… 253	
20.2.1　建筑施工增加定额说明 …… 253	
20.2.2　建筑施工增加工程量计算规则 …… 255	
20.3　任务实施 …… 255	
20.4　知识拓展 …… 256	

绪 论

0.1 基本建设概述

0.1.1 基本建设程序

1. 建设项目的分解

(1)建设项目。建设项目是指在一个总体设计或初步设计范围内进行施工,在行政上具有独立的组织形式,经济上实行独立核算,有法人资格并与其他经济实体建立经济往来关系的建设工程实体。一个建设项目可以是一个独立工程,也可以包括更多的工程,一般以一个企业事业单位或独立的工程作为一个建设项目。例如,在工业建设中,一座工厂即一个建设项目;在民用建设中,一所学校便是一个建设项目,一个大型体育场馆也是一个建设项目。

(2)单项工程。单项工程又称工程项目,是指在一个建设项目中,具有独立的设计文件,可独立组织施工,建成后能够独立发挥生产能力或效益的工程。工业建设项目的单项工程,一般是指各个生产车间、办公楼、食堂、住宅等;非工业建设项目中每幢住宅楼、剧院、商场、教学楼、图书馆、办公楼等各为一个单项工程。

(3)单位工程。单位工程是指具有独立的设计文件,可独立组织施工,但建成后不能独立发挥生产能力或效益的工程,是单项工程的组成部分。

民用项目的单位工程较容易划分,以一幢住宅楼为例,其中建筑工程、装饰工程、给水排水工程、采暖工程、通风工程、电气照明工程等各为一个单位工程。

工业项目由于工程内容复杂,且有时出现交叉,因此单位工程的划分比较困难。以一个车间为例,其中土建工程、工艺设备安装、工业管道安装、给水排水、采暖、通风、电气安装、自控仪表安装等各为一个单位工程。

(4)分部工程。分部工程是指按单位工程的结构部位,使用的材料、工种或设备种类与型号等的不同而划分的工程,是单位工程的组成部分。

例如,建筑工程可以划分为土石方工程、地基处理与边坡支护工程、桩基础工程、砌筑工程、钢筋及混凝土工程、金属结构工程、木结构工程、门窗工程、屋面及防水工程等分部工程。

(5)分项工程。分项工程是指按照不同的施工方法、不同的材料及构件规格,将分部工程分解为一些简单的施工过程。它是建设工程中最基本的单位内容,能够单独地经过一定施工工序完成,并且可以采用适当的计量单位计算,即通常所指的各种实物工程量。

分项工程是分部工程的组成部分。例如,土石方分部工程,可以分为单独土石方、基础土方、基础石方、平整场地等分项工程。

建设项目的分解如图 0-1 所示。

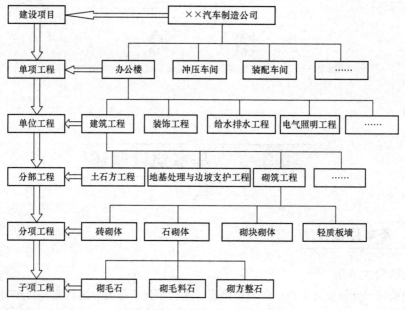

图 0-1　建设项目的分解示意

2. 基本建设程序

基本建设程序是指建设项目在工程建设的全过程中各项工作所必须遵循的先后顺序，它是基本建设过程及其规律性的反映。

基本建设程序大致可分为三个阶段和八个环节，如图 0-2 所示。

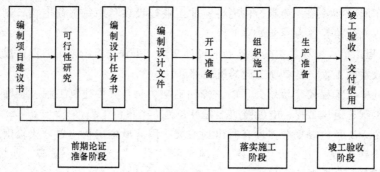

图 0-2　基本建设程序的分解示意

(1) 编制项目建议书。项目建议书是指决策前所做的有关拟建项目初步设想的论证性文件。其内容包括以下几项：

1) 建设工程项目提出的必要性和依据。
2) 拟建规模和建设地点的初步设想。
3) 建设条件、配套设备和资源情况。
4) 投资估算和资金筹措设想。
5) 项目初步进度安排。
6) 经济效益和社会效益的初步估计。

(2) 可行性研究。可行性研究是指对拟建工程项目市场(供需)、技术、经济等方面是否可行而进行的分析判断活动。其内容包括以下几项：

1)总论，即项目提出的背景、投资经济意义和必要性，以及研究工作的依据和范围。

2)预测拟建规模。

3)原材料、燃料及公用设施等资源情况。

4)建厂条件和厂址、位置方案等，包括地理、气象、水文、地质、地形条件，社会经济现状，交通运输及水、电、气的现状和发展趋势，厂址比较和选择意见。

5)项目初步设计方案。

6)环境保护，包括环境现状调查，预测项目对环境的影响，提出环境保护和"三废"治理方案。

7)企业组织、劳动人员定员与培训。

8)项目实施计划与进度计划。

9)细化投资估算和资金筹措方式，包括主体工程和协作配套工程所需要的投资比例、生产流动资金的估算、资金的筹措方式及贷款的偿还方式等。

(3)编制设计任务书。设计任务书是以书面形式反映的拟建工程项目的总体设计构想的文件。

(4)编制设计文件。设计文件主要包括以下几项：

1)方案设计文件(效果图)。

2)初步设计文件。其包含设计说明、初步设计图纸和设计概算。

3)技术设计文件，即将初步设计细化并编制修正概算。

4)施工图设计文件，即包含设计说明、施工图和设计预算。

(5)开工准备。开工准备主要包括以下几项：

1)技术准备，即将施工图报职能部门审批，进行施工招标等。

2)建设许可证准备，即申领建设工程许可证；缴纳城市基础设施建设费、人防设施费、商业网点开发费、教育费附加等多项费用。

3)场地准备。场地准备主要包括以下内容：

①"三通一平"：给水通、路通、电通、场地平整。

②"五通一平"：给水通、路通、电通、通信通、燃气通、场地平整。

③"七通一平"：给水通、路通、电通、通信通、燃气通、排水通、热力通、场地平整。

(6)组织施工。组织施工即由建设单位、设计单位、施工单位、监理单位等多家单位共同参与。

(7)生产准备。生产准备即建设单位投产前所做的各项生产准备活动。

(8)竣工验收、交付使用。竣工验收、交付使用期间的主要工程造价任务有竣工结算编审、竣工决算编制等。

0.1.2 基本建设预算

在工程建设程序的不同阶段，需对建设工程中所支出的各项费用进行准确、合理的计算和确定。各种基本建设预算的主要内容和作用如下。

1. 投资估算

投资估算是指在整个投资决策过程中，依据现有的资料和特定的方法，对建设项目的投资数额进行估计计算的费用文件。

2. 设计概算

设计概算是指在初步设计或扩大初步设计阶段，由设计单位根据初步设计图纸、概算定额或概算指标、设备价格、各项费用定额或取费标准、建设地区的技术经济条件等资料，对工程建设项目费用进行的概略计算的文件，它是设计文件的组成部分。其内容包括建设项目从筹建到竣工验收的全部建设费用。

3. 施工图预算

施工图预算是指根据施工图纸、预算定额、取费标准、建设地区技术经济条件以及相关规定等资料编制的，用来确定建筑安装工程全部建设费用的文件。

施工图预算主要是作为确定建筑工程预算造价和发承包合同价的依据，同时，也是建设单位与施工单位签订施工合同，办理工程价款结算的依据；是落实和调整年度基本建设投资计划的依据；是设计单位评价设计方案的经济尺度；是发包单位编制标底的依据；是施工单位加强经营管理、实行经济核算、考核工程成本以及进行施工准备、编制投标报价的依据。

4. 施工预算

施工预算是指在施工前，根据施工图纸、施工定额，结合施工组织设计中的平面布置、施工方案、技术组织措施以及现场实际情况等，由施工单位编制的、反映完成一个单位工程所需费用的经济文件。

施工预算是施工企业内部的一种技术经济文件，主要是计算工程施工中人工、材料及施工机械台班所需要的数量。施工预算是施工企业进行施工准备、编制施工作业计划、加强内部经济核算的依据，是向班组签发施工任务单、考核单位用工、限额领料的依据，也是企业开展经济活动分析、进行"两算"对比、控制工程成本的主要依据。

5. 合同价

合同价是发承包双方根据市场行情等共同议定和认可的成交价格，是发承包双方进行工程价款结算的价格基础。它不等同于实际工程造价，实际工程造价包括在施工过程中发生的设计变更、现场签证、索赔、人工材料的价差调整等内容。

6. 工程结算

工程结算是指对建设工程的发承包合同价款进行约定和依据合同约定进行工程预付款、工程进度款、工程竣工结算的活动。按工程施工进度的不同，工程结算有中间结算与竣工结算之分。

(1)中间结算就是在工程的施工过程中，由施工单位按月度或按施工进度划分不同阶段进行工程量的统计，经建设单位核定认可，办理工程进度价款的一种工程结算。待将来整个工程竣工后，再做全面的、最终的工程价款结算。

(2)竣工结算是在施工单位完成其所承包的工程项目，并经建设单位和有关部门验收合格后，施工企业根据施工时现场实际情况记录、工程变更通知书、现场签证、定额等资料，在原有合同价款的基础上编制的、向建设单位办理最后应收取工程价款的文件。工程竣工结算是施工单位核算工程成本、分析各类资源消耗情况的依据，是施工企业取得最终收入的依据，也是建设单位编制工程竣工决算的主要依据之一。

7. 竣工决算

竣工决算是指在整个建设项目或单项工程完工并经验收合格后，由建设单位根据竣工结算等资料编制的反映整个建设项目或单项工程从筹建到竣工交付使用全过程实际支付的建设费用的文件。竣工决算是基本建设经济效果的全面反映，是核定新增固定资产价值和办理固定资产交付使用的依据，是考核竣工项目概预算与基本建设计划执行水平的基础资料。

0.2 建筑工程定额计价办法

0.2.1 建筑工程定额计价依据

建筑工程的计价依据非常广泛，不同建设阶段的计价依据不完全相同，因此，不同形式的发承包方式的计价依据也有所差别。下面主要介绍在编制施工图预算（投标报价）和工程标底（招标控制价）时的依据资料。

1. 经过批准和会审的全部施工图设计文件及相关标准图集

经审定的施工图纸、说明书和相关图集，完整地反映了工程的具体情况内容、各部分的具体做法、结构尺寸、技术特征以及施工方法，因此，其是编制施工图预算、计算工程量的主要依据。

2. 经过批准的施工组织设计或施工方案

因为施工组织设计或施工方案是编制施工图预算必不可少的有关文件资料，如建设地点的土质、地质情况，土石方开挖的施工方法及余土外运方式和运距，施工机械使用情况，重要的梁、柱、板的施工方案，所以，其是编制施工图预算的重要依据。

3. 建筑工程消耗量定额或清单计价规范

现行建筑工程消耗量定额及建设工程工程量清单计价办法，都详细地规定了分项工程项目划分及项目编码、分项工程名称及工程内容、工程量计算规则等内容，因此，其是编制施工图预算和招标控制价的主要依据。

4. 建筑工程价目表

建筑工程价目表是确定分项工程费用的重要文件，是编制建筑安装工程招标控制价的主要依据，是计取各项费用的基础和换算定额单价的主要依据。

5. 地区人工工资单价、材料预算单价、施工机械台班单价

人工、材料、机械台班预算单价是预算定额的三要素，是构成直接工程费的主要因素，尤其是材料费在工程成本中所占的比例大，而且在市场经济条件下其价格随市场变化，为使预算造价尽可能接近实际，各地区部门对此都有明确的调价规定。因此，合理确定人工、材料、机械台班预算价格及其调价规定是编制施工图预算的重要依据。

6. 建设工程费用项目组成及计算规则

建设工程费用项目组成及计算规则规定了建筑安装工程费用中措施费、规费、利润和税金的取费标准和取费方法。其是在建筑安装工程人工费、材料费和机械台班使用费计算完毕后，计算其他各项费用的主要依据。

7. 工程承发包合同文件

施工单位和建设单位签订的工程承发包合同文件的若干条款，如工程承包形式、材料设备供应方式、材料差价结算、工程款结算方式、费率系数等，是编制施工图预算和招标控制价的重要依据。

8. 造价工作手册

造价工作手册是预算人员必备的预算资料。其主要包括各种常用数据和计算公式、各种标准构件的工程量和材料量、金属材料规格和计量单位之间的换算,它能为准确、快速编制施工图预算提供方便。

0.2.2 建筑工程施工图预算书的编制

施工图预算是指在施工图设计阶段,设计全部完成并经过会审,工程开工之前,咨询单位或施工单位根据施工图纸、施工组织设计、消耗量定额、各项费用取费标准、建设地区的自然和技术经济条件等资料,预先计算和确定单项工程和单位工程全部建设费用的经济文件。它是建设单位招标和施工单位投标的依据,是签订工程合同的依据,也是确定工程造价的依据。

单位工程施工图预算是单项工程施工图预算的组成部分,根据单项工程内容不同可分为建筑工程施工图预算、安装工程施工图预算、装饰工程施工图预算。其内容按装订顺序主要包括预算书封面、编制说明、取费程序表、单位工程预(结)算表、工料机分析及汇总表、人材机差价调整表、工程量计算表等。

1. 预算书封面

预算书封面有统一的表式,有建筑、安装、装饰等不同种类。每一个单位工程预算用一张封面,在封面空格位置填写相应内容,如结构类型应填写砖混结构、框架结构等。只要在编制人位置加盖造价师或造价员印章,在公章位置加盖单位公章,预算书就会即时产生法律效力。预算书封面内容见表 0-1。

表 0-1 建筑工程预(结)算书封面

工程名称: _____	工程地点: _____
建筑面积: _____	结构类型: _____
工程造价: _____	单方造价: _____
建设单位: _____	施工单位: _____
(公章)	(公章)
审批部门: _____	编制人: _____
(公章)	(印章)
	年 月 日

2. 编制说明

每份单位工程预算之前,都列有编制说明。编制说明的内容没有统一的要求,一般包括如下几点:

(1)编制依据。
1)所编预算的工程名称及概况。
2)采用的图纸名称和编号。
3)采用的消耗量定额和单位估价表。
4)采用的费用定额。
5)按几类工程计取费用。
6)采用了项目管理实施规划或施工组织设计方案的哪些措施。
(2)是否考虑了设计变更或图纸会审记录的内容。
(3)特殊项目的补充单价或补充定额的编制依据。
(4)遗留项目或暂估项目及其原因。

(5)存在的问题及以后处理的办法。
(6)其他应说明的问题。

3. 取费程序表

按工料单价法计算工程费用,需按取费程序计算各项费用。建设工程费用项目组成及计算规则中的定额计价程序见表0-2。

表0-2 建设工程费用定额计价计算程序

序号	费用名称	计算方法
一	分部分项工程费	$\sum\{[定额\sum(工日消耗量×人工单价)+\sum(材料消耗量×材料单价)+\sum(机械台班消耗量×台班单价)]×分部分项工程量\}$
	计费基础 JD1	详见《山东省建设工程费用项目组成及计算规则》(2022年)第二章第三节"计费基础说明"
二	措施项目费	2.1+2.2
	2.1 单价措施费	$\sum\{[定额\sum(工日消耗量×人工单价)+\sum(材料消耗量×材料单价)+\sum(机械台班消耗量×台班单价)]×单价措施项目工程量\}$
	2.2 总价措施费	**JD1×相应费率**
	计费基础 JD2	详见《山东省建设工程费用项目组成及计算规则》(2022年)第二章第三节"计费基础说明"
三	其他项目费	3.1+3.2+…+3.8
	3.1 暂列金额	
	3.2 专业工程暂估价	
	3.3 特殊项目暂估价	
	3.4 计日工	按《山东省建设工程费用项目组成及计算规则》第一章第二节相应规定计算
	3.5 采购保管费	
	3.6 其他检验试验费	
	3.7 总承包服务费	
	3.8 其他	
四	企业管理费	(JD1+JD2)×管理费费率
五	利润	(JD1+JD2)×利润率
六	规费	6.1+6.2+6.3+6.4+6.5
	6.1 安全文明施工费	(一+二+三+四+五)×费率
	6.2 社会保险费	(一+二+三+四+五)×费率
	6.3 建设项目工伤保险	(一+二+三+四+五)×费率
	6.4 优质优价费	(一+二+三+四+五)×费率
	6.5 住房公积金	按工程所在地设区市相关规定计算
七	设备费	$\sum$(设备单价×设备工程量)
八	税金	(一+二+三+四+五+六+七)×税率
九	工程费用	一+二+三+四+五+六+七+八

注:1. 单价措施费中的智慧工地费用、总价措施费中的疫情防控措施费,除税金外不参与其他费用的计取。
2. 增值税一般计税法下,税前造价各构成要素均以不含税(可抵扣进项税额)价格计算;增值税简易计税法下,税前造价各构成要素均以含税价格计算。

4. 单位工程预(结)算表

单位工程预(结)算表也有标准表式，必须按要求认真填写。定额编号应按分部分项工程从小到大填写，以便于预算的审核；单位应和定额单位统一；工程量保留的位数应按定额要求保留。单位工程预(结)算表的格式见表0-3。

表0-3 单位工程预(结)算表

定额编号	项目名称	单位	工程量	省定额价		其中					
						人工费		材料费		机械费	
				单价	合价	单价	合价	单价	合价	单价	合价

5. 工料机分析及汇总表

工料机分析表的前半部分项目栏的填写，与单位工程预(结)算表基本相同；后半部分从上到下分别填写工料机名称及规格、单位、定额单位用量及工料数量。工料机分析表见表0-4。将每一列的工料数量和计数填到该列最下面的格子内，然后将该页工料机合计数汇总到单位工程工料机分析汇总表中。单位工程工料机分析汇总表见表0-5。

表0-4 工料机分析表

定额编号	项目名称	单位	工程量	综合工日		烧结煤矸石普通砖		灰浆搅拌机	
				工日		千块		台班	
				定额	数量	定额	数量	定额	数量

表0-5 单位工程工料机分析汇总表

序号	工料机名称	规格	单位	数量	备注

6. 人材机差价调整表

将表0-5中汇总的各种人材机名称和数量填入表0-6中，进行人材机差价的计算，例如，材料差价=(材料市场单价-材料预算单价)×材料用量。

表0-6 人材机差价调整表

序号	工料机名称	单位	数量	预算单价	市场单价	单价差	差价合计

7. 工程量计算表

工程量应采用表格形式进行计算，表格有横开、竖开两种，由于工程量计算公式较大，故横开表格比较好用。定额编号和工程名称要与定额一致；单位以个位单位填写；工程量应按宽、高、长、数量、系数列式；只有一个式子时，其计算结果可直接填到工程量栏内，等号后面可不写结果；如果有多个分式出现，每个分式后面都应该有结果，工程量合计数填到工程量栏内。工程量计算表见表0-7。

表0-7 工程量计算表

定额编号	项目名称	计算公式	单位	工程量

0.2.3 建筑工程工程量的计算

1. 工程量计算的要求

(1)工程量计算应采取表格形式，定额编号要正确，项目名称要完整，单位要用国际单位制表示，应与消耗量定额中各个项目的单位一致，还要在工程量计算表中列出计算公式，以便于计算和审查。

(2)工程量计算必须在熟悉和审查图纸的基础上进行，要严格按照定额规定的计算规则，以施工图纸所注的位置与尺寸为依据进行计算。数字计算要精确。在计算过程中，小数点可保留三位，汇总时位数的保留应按有关规定要求确定。

(3)工程量计算要按一定的顺序，防止重复和漏算，要结合图纸，尽量做到结构按分层计算，内装饰按分层分房间计算，外装饰按分立面计算或按施工方案的要求分段计算。

(4)计算底稿要整齐，数字清楚，数值准确，切忌草率零乱，辨认不清。工程量计算表是预算的原始单据，计算时要考虑可修改和补充的余地，一般每一个分部工程计算完毕后，可留一部分空白，不要各分部工程量之间挤得太紧。

2. 工程量计算的顺序

(1)单位工程工程量计算顺序。一个单位工程，其工程量计算顺序一般有以下几种：

1)按图纸顺序计算。根据图纸排列的先后顺序，由建施到结施；每个专业图纸由前到后，先算平面，后算立面，再算剖面；先算基本图，再算详图。用这种方法计算工程量，要求编制人熟悉消耗量定额的章节内容，否则容易漏项。

2)按消耗量定额的分部分项顺序计算。按消耗量定额的章、节、子目次序，由前到后，定额项与图纸设计内容能对上号的就计算。使用这种方法时，一要熟悉图纸，二要熟练掌握定额，适用于初学者。

3)按施工顺序计算。按施工顺序计算工程量，即由平整场地、挖基础土方、钎探算起，直到装饰工程等全部施工内容结束为止。用这种方法计算工程量，要求编制人具有一定的施工经验，能掌握组织施工的全过程，并且要求对定额及图纸内容十分熟悉，否则容易漏项。

4)按统筹法计算。工程量运用统筹法计算时，必须先行编制"工程量计算统筹图"和工程量计算手册。其目的是将定额中的项目、单位、计算公式以及计算次序，通过统筹安排后反映在统筹图上，既能看到整个工程计算的全貌及其重点，又能看到每一个具体项目的计算方法和前后关系。编好工程量计算手册，且将多次应用的一些数据，按照标准图册和一定的计算公式，先行算出，纳入手册中。这样可以避免临时进行复杂的计算，以缩短计算过程，做到一次计算，多次应用。

(2)分项工程量计算顺序。在同一分项工程内部各个组成部分之间，为了防止重复计算或漏算，也应该遵循一定的计算顺序。分项工程量计算通常采用以下四种不同的顺序：

1)按照顺时针方向计算。按照顺时针方向计算是指从施工图纸左上角开始，自左至右，然后由上而下，再重新回到施工图纸左上角的计算方法。如外墙挖沟槽土方量、外墙条形基础垫层工程量、外墙条形基础工程量、外墙墙体工程量。

2)按照横竖分割计算。按照横竖分割计算即采用先横后竖、先左后右、先上后下的顺序计算。在横向采用"先左后右、从上到下"；在竖向采用"先上后下、从左到右"。如内墙挖沟槽土方量、内墙条形基础垫层工程量、内墙墙体工程量。

3)按照图纸分项编号计算。按照图纸分项编号计算主要用于图纸上进行分类编号的钢筋混凝土结构、门窗、钢筋等构件工程量的计算。

4)按照图纸轴线编号计算。按照图纸轴线编号计算是指对于造型或结构复杂的工程可以根据施工图纸轴线变化确定工程量计算顺序的计算方法。

3. 工程量计算的方法和步骤

(1)工程量计算的方法。工程量计算的一般方法有分段法、分层法、分块法、补加补减法、平衡法或近似法。

1)分段法。如果基础断面不同，所有基础垫层和基础等都应分段计算。

2)分层法。如遇有多层建筑物的各楼层建筑面积不等，或者各层的墙厚及砂浆强度等级不同，要分层计算。

3)分块法。如果楼地面、顶棚、墙面抹灰等有多种构造和做法，应分别计算。即先计算小块，然后在总面积中减去这些小块面积，得最大的一块面积。

4)补加补减法。如每层墙体都一样，只是顶层多一隔墙，这样可按每层都有(无)这一隔墙计算，然后其他层补减(补加)这一隔墙。

5)平衡法或近似法。当工程量不大或因计算复杂难以计算时，可采用平衡抵消或近似计算的方法。如复杂地形的土方工程就可以采用近似法计算。

(2)工程量计算的步骤。工程量计算的步骤，大体上可分为熟悉图纸、基数计算、计算分项工程量、计算其他不能用基数计算的项目、整理与汇总五个步骤。

在掌握基础资料、熟悉图纸之后，不要急于计算，应该先把在计算工程量中需要的数据统计并计算出来。其内容包括以下几项：

1)计算出基数。基数是指在工程量计算中需要反复使用的基本数据。常用的基数有"四线""两面"。

2)编制统计表。统计表在建筑工程中主要是指门窗洞口面积统计表和墙体构件体积统计表。另外，还应统计好各种预制构件的数量、体积以及所在的位置。

3)编制预制构件加工委托计划。为了不影响正常的施工进度，一般需要把预制构件或订购计划提前编制出来。这些工作多由预算员来做，需要注意的是，此项委托计划应把施工现场自己加工的、委托预制厂加工的或去厂家订购的分开编制，以满足施工实际需要。

4)计算工程量。计算工程量要按照一定的顺序计算，根据各分项工程的相互关系统筹安排，这样既能保证不重复、不漏算，还能加快预算速度。

5)计算其他项目。不能用线面基数计算的其他项目工程量，如水槽、花台、阳台、台阶等，这些零星项目应分别计算，列入各章节内，要特别注意清点，防止漏算。

6)工程量整理、汇总。最后按章节对工程量进行整理、汇总，核对无误，为套用定额做准备。

4. 运用统筹法原理计算工程量

统筹法计算工程量的基本要点是统筹程序、合理安排；利用基数、连续计算；一次算出、多次应用；结合实际、灵活机动。

(1)统筹程序、合理安排。按以往习惯，工程量大多数是按施工顺序或定额顺序进行计算，往往不能利用数据之间的内在联系而形成重复计算。而按统筹法计算，即突破了这种习惯的做法。例如，按定额顺序应先计算墙体后计算门窗，墙体工程量应扣除门窗所占墙体体积，这样就会出现在计算墙体工程量时先计算一遍门窗工程量，计算门窗工程量时再计算一遍，这样就会增加劳动量。利用"统筹法"可打破这个顺序，先计算门窗再计算墙体。

(2)利用基数、连续计算。根据图纸的尺寸，把"四线""两面"先计算好，作为基数，然后利用基数分别计算与它们各自有关的分项工程量，使前面的计算项目为后面的计算项目创造条件，后面的计算项目利用前面的计算项目的数量连续计算，就能减少许多重复劳动，提高计算速度。

(3)一次算出、多次应用。把不能用基数进行连续计算的项目，预先组织力量，一次编好，汇编成工程量计算手册，供计算工程量时使用。又如定额需要换算的项目，一次性换算出，以后就可以多次使用，因此这种方法方便易行。

(4)结合实际、灵活机动。由于建筑物造型、各楼层面积大小、墙厚、基础断面、砂浆强度等级等都可能不同，因此不能都用基数进行计算，具体情况要结合图纸灵活计算。

5. 基数计算

四线：

$L_{中}$：建筑平面图中设计外墙中心线的总长度。

$L_{内}$：建筑平面图中设计内墙净长线的长度。

$L_{外}$：建筑平面图中外墙外边线的总长度。

$L_{净}$：建筑基础平面图中内墙混凝土基础或垫层净长度。

两面：

$S_{底}$：建筑物底层建筑面积。

$S_{房}$：建筑平面图中房心净面积。

一表（一册）：

门窗统计表（工程量计算手册）。

【应用案例0-1】

某工程底层平面图、基础平面图及断面图如图0-3所示，其门窗尺寸如下：

M-1：1 200 mm×2 400 mm（带纱镶木板门，单扇带亮）；M-2：900 mm×2 100 mm（无纱胶合板门，单扇无亮）；C-1：1 500 mm×1 500 mm（铝合金双扇推拉窗，带亮、带纱，纱扇尺寸 800 mm×950 mm）；C-2：1 800 mm×1 500 mm（铝合金双扇推拉窗，带亮、带纱，纱扇尺寸 900 mm×950 mm）；C-3：2 000 mm×1 500 mm（铝合金三扇推拉窗，带亮、带纱，纱扇每扇尺寸 700 mm×950 mm，2扇）。

要求：(1)计算"四线""两面"；

(2)计算散水工程量；

(3)编制门窗统计表。

解：

(1)计算"四线""两面"。

$L_{外}=(7.80+5.30)\times 2=26.20(m)$

$L_{中}=L_{外}-4\times 墙厚=26.20-4\times 0.37=24.72(m)$

$L_{内}=3.30-0.24=3.06(m)$

$L_{净垫层}=L_{内}+墙厚-垫层宽=3.06+0.37-1.50=1.93(m)$

$S_{底}=7.80\times 5.30-4.00\times 1.50=35.34(m^2)$

$S_{房}=S_{底}-L_{中}\times 墙厚-L_{内}\times 墙厚=35.34-24.72\times 0.37-3.06\times 0.24=25.46(m^2)$

(2)计算散水工程量。

$L_{散水中} = L_{外} + 4 \times 散水宽 = 26.20 + 4 \times 0.9 = 29.80(m)$

$S_{散水} = 29.80 \times 0.9 - 1.2 \times 0.9 = 25.74(m^2)$

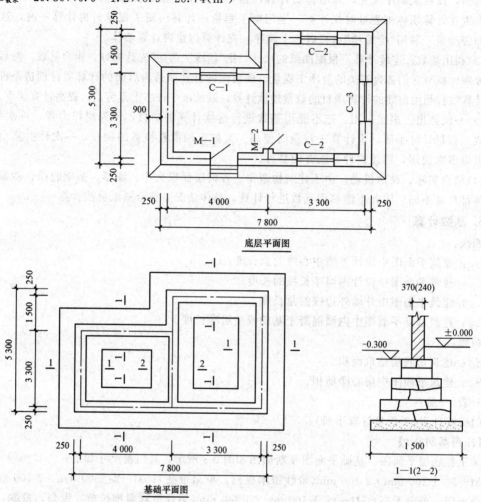

图 0-3　某工程底层(基础)平面图与断面图

(3) 编制门窗统计表，见表 0-8。

表 0-8　门窗统计表

类别	门窗编号	洞口尺寸		数量	备注
		宽/mm	高/mm		
门	M-1	1 200	2 400	1	带纱镶木板门，单扇带亮
	M-2	900	2 100	1	无纱胶合板门，单扇无亮
窗	C-1	1 500	1 500	1	铝合金双扇推拉窗，带亮、带纱，纱扇尺寸 800 mm×950 mm
	C-2	1 800	1 500	2	铝合金双扇推拉窗，带亮、带纱，纱扇尺寸 900 mm×950 mm
	C-3	2 000	1 500	1	铝合金三扇推拉窗，带亮、带纱，纱扇每扇尺寸 700 mm×950 mm，2 扇

0.3 建筑工程消耗量定额概述

0.3.1 建筑工程消耗量定额总说明

(1)《山东省建筑工程消耗量定额》(SD 01—31—2016)(以下简称本定额),包括土石方工程,地基处理与边坡支护工程,桩基础工程,砌筑工程,钢筋及混凝土工程,金属结构工程,木结构工程,门窗工程,屋面及防水工程,保温、隔热、防腐工程,楼地面装饰工程,墙、柱面装饰与隔断、幕墙工程,天棚工程,油漆、涂料及裱糊工程,其他装饰工程,构筑物及其他工程,脚手架工程,模板工程,施工运输工程,建筑施工增加共二十章。

(2)本定额适用于山东省行政区域内的一般工业与民用建筑的新建、扩建和改建工程及新建装饰工程。

(3)本定额是完成规定计量单位分部分项工程所需的人工、材料、施工机械台班消耗量的标准,是编制招标标底(招标控制价)、施工图预算,确定工程造价的依据,以及编制概算定额、估算指标的基础。

(4)本定额是以国家和有关部门发布的国家现行设计规范、施工验收规范、技术操作规程、质量评定标准、产品标准和安全操作规程,现行工程量清单计价规范、计算规范为依据,并参考了有关地区和行业标准定额编制的。

(5)本定额是按照正常的施工条件,合理的施工工期、施工组织设计编制的,反映建筑行业的平均水平。

(6)本定额中人工工日消耗量是以《全国建筑安装工程统一劳动定额》为基础计算的,人工每工日按8小时工作制计算,其内容包括:基本用工、辅助用工、超运距用工及人工幅度差,人工工日不分工种、技术等级,以综合工日表示。

(7)本定额中材料(包括成品、半成品、零配件等)是按施工中采用的符合质量标准和设计要求的合格产品确定的,其主要包括以下几项:

1)本定额中的材料包括施工中消耗量的主要材料、辅助材料和周转性材料。

2)本定额中材料消耗量包括净用量和损耗量。损耗量包括从工地仓库、现场集中堆放点(或现场加工点)至操作(或安装)点的施工场内运输损耗、施工操作损耗、施工现场堆放损耗等。

3)本定额中所有(各类)砂浆均按现场拌制考虑,若实际采用预拌砂浆时,各章定额项目按以下规定进行调整:

①使用预拌砂浆(干拌)的,除将定额中的现拌砂浆调换成预拌砂浆(干拌)外,另按相应额中每立方米砂浆扣除人工0.382工日,增加预拌砂浆罐式搅拌机0.041台班,并扣除定额中灰浆搅拌机台班的数量。

②使用预拌砂浆(湿拌)的,除将定额中的现拌砂浆调换成预拌砂浆(湿拌)外,另按相应额中每立方米砂浆扣除人工0.58工日,并扣除定额中灰浆搅拌机台班的数量。

(8)本定额中机械消耗量。

1)本定额中的机械按常用机械、合理机械配备和施工企业的机械化装备程度,并结合工程实际综合确定。

2)本定额的机械台班消耗量是按正常机械施工工效并考虑机械幅度差综合确定,以不同种类的机械分别表示。

3)除本定额项目中所列的小型机具外,其他单位价值 2 000 元以内、使用年限在一年以内的不构成固定资产的施工机械,不列入机械台班消耗量,作为工具用具在企业管理费中考虑。

4)大型机械安拆及场外运输,按《山东省建设工程费用项目组成及计算规则》(2022 年)中的有关规定计算。

(9)本定额中的工作内容已说明了主要的施工工序,次要工序虽未说明,但均已包括在定额中。

(10)本定额注有"×××以内"或"×××以下"者均包括×××本身;"×××以外"或"×××以上"者则不包括×××本身。

(11)凡本说明未尽事宜,详见本定额的各章说明。

0.3.2 建筑工程价目表说明

(1)《山东省建筑工程价目表》(以下简称本价目表)是依据本定额中的人工、材料、机械台班消耗数量,计入现行人工、材料、机械台班单价计算而成的。

(2)本价目表中的项目名称、编号与本定额相对应,使用时与本定额、《山东省建设工程费用项目组成及计算规则》(2022 年)配套使用。

(3)山东省定额人工单价和省定额价目表是招标控制价编制、投标报价、工程结算等工程计价活动的重要参考。

(4)按照《山东省建设工程费用项目组成及计算规则》(2022 年)规定,山东省定额人工单价和省定额价目表应作为措施费、企业管理费、利润等各项费用的计算基础。

(5)本价目表中的人工单价:本定额建筑工程按 128 元/工日、本定额装饰工程按 138 元/工日、《山东省建设工程施工机械台班费用编制规则》按 128 元/工日计入(2020 年价目表)。

(6)本定额人工单价及价目表自 2020 年 11 月 10 日起执行。

0.4 建筑面积计算规范

0.4.1 概述

(1)为规范工业与民用建筑工程建设全过程的建筑面积计算,统一计算方法,特制定《建筑工程建筑面积计算规范》(GB/T 50353—2013)(以下简称本规范)。

(2)本规范适用于新建、扩建、改建的工业与民用建筑工程建设全过程的建筑面积计算。

(3)建筑工程的建筑面积计算,除应符合本规范外,还应符合现行国家有关标准的规定。

规范补充规定

0.4.2 计算建筑面积的范围

(1)建筑物的建筑面积应按自然层外墙结构外围水平面积之和计算。结构层高在2.20 m及以上的,应计算全面积;结构层高在2.20 m以下的,应计算1/2面积。

(2)建筑物内设有局部楼层时(图0-4),对于局部楼层的二层及以上楼层,有围护结构的应按其围护结构外围水平面积计算,无围护结构的应按其结构底板水平面积计算。结构层高在2.20 m及以上的,应计算全面积;结构层高在2.20 m以下的,应计算1/2面积。

自然层等术语

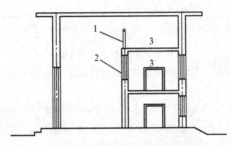

图 0-4 建筑物内的局部楼层
1—围护设施;2—围护结构;3—局部楼层

注:围护结构是指围合建筑空间的墙体、门、窗。

(3)对于形成建筑空间的坡屋顶,结构净高在2.10 m及以上的部位应计算全面积;结构净高在1.20 m及以上至2.10 m以下的部位应计算1/2面积;结构净高在1.20 m以下的部位不应计算建筑面积。

注:①建筑空间是指以建筑界面限定的、供人们生活和活动的场所。凡具备可出入、可利用条件(设计中可能标明用途,也可能没有标明用途或用途不明确)的围合空间,均属于建筑空间。

②结构净高是指楼面或地面结构层上表面至上部结构层下表面之间的垂直距离。

(4)对于场馆看台下的建筑空间,结构净高在2.10 m及以上的部位应计算全面积;结构净高在1.20 m及以上至2.10 m以下的部位应计算1/2面积;结构净高在1.20 m以下的部位不应计算建筑面积。室内单独设置的有围护设施的悬挑看台,应按看台结构底板水平投影面积计算建筑面积。有顶盖无围护结构的场馆看台应按其顶盖水平投影面积的1/2计算面积(图0-5)。

围护设施等术语

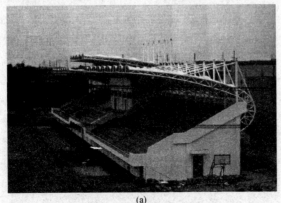

(a)

图 0-5 场馆看台示意
(a)场馆看台立体示意

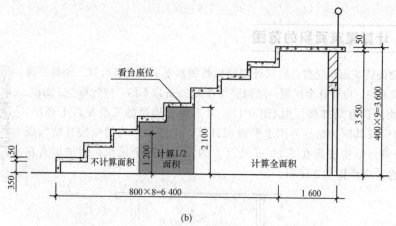

(b)

图 0-5 场馆看台示意（续）
(b) 场馆看台剖面示意

(5) 地下室、半地下室应按其结构外围水平面积计算。结构层高在 2.20 m 及以上的，应计算全面积；结构层高在 2.20 m 以下的，应计算 1/2 面积（图 0-6）。

(6) 出入口外墙外侧坡道有顶盖的部位，应按其外墙结构外围水平面积的 1/2 计算面积（图 0-7）。

地下室等术语

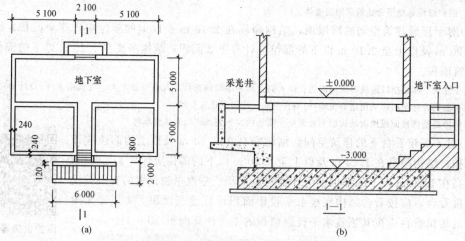

图 0-6 地下室平面和剖面示意
(a) 地下室平面示意；(b) 地下室剖面示意

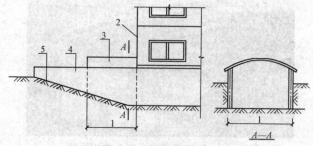

图 0-7 地下室出入口
1—计算 1/2 投影面积部位；2—主体建筑；3—出入口顶盖；
4—封闭出入口侧墙；5—出入口坡道

注：出入口坡道分为有顶盖出入口坡道和无顶盖出入口坡道，出入口坡道顶盖的挑出长度为顶盖结构外边线至外墙结构外边线的长度；顶盖以设计图纸为准，对后增加及建设单位自行增加的顶盖等，不计算建筑面积。顶盖不分材料种类（如钢筋混凝土顶盖、彩钢板顶盖、阳光板顶盖等）。

(7)建筑物架空层及坡地建筑物吊脚架空层，应按其顶板水平投影计算建筑面积。结构层高在2.20 m及以上的，应计算全面积；结构层高在2.20 m以下的，应计算1/2面积。

(8)建筑物的门厅、大厅应按一层计算建筑面积，门厅、大厅内设置的走廊应按走廊结构底板水平投影面积计算建筑面积。结构层高在2.20 m及以上的，应计算全面积；结构层高在2.20 m以下的，应计算1/2面积(图0-8)。

架空层等术语

图0-8 门厅、大厅示意

(9)对于建筑物间的架空走廊，有顶盖和围护设施的，应按其围护结构外围水平面积计算全面积；无围护结构、有围护设施的，应按其结构底板水平投影面积计算1/2面积。

(10)对于立体书库、立体仓库、立体车库(图0-9)，有围护结构的，应按其围护结构外围水平面积计算建筑面积；无围护结构、有围护设施的，应按其结构底板水平投影面积计算建筑面积。无结构层的应按一层计算，有结构层的应按其结构层面积分别计算。结构层高在2.20 m及以上的，应计算全面积；结构层高在2.20 m以下的，应计算1/2面积。

架空走廊等术语

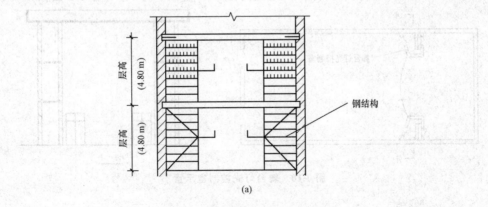

图0-9 立体书库、仓库、车库示意
(a)立体书库示意

图 0-9 立体书库、仓库、车库示意(续)
(b)立体仓库示意；(c)立体车库示意

注：本条主要规定了图书馆中的立体书库、仓储中心的立体仓库、大型停车场的立体车库等建筑的建筑面积计算规定。起局部分隔、存储等作用的书架层、货架层或可升降的立体钢结构停车层均不属于结构层，故该部分分层不计算建筑面积。

(11)有围护结构的舞台灯光控制室(图 0-10)，应按其围护结构外围水平面积计算。结构层高在 2.20 m 及以上的，应计算全面积；结构层高在 2.20 m 以下的，应计算1/2面积。

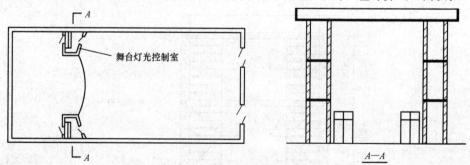

图 0-10 舞台灯光控制室示意

(12)附属在建筑物外墙的落地橱窗，应按其围护结构外围水平面积计算。结构层高在 2.20 m 及以上的，应计算全面积；结构层高在 2.20 m 以下的，应计算1/2面积。

(13)窗台与室内楼地面高差在 0.45 m 以下且结构净高在 2.10 m 及以上的凸(飘)窗,应按其围护结构外围水平面积计算 1/2 面积。

落地橱窗等术语

凸窗等术语

(14)有围护设施的室外走廊(挑廊),应按其结构底板水平投影面积计算 1/2 面积;有围护设施(或柱)的檐廊,应按其围护设施(或柱)外围水平面积计算 1/2 面积(图 0-11、图 0-12)。

注:走廊是指建筑物中的水平交通空间。挑廊(室外走廊)是指挑出建筑物外墙的水平交通空间。檐廊是指建筑物挑檐下的水平交通空间。檐廊是附属于建筑物底层外墙有屋檐作为顶盖,其下部一般有柱或栏杆、栏板等的水平交通空间。

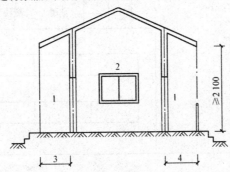

图 0-11 檐廊示意
1—檐廊;2—室内;3—不计算建筑面积部位;4—计算 1/2 建筑面积部位

图 0-12 挑廊示意

(15)门斗应按其围护结构外围水平面积计算建筑面积。结构层高在 2.20 m 及以上的,应计算全面积;结构层高在 2.20 m 以下的,应计算 1/2 面积。

(16)门廊应按其顶板水平投影面积的 1/2 计算建筑面积;有柱雨篷应按其结构板水平投影面积的 1/2 计算建筑面积;无柱雨篷的结构外边线至外

走廊等术语

墙结构外边线的宽度在 2.10 m 及以上的,应按雨篷结构板的水平投影面积的 1/2 计算建筑面积。

注:①门廊是指建筑物入口前有顶棚的半围合空间。门廊是在建筑物出入口,无门、三面或两面有墙,上部有板(或借用上部楼板)围护的部位。

②雨篷是指建筑物出入口上方、凸出墙面、为遮挡雨水而单独设立的建筑部件。雨篷划分为有柱雨篷(包括独立柱雨篷、多柱雨篷、柱墙混合支撑雨篷、墙支撑雨篷)和无柱雨篷(悬挑雨篷)。如凸出建筑物,且不单独设立顶盖,利用上层结构板(如楼板、阳台底板)进行遮挡,则不视为雨篷,不计算建筑面积。对于无柱雨篷,如顶盖高度达到或超过两个楼层时,也不视为雨篷,不计算建筑面积。

(17)设在建筑物顶部的、有围护结构的楼梯间、水箱间、电梯机房等,结构层高在 2.20 m 及以上的应计算全面积;结构层高在 2.20 m 以下的,应计算 1/2 面积(图 0-13)。

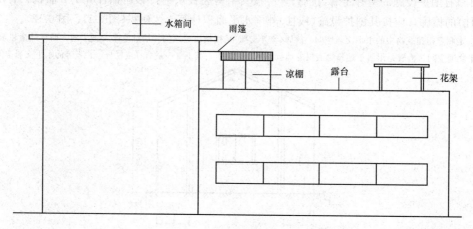

图 0-13　屋顶水箱间示意

(18)围护结构不垂直于水平面的楼层,应按其底板面的外墙外围水平面积计算。结构净高在 2.10 m 及以上的部位,应计算全面积;结构净高在 1.20 m 及以上至 2.10 m 以下的部位,应计算 1/2 面积;结构净高在 1.20 m 以下的部位,不应计算建筑面积。

(19)建筑物的室内楼梯、电梯井、提物井、管道井、通风排气竖井、烟道,应并入建筑物的自然层计算建筑面积。有顶盖的采光井应按一层计算面积,结构净高在 2.10 m 及以上的,应计算全面积;结构净高在 2.10 m 以下的,应计算 1/2 面积。

(20)室外楼梯应并入所依附建筑物自然层,并应按其水平投影面积的 1/2 计算建筑面积(图 0-14)。

注:室外楼梯作为连接该建筑层与层之间交通不可缺少的基本部件,无论从其功能还是工程计价的要求来说,均需计算建筑面积。层数为室外楼梯所依附的楼层数,即梯段部分投影到建筑物范围的层数。利用室外楼梯下部的建筑空间不得重复计算建筑面积;利用地势砌筑的为室外踏步,不计算建筑面积。

(21)在主体结构内的阳台,应按其结构外围水平面积计算全面积;在主体结构外的阳台,应按其结构底板水平投影面积计算 1/2 面积。

(22)有顶盖无围护结构的车棚、货棚、站台、加油站、收费站等,应按其顶盖水平投影面积的 1/2 计算建筑面积(图 0-15)。

围护结构等术语

采光井、电梯井

阳台

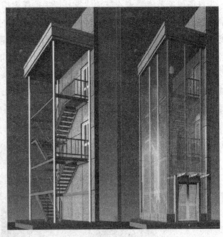

图 0-14 室外楼梯示意

图 0-15 有顶盖无围护结构的车棚、加油站示意

(23)以幕墙作为围护结构的建筑物,应按幕墙外边线计算建筑面积。

注:幕墙以其在建筑物中所起的作用和功能来区分,直接作为外墙起围护作用的幕墙,按其外边线计算建筑面积(图 0-16);设置在建筑物墙体外起装饰作用的幕墙,不计算建筑面积。

图 0-16 围护性幕墙示意

(24)建筑物的外墙外保温层,应按其保温材料的水平截面面积计算,并计入自然层建筑面积。

注：为贯彻国家节能要求，鼓励建筑外墙采取保温措施，本规范将保温材料的厚度计入建筑面积。建筑物外墙外侧有保温隔热层的，保温隔热层以保温材料的净厚度乘以外墙结构外边线长度按建筑物的自然层计算建筑面积，其外墙外边线长度不扣除门窗和建筑物外已计算建筑面积构件（如阳台、室外走廊、门斗、落地橱窗等部件）所占长度。当建筑物外已计算建筑面积的构件（如阳台、室外走廊、门斗、落地橱窗等部件）有保温隔热层时，其保温隔热层也不再计算建筑面积。外墙是斜面者按楼面楼板处的外墙外边线长度乘以保温材料的净厚度计算。外墙外保温以沿高度方向满铺为准，某层外墙外保温铺设高度未达到全部高度时（不包括阳台、室外走廊、门斗、落地橱窗、雨篷、飘窗等），不计算建筑面积。保温隔热层的建筑面积是以保温隔热材料的厚度来计算的，不包含抹灰层、防潮层、保护层（墙）的厚度。建筑外墙外保温构造如图 0-17 所示。

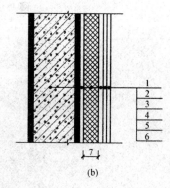

图 0-17 建筑外墙外保温构造示意
（a）外墙外保温示意；（b）外墙外保温构造层次
1—墙体；2—黏结胶浆；3—保温材料；4—标准网；5—加强网；
6—抹面胶浆；7—计算建筑面积部位

(25) 与室内相通的变形缝，应按其自然层合并在建筑物建筑面积内计算。对于高低联跨的建筑物，当高低跨内部连通时，其变形缝应计算在低跨面积内。

注：本条所指的是与室内相通，暴露在建筑物内，并在建筑物内看得见的变形缝。

(26) 对于建筑物内的设备层、管道层、避难层等有结构层的楼层，结构层高在 2.20 m 及以上的，应计算全面积；结构层高在 2.20 m 以下的，应计算 1/2 面积。

注：设备层、管道层虽然其具体功能与普通楼层不同，但在结构及施工消耗上并无本质区别，且本规范定义自然层为"按楼地面结构分层的楼层"，因此，设备、管道楼层归为自然层，其计算规则与普通楼层相同。在吊顶空间内设置管道的，则吊顶空间部分不能被视为设备层、管道层。

变形缝

0.4.3 不应计算建筑面积的范围

(1) 与建筑物内不相连通的建筑部件。

注：本条指的是依附于建筑物外墙外不与户室开门连通，起装饰作用的敞开式挑台（廊）、平台，以及不与阳台相通的空调室外机搁板（箱）等设备平台部件。

(2) 骑楼、过街楼底层的开放公共空间和建筑物通道（图 0-18）。

骑楼等术语

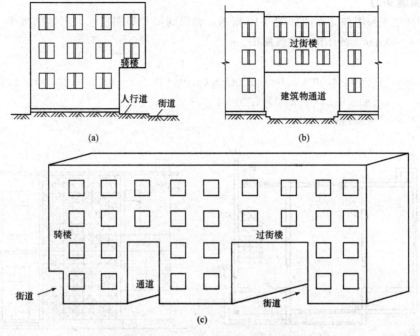

图 0-18 骑楼、过街楼和建筑物通道示意
(a)骑楼；(b)过街楼；(c)建筑物通道

(3)舞台及后台悬挂幕布和布景的天桥、挑台等。

注：本条指的是影剧院的舞台及为舞台服务的可供上人维修、悬挂幕布、布置灯光及布景等搭设的天桥和挑台等构件设施。

(4)露台、露天游泳池、花架、屋顶的水箱及装饰性结构构件。

注：①露台是指设置在屋面、首层地面或雨篷上的供人室外活动的有围护设施的平台。

②露台应满足四个条件：一是位置，设置在屋面、地面或雨篷顶；二是可出入；三是有围护设施；四是无盖。这四个条件需同时满足。如果设置在首层并有围护设施的平台，且其上层为同体量阳台，则该平台应视为阳台，按阳台的规则计算建筑面积。

(5)建筑物内的操作平台、上料平台、安装箱和罐体的平台。

注：建筑物内不构成结构层的操作平台、上料平台(包括工业厂房、搅拌站和料仓等建筑中的设备操作控制平台、上料平台等)，其主要作用为室内构筑物或设备服务的独立上人设施，因此，不计算建筑面积。

(6)勒脚、附墙柱、垛、台阶、墙面抹灰、装饰面、镶贴块料面层、装饰性幕墙，主体结构外的空调室外机搁板(箱)、构件、配件，挑出宽度在 2.10 m 以下的无柱雨篷和顶盖高度达到或超过两个楼层的无柱雨篷。

注：①附墙柱是指非结构性装饰柱。

②室外台阶包括与建筑物出入口连接处的平台。

(7)窗台与室内地面高差在 0.45 m 以下且结构净高在 2.10 m 以下的凸(飘)窗，窗台与室内地面高差在 0.45 m 及以上的凸(飘)窗。

(8)室外爬梯、室外专用消防钢楼梯。

注：室外钢楼梯需要区分具体用途，如专用于消防楼梯，则不计算建筑面积，如果是建筑物唯一通道，兼用于消防，则需要按本书 0.4.2 节的第(20)条计算建筑面积。

(9)无围护结构的观光电梯。

(10)建筑物以外的地下人防通道，独立的烟囱、烟道、地沟、油(水)罐、气柜、水塔、储油(水)池、储仓、栈桥等构筑物。

【应用案例 0-2】

某民用住宅平面图和立面图如图 0-19 所示,轴线间尺寸如图所示,雨篷的水平投影面积为 3 300 mm×1 500 mm,试计算其建筑面积。

解:

$$建筑面积=[(3.00+4.50+3.00+0.24)\times(6.00+0.24)+(4.50+0.24)\times1.20+0.80\times\\(0.80+0.24)+3.00\times1.20\div2]\times2$$
$$=150.68(m^2)$$

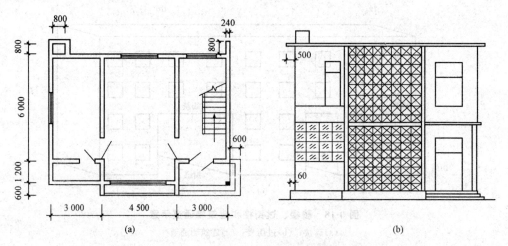

图 0-19 某民用住宅平面图与立面图
(a)平面图;(b)立面图

【应用案例 0-3】

某工程地下室平面图和剖面图如图 0-20 所示,轴线间尺寸如图所示,地下室入口处有永久性顶盖,试计算其建筑面积。

解:

$$建筑面积=(5.1+2.1+5.1+0.24)\times10.24+(6\times2+2.1\times0.8)\div2=135.25(m^2)$$

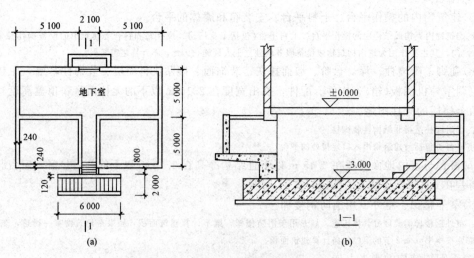

图 0-20 某工程地下室平面图与剖面图
(a)平面图;(b)剖面图

0.5 建设工程费用项目组成及计算规则

0.5.1 总说明

（1）根据住房和城乡建设部、财政部关于印发《建筑安装工程费用项目组成》的通知（建标〔2013〕44号），为统一我省建设工程费用项目组成、计价程序并发布相应费率，制定本规则。

（2）本规则所称建设工程费用，是指建筑、装饰、安装、市政、园林绿化、城市地下综合管廊、房屋修缮、市政养护维修、仿古建筑等工程建造、设备购置及安装费用，适用于山东省行政区域内上述工程的计价活动，包括编制最高投标限价、投标报价和签订施工合同价以及确定工程结算等内容。

（3）本规则与我省现行建筑、安装、市政、园林绿化、城市地下综合管廊、房屋修缮、市政养护维修、仿古建筑工程消耗量定额配套使用，包括定额计价和工程量清单计价两种计价方式，其中规费、税金必须按规定计取，不得作为竞争性费用。

（4）规费中的社会保险费，按照省政府办公厅《关于贯彻国办发〔2017〕19号文件促进建筑业改革发展的实施意见》（鲁政办发〔2017〕57号）和省住房城乡建设厅、省财政厅《关于停止实施主管部门代收、代拨建筑企业养老保障金制度的通知》（鲁建建管字〔2018〕17号）等有关规定，由建设单位按照规定费率直接向施工企业支付。

（5）工程类别划分标准是根据不同的单位工程，按其施工难易程度，结合我省实际情况确定的。

0.5.2 建设工程费用项目组成

1. 建设工程费用项目组成（按费用构成要素划分）

建设工程费（按照费用构成要素划分）由人工费、材料费（设备费）、施工机具使用费、企业管理费、利润、规费和税金组成（图0-21）。

（1）人工费。人工费是指按工资总额构成规定，支付给从事建筑安装工程施工的生产工人和附属生产单位工人的各项费用。其内容包括以下几项：

1）计时工资或计件工资。计时工资或计件工资是指按计时工资标准和工作时间或对已做工作按计件单价支付给个人的劳动报酬。

2）奖金。奖金是指对超额劳动和增收节支支付给个人的劳动报酬，如节约奖、劳动竞赛奖等。

3）津贴、补贴。津贴、补贴是指为了补偿职工特殊或额外的劳动消耗和因其他特殊原因支付给个人的津贴，以及为了保证职工工资水平不受物价影响支付给个人的物价补贴，如流动施工津贴、特殊地区施工津贴、高温（寒）作业临时津贴、高空津贴等。

4）加班加点工资。加班加点工资是指按规定支付的在法定节假日工作的加班工资和在法定日工作时间外延时工作的加点工资。

5）特殊情况下支付的工资。特殊情况下支付的工资是指根据国家法律、法规和政策规定，因病、工伤、产假、计划生育假、婚丧假、事假、探亲假、定期休假、停工学习、执行国家或社会义务等原因按计时工资标准或计时工资标准的一定比例支付的工资。

（2）材料费（设备费）。材料费是指施工过程中耗费的原材料、辅助材料、构配件、零件、半成品或成品的费用。设备费是指构成或计划构成永久工程一部分的机电设备、金属结构设备、仪器装置及其他类似的设备和装置的费用。

1）材料费（设备费）的内容包括以下几项：

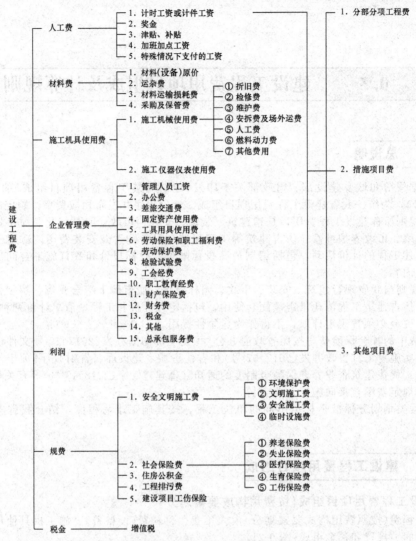

图 0-21 建设工程费用项目组成
（按费用构成要素划分）

①材料（设备）原价。材料（设备）原价是指材料、设备的出厂价格或商家供应价格。

②运杂费。运杂费是指材料、设备自来源地运至工地仓库或指定堆放地点所发生的全部费用。

③材料运输损耗费。材料运输损耗费是指材料在运输装卸过程中不可避免的损耗费用。

④采购及保管费。采购及保管费是指采购、供应和保管材料、设备过程中所需要的各项费用。其包括采购费、仓储费、工地保管费和仓储损耗。

2) 材料（设备）单价，按下式计算：

材料（设备）单价＝{[材料（设备）原价＋运杂费]×(1＋材料运输损耗率)}×(1＋采购保管费费率)。

(3) 施工机具使用费。施工机具使用费是指施工作业所发生的施工机械、施工仪器仪表的使用费或其租赁费。

1) 施工机械台班单价由下列七项费用组成：

①折旧费。折旧费是指施工机械在规定的耐用总台班内，陆续收回其原值的费用。

②检修费。检修费是指施工机械在规定的耐用总台班内，按规定的检修间隔进行必要的检修，以恢复其正常功能所需的费用。

③维护费。维护费是指施工机械在规定的耐用总台班内，按规定的维护间隔进行各级维护和临时故障排除所需的费用。

维护费包括保障机械正常运转所需替换设备与随机配备工具附具的摊销费用、机械运转及日常维护所需润滑与擦拭的材料费用及机械停滞期间的维护费用等。

④安拆费及场外运费。安拆费是指施工机械在现场进行安装与拆卸所需的人工、材料、机械和试运转费用及机械辅助设施的折旧、搭设、拆除等费用；场外运费是指施工机械整体或分体自停放地点运至施工现场，或由一施工地点运至另一施工地点的运输、装卸、辅助材料等费用。

⑤人工费。人工费是指机上司机（司炉）和其他操作人员的人工费。

⑥燃料动力费。燃料动力费是指施工机械在运转作业中所耗用的燃料及水、电等费用。

⑦其他费用。其他费用是指施工机械按照国家规定应缴纳的车船税、保险费及检测费等。

2) 施工仪器仪表台班单价由下列四项费用组成：

①折旧费。折旧费是指施工仪器仪表在耐用总台班内，陆续收回其原值的费用。

②维护费。维护费是指施工仪器仪表各级维护、临时故障排除所需的费用及保证仪器仪表正常使用所需备件（备品）的维护费用。

③校验费。校验费是指按国家与地方政府规定的标定与检验的费用。

④动力费。动力费是指施工仪器仪表在使用过程中所耗用的电费。

(4) 企业管理费。企业管理费是指施工企业组织施工生产和经营管理所需要的费用。其内容包括以下几项：

1) 管理人员工资。管理人员工资是指按规定支付给管理人员的计时工资、奖金、津贴补贴、加班加点工资及特殊情况下支付的工资等。

2) 办公费。办公费是指企业管理办公用的文具、纸张、账表、印刷、邮电、书报、办公软件、现场监控、会议、水电、烧水和集体取暖降温（包括现场临时宿舍取暖降温）等的费用。

3) 差旅交通费。差旅交通费是指职工因公出差、调动工作的差旅费、住勤补助费、市内交通费和误餐补助费，职工探亲路费，劳动力招募费，职工退休、退职一次性路费，工伤人员就医路费，工地转移费以及管理部门使用的交通工具的油料、燃料等的费用。

4) 固定资产使用费。固定资产使用费是指管理和试验部门及附属生产单位使用的属于固定资产的房屋、设备、仪器等的折旧、大修、维修或租赁费。

5) 工具用具使用费。工具用具使用费是指企业施工生产和管理使用的不属于固定资产的工具、器具、家具、交通工具和检验、试验、测绘、消防用具等的购置、维修和摊销费。

6) 劳动保险和职工福利费。劳动保险和职工福利费是指由企业支付的职工退职金、按规定支付给离休干部的经费，集体福利费、夏季防暑降温费、冬季取暖补贴、上下班交通补贴等。

7) 劳动保护费。劳动保护费是企业按规定发放的劳动保护用品的支出，如工作服、手套、防暑降温饮料以及在有碍身体健康的环境中施工的保健费用等。

8) 检验试验费。检验试验费是指施工企业按照有关标准规定，对建筑以及材料、构件和建筑安装物进行一般鉴定、检查所发生的费用，包括自设实验室进行试验所耗用的材料等费用。

一般鉴定、检查，是指按相应规范所规定的材料品种、材料规格、取样批量、取样数量、取样方法和检测项目等内容所进行的鉴定、检查。例如，砌筑砂浆配合比设计、砌筑砂浆抗压试块、混凝土配合比设计、混凝土抗压试块等施工单位自制或自行加工材料按规范规定的内容所进行的鉴定、检查。

9) 工会经费。工会经费是指企业按《中华人民共和国工会法》规定的全部职工工资总额比例计提的工会经费。

10) 职工教育经费。职工教育经费是指按职工工资总额的规定比例计提，企业为职工进行专业技术和职业技能培训，专业技术人员继续教育、职工职业技能鉴定、职业资格认定以及根据需要对职工进行各类文化教育所发生的费用。

11) 财产保险费。财产保险费是指施工管理用财产、车辆等的保险费用。

12) 财务费。财务费是指企业为施工生产筹集资金或提供预付款担保、履约担保、职工工资支付担保等所发生的各种费用。

13) 税金。税金是指企业按规定缴纳的房产税、车船使用税、土地使用税、印花税、城市维护建设税、教育费附加及地方教育附加、水利建设基金等。

14)其他。其他包括技术转让费、技术开发费、投标费、业务招待费、绿化费、广告费、公证费、法律顾问费、审计费、咨询费、保险费等。

15)总承包服务费。总承包服务费是指总承包人为配合、协调发包人根据国家有关规定进行专业工程发包、自行采购材料和设备等进行现场接收、管理(非指保管)以及施工现场管理、竣工资料汇总整理等服务所需的费用。

(5)利润。利润是指施工企业完成所承包工程获得的盈利。

(6)规费。规费是指按国家法律、法规规定,由省级政府和省级有关权力部门规定必须缴纳或计取的费用。其包括以下几项:

1)安全文明施工费。

①环境保护。环境保护费是指施工现场为达到环保部门要求所需要的各项费用。

②文明施工费。文明施工费是指施工现场文明施工所需要的各项费用。

③安全施工费。安全施工费是指施工现场安全施工所需要的各项费用。

④临时设施费。临时设施费是指施工企业为进行建设工程施工所必须搭设的生活和生产用的临时建筑物、构筑物和其他临时设施费用。

临时设施包括办公室、加工场(棚)、仓库、堆放场地、宿舍、卫生间、食堂、文化卫生用房与构筑物,以及规定范围内的道路、水、电、管线等临时设施和小型临时设施。

临时设施费包括临时设施的搭建、维修、拆除、清理费或摊销费等。

2)社会保险费。

①养老保险费。养老保险费是指企业按照规定标准为职工缴纳的基本养老保险费。

②失业保险费。失业保险费是指企业按照规定标准为职工缴纳的失业保险费。

③医疗保险费。医疗保险费是指企业按照规定标准为职工缴纳的基本医疗保险费。

④生育保险费。生育保险费是指企业按照规定标准为职工缴纳的生育保险费。

⑤工伤保险费。工伤保险费是指企业按照规定标准为职工缴纳的工伤保险费。

3)建设项目工伤保险。按照山东省人力资源和社会保障厅等4部门《关于转发人社部发〔2014〕103号文件明确建筑业参加工伤保险有关问题的通知》(鲁人社发〔2015〕15号)和《关于进一步做好建筑业工伤保险工作的通知》(鲁人社字〔2020〕69号)等有关规定,建筑施工企业对相对固定的职工,应按用人单位参加工伤保险;对不能按用人单位参保、建筑项目使用的建筑业职工特别是农民工(包括总承包单位和专业承包单位、劳务分包单位使用的农民工,但不包括已按用人单位参加工伤保险的职工),按建设项目参加工伤保险。按建设项目为单位参加工伤保险的,应在建设项目所在地参保。

按建设项目为单位参加工伤保险的,建设项目确定中标企业后,建设单位在项目开工前将工伤保险费一次性拨付给总承包单位,由总承包单位为该建设项目使用的所有职工统一办理工伤保险参保登记和缴费手续。

4)优质优价费。按照山东省政府办公厅《关于进一步促进建筑业改革发展的十六条意见》(鲁政办字〔2019〕53号)和山东省住房城乡建设厅等12部门《印发关于促进建筑业高质量发展的十条措施的通知》(鲁建发〔2021〕2号)等有关规定,在房屋建筑和市政工程中落实"优质优价"政策,鼓励工程建设各方创建优质工程。依法招标的工程,应按招标文件提出的创建目标(国家级、省级、市级)计列优质优价费;不须招标的工程,应按发承包双方合同约定的创建目标计列。

建设工程达到合同约定的创建目标时,按照达到等次计取优质优价费用;未达到或超出合同约定目标时,合同有明确约定的,根据合同约定计取,合同未明确约定的,由发承包双方协商确定。

5)住房公积金。住房公积金是指企业按规定标准为职工缴纳的住房公积金。

(7)税金。税金是指国家税法规定应计入建筑安装工程造价内的增值税。

采取增值税一般计税方法的建设工程,税前工程造价的各个构成要素均以不包含增值税(可抵扣进项税额)的价格计算;采取增值税简易计税方法的建设工程,税前工程造价的各个构成要素均包含进项税额。上述两种计税模式中,甲供材料、甲供设备均不作为增值税计税基础。

2. 建设工程费用项目组成(按造价形式划分)

建设工程费按照工程造价形式由分部分项工程费、措施项目费、其他项目费、规费和税金组成(图0-22)。

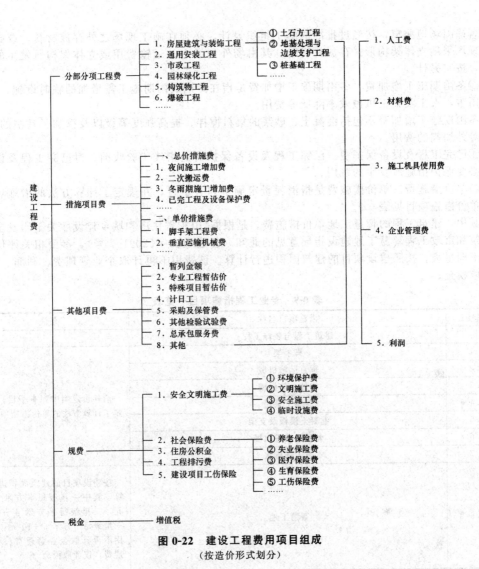

图 0-22 建设工程费用项目组成
（按造价形式划分）

(1)分部分项工程费。分部分项工程费是指各专业工程的分部分项工程应予列支的各项费用。

1)专业工程。专业工程是指按现行国家计量规范划分的房屋建筑与装饰工程、通用安装工程、市政工程、园林绿化工程等各类工程。

2)分部分项工程。分部分项工程是指按现行国家计量规范或现行消耗量定额对各专业工程划分的项目。如房屋建筑与装饰工程划分的土石方工程、地基处理与边坡支护工程、桩基础工程、砌筑工程、钢筋及混凝土工程等。

(2)措施项目费。措施项目费是指为完成工程项目施工，发生于该工程施工准备和施工过程中的技术、生活、安全、环境保护等方面的项目费用。

1)总价措施费。总价措施费是指省建设行政主管部门根据建筑市场状况和多数企业经营管理情况、技术水平等测算发布了费率的措施项目费用。总价措施费的主要内容包括以下几项：

①夜间施工增加费。夜间施工增加费是指因夜间施工所发生的夜班补助费、夜间施工降效、夜间施工照明设备摊销及照明用电等费用。

②二次搬运费。二次搬运费是指因施工场地条件限制而发生的材料、构配件、半成品等一次运输不能到达堆放地点，必须进行二次或多次搬运所发生的费用。

施工现场场地的大小，因工程规模、工程地点、周边情况等因素的不同而各不相同，一般情况下，场地周边围挡范围内的区域为施工现场。

若确因场地狭窄,按经过批准的施工组织设计,必须在施工现场之外存放材料,或必须在施工现场采用立体架构形式存放材料时,其由场外到场内的运输费用或立体架构所发生的搭设费用,按实另计。

③冬雨期施工增加费。冬雨期施工增加费是指在冬期或雨期施工需增加的临时设施、防滑、排除雨雪,人工及施工机械效率降低等费用。

冬雨期施工增加费不包括混凝土、砂浆的集料搅拌、提高强度等级以及掺加于其中的早强、抗冻等外加剂的费用。

④已完工程及设备保护费。已完工程及设备保护费是指竣工验收前,对已完工程及设备采取的必要保护措施所发生的费用。

2)单价措施费。单价措施费是指消耗量定额中列有子目,并规定了计算方法的措施项目费用。单价措施项目见表0-9。

其中,建筑工程的智慧工地单价措施费,是根据《山东省住房和城乡建设厅关于印发全省房屋建筑和市政工程智慧工地建设指导意见的通知》(鲁建质安字〔2021〕7号),参照相关评价标准区分不同星级,按照建设项目的建筑面积进行计算。该费用不再计取企业管理费、利润、规费,仅计取税金。

表0-9 专业工程措施项目一览表

序号	措施项目名称	备注
1	建筑工程与装饰工程	
1.1	脚手架	消耗量定额中列有子目,并规定了计算方法的单价措施项目
1.2	垂直运输机械	
1.3	构件吊装机械	
1.4	混凝土泵送	
1.5	混凝土模板及支架	
1.6	大型机械进出场	
1.7	施工降排水	
1.8	智慧工地	按建设项目的建筑面积进行计算,其中一星级每平方米2~5元,二星级每平方米4~8元,三星级每平方米6~10元。该费用不再计取企业管理费、利润、规费,仅计取税金

(3)其他项目费。

1)暂列金额。暂列金额是指建设单位在工程量清单中暂定,并包括在工程合同价款中的一笔款项,用于施工合同签订时尚未确定或不可预见的材料、设备、服务的采购,施工中可能发生的工程变更、合同约定调整因素出现时工程价款的调整以及发生的索赔、现场签证等费用。

暂列金额包含在投标总价和合同总价中,但只有施工过程中实际发生了,并且符合合同约定的价款支付程序,才能纳入竣工结算价款中。暂列金额,扣除实际发生金额后的余额,仍属于建设单位所有。

暂列金额一般可按分部分项工程费的10%~15%估列。

2)专业工程暂估价。专业工程暂估价是指建设单位根据国家相应规定,预计需由专业承包人另行组织施工、实施单独分包(总承包人仅对其进行总承包服务),但暂时不能确定准确价格的专业工程价款。

专业工程暂估价应区分不同专业,按有关计价规定估价,并仅作为计取总承包服务费的基础,不计入总承包人的工程总造价。

3)特殊项目暂估价。特殊项目暂估价是指未来工程中肯定发生、其他费用项目均未包括,但由于材料、设备或技术工艺的特殊性,没有可参考的计价依据,事先难以准确确定其价格,对造价影响较大的项目费用。

4)计日工。计日工是指在施工过程中,承包人完成建设单位提出的工程合同范围以外的、突发性的零星项目或工作,按合同中约定的单价计价的一种方式。

计日工不仅指人工,零星项目或工作使用的材料、机械均应计列于本项之下。

5)采购及保管费。定义同前。

6)其他检验试验费。其他检验试验费是指除企业管理费中包含的检验试验费之外,开展特殊性鉴定、检查等所发生的费用。其他检验试验费包括:

①规范规定之外要求增加鉴定、检查产生的费用;
②新结构、新材料的试验费用;
③对构件进行破坏性检验试验的费用;
④建设单位委托第三方机构开展检验试验,并由施工单位支付的检验试验费用;
⑤其他特殊性检验试验项目。

对施工单位提供的、具有检验合格证明的材料,建设单位要求再次检验且经检测不合格的,该检测费用由施工单位承担,不计入工程造价。

7)总承包服务费。定义同前。总承包服务费按下式计算:

总承包服务费=专业工程暂估价(不含设备费)×相应费率

8)其他。其他包括工期奖惩、质量奖惩等,均可计列于本项之下。

(4)规费。定义同前。其包括以下几项:

1)安全文明施工费。安全文明施工措施项目清单,见表0-10。

表0-10 建设工程安全文明施工措施项目清单

类别		项目名称	
安全施工费	一般防护	1.1	安全网
		1.2	安全帽
		1.3	安全带
	通道棚	1.4	杆架、扣件、脚手板
	防护围栏	1.5	配电箱、施工机械等防护棚
		1.6	起重机械安全防护费
		1.7	施工机具安全防护设施费
		1.8	卷扬机安全防护设施
	消防安全防护	1.9	口罩
		1.10	灭火器
		1.11	消防栏
		1.12	砂箱、砂池
		1.13	消防水桶
		1.14	消防铁锹
		1.15	消防水管
		1.16	加压泵
		1.17	消防用水
		1.18	水池
	临边洞口交叉高处作业防护	1.19	楼板、屋面、阳台、槽坑等临边防护
		1.20	通道口防护
		1.21	预留洞口防护
		1.22	电梯井口防护
		1.23	楼梯口防护

续表

类别			项目名称
安全施工费	临边洞口交叉高处作业防护	1.24	垂直方向交叉作业防护
		1.25	高空作业防护
		1.26	安全警示牌及操作规程
	安全警示标志牌	1.27	对讲机
	其他补充	1.28	工人工作证
		1.29	作业人员其他必备安全防护用品胶鞋、雨衣等
		1.30	安全培训
		1.31	安全员培训
		1.32	特殊工种培训
		1.33	塔吊防碰撞系统、空间限制器
		1.34	电阻仪、力矩扳手、漏保测试仪等检测器具
		1.35	安全生产责任保险
环境保护费	材料堆放	2.1	材料堆放标牌、覆盖
	垃圾清运	2.2	垃圾清运
		2.3	垃圾通道
		2.4	垃圾池
	污染源控制	2.5	有毒有害气味控制
		2.6	除"四害"措施费用
		2.7	开挖、预埋污水排放管线
	污染源控制	2.8	视频监控及扬尘噪声监测仪
		2.9	噪音控制
		2.10	密目网
		2.11	雾炮
		2.12	喷淋设施
		2.13	洒水车及人工
		2.14	洗车平台及基础
		2.15	洗车泵
		2.16	渣土车辆100%密闭运输
	污染源控制	2.17	扬尘治理用水
		2.18	扬尘治理用电
		2.19	人工清理路面
		2.20	司机、汽柴油费用
文明施工费	施工现场围挡	3.1	现场及生活区彩钢围挡
	五板一图	3.2	八牌二图
		3.3	项目岗位职责牌
	企业标志	3.4	企业标志及企业宣传
		3.5	企业各类图表
		3.6	会议室形象墙
		3.7	效果图及架子
	场容场貌	3.8	现场及生活区地面硬化处理
		3.9	绿化
		3.10	彩旗
		3.11	现场画面喷涂
		3.12	现场标语条幅
		3.13	围墙墙面美化

续表

类别		项目名称	
文明施工费	其他补充	3.14	工人防暑降温、防蚊虫叮咬
		3.15	食堂洗涤、消毒设施
		3.16	施工现场各门禁保安服务费用
		3.17	职业病预防及保健费用
		3.18	现场医药、器材急救措施
		3.19	室外LED显示屏
		3.20	不锈钢伸缩门
		3.21	铺设钢板路面
		3.22	施工现场铺设砖
		3.23	砖砌围墙
		3.24	大门及喷绘
		3.25	槽边、路边防护栏杆等设施(含底部破墙)
		3.26	路灯
临时设施费	现场办公生活设施	4.1	工地办公室、宿舍
		4.2	现场监控线路及摄像头
		4.3	办公室、宿舍热水器等设施
		4.4	食堂、卫生间、淋浴室、娱乐室、急救室
		4.5	空调
		4.6	阅读栏
		4.7	生活区衣架等设施
		4.8	生活区喷绘宣传
		4.9	宿舍区外墙大牌
	施工现场临时用电	4.10	配电线路电缆
		4.11	配电总箱及维护架
		4.12	配电分箱及维护架
		4.13	配电开关箱及维护架
		4.14	接地保护装置
		4.15	漏电开关保护装置
		4.16	电源线路敷设
	其他补充	4.21	木工棚、钢筋棚
		4.22	太阳能
		4.23	空气能
		4.24	办公区及生活用电
		4.25	工人宿舍场外租赁
		4.26	临时用电
		4.27	化粪池、仓库、楼层临时厕所
		4.28	变频柜

2)社会保险费。社会保险费包括养老保险费、失业保险费、医疗保险费、生育保险费和工伤保险费。

3)住房公积金。定义同前。

4)工程排污费。定义同前。

5)建设项目工伤保险。定义同前。

(5)税金。定义同前。

0.5.3 建设工程费用计算程序

(1)建设工程费用定额计价计算程序,见表0-2。
(2)建设工程费用工程量清单计价计算程序,见表0-11。

表0-11 建设工程费用工程量清单计价计算程序

序号	费用名称	计算方案
一	分部分项工程费	$\sum(J_i \times$分部分项工程量$)$
	分部分项工程综合单价	$J_i = 1.1+1.2+1.3+1.4+1.5$
	1.1 人工费	每计量单位$\sum($工日消耗量$\times$人工单价$)$
	1.2 材料费	每计量单位$\sum($材料消耗量$\times$材料单价$)$
	1.3 施工机械使用费	每计量单位$\sum($机械台班消耗量$\times$台班单价$)$
	1.4 企业管理费	JQ1$\times$管理费费率
	1.5 利润	JQ1$\times$利润率
	计费基础 JQ1	详见表0-12"计费基础计算方法"
二	措施项目费	2.1+2.2
	2.1 单价措施费	$\sum\{[$每计量单位$\sum($工日消耗量$\times$人工单价$)+\sum($材料消耗量$\times$材料单价$)+\sum($机械台班消耗量$\times$台班单价$)+$JQ2$\times($管理费费率$+$利润率$)]\times$单价措施项目工程量$\}$
	计费基础 JQ2	详见表0-12"计费基础计算方法"
	2.2 总价措施费	$\sum[($JQ1$\times$分部分项工程量$)\times$措施费费率$+($JQ1$\times$分部分项工程量$)\times$省发措施费费率$\times H \times($管理费费率$+$利润率$)]$
三	其他项目费	3.1+3.2+…+3.8
	3.1 暂列金额	
	3.2 专业工程暂估价	
	3.3 特殊项目暂估价	
	3.4 计日工	按《山东省建设工程费用项目组成及计算规则》(2022年)第一章第二节相应规定计算(即本书0.5.2节部分相应规定)
	3.5 采购保管费	
	3.6 其他检验试验费	
	3.7 总承包服务费	
	3.8 其他	
四	规费	4.1+4.2+4.3+4.4+4.5
	4.1 安全文明施工费	(一+二+三)$\times$费率
	4.2 社会保险费	(一+二+三)$\times$费率
	4.3 建设项目工伤保险	(一+二+三)$\times$费率
	4.4 优质优价费	(一+二+三)$\times$费率
	4.5 住房公积金	按工程所在地设区市相关规定计算

续表

序号	费用名称	计算方案
五	设备费	$\sum$（设备单价×设备工程量）
六	税金	（一+二+三+四+五）×税率
七	工程费用合计	一+二+三+四+五+六

注：1. 单价措施费中的智慧工地费用、总价措施费中的疫情防控措施费，除税金外不参与其他费用的计取。
  2. 增值税一般计税法下，税前造价各构成要素均以不含税（可抵扣进项税额）价格计算；增值税简易计税法下，税前造价各构成要素均以含税价格计算。

(3)计费基础说明。各专业工程计费基础的计算方法，见表0-12。

表0-12 计费基础计算方法

专业工程	计费基础		计算方法
建筑、装饰、安装、园林绿化工程、城市地下综合管廊安装工程、房屋修缮、仿古建筑工程	人工费	定额计价 JD1	分部分项工程的省价人工费之和
			$\sum$[分部分项工程定额$\sum$（工日消耗量×省人工单价）×分部分项工程量]
		定额计价 JD2	单价措施项目的省价人工费之和+总价措施费中的省价人工费之和
			$\sum$[单价措施项目定额$\sum$（工日消耗量×省人工单价）×单价措施项目工程量]+$\sum$（JD1×省发措施费费率×H）
		H	总价措施费中人工费含量（%）
		工程量清单计价 JQ1	分部分项工程每计量单位的省价人工费之和
			分部分项工程每计量单位（工日消耗量×省人工单价）
		工程量清单计价 JQ2	单价措施项目每计量单位的省价人工费之和
			单价措施项目每计量单位$\sum$（工日消耗量×省人工单价）
		H	总价措施费中人工费含量（%）

注：单价措施费中的智慧工地费用、总价措施费中的疫情防控措施费，不计入计费基础。

0.5.4 建设工程费用费率

(1)措施费（建筑、装饰工程）费率，见表0-13～表0-15。

表0-13 一般计税法下（除税） %

专业名称 \ 费用名称	夜间施工费	二次搬运费	冬雨期施工增加费	已完工程及设备保护费
建筑工程	2.55	2.18	2.91	0.15
装饰工程	3.64	3.28	4.10	0.15

表0-14 简易计税法下(含税) %

费用名称 专业名称	夜间施工费	二次搬运费	冬雨期施工增加费	已完工程及设备保护费
建筑工程	2.80	2.40	3.20	0.15
装饰工程	4.00	3.60	4.50	0.15

注:1. 建筑、装饰工程中已完工程及设备保护费的计费基础为省价人、材、机之和。
　　2. 措施费中的人工费含量见表0-15。

表0-15 措施费中的人工费含量 %

费用名称 专业名称	夜间施工费	二次搬运费	冬雨期施工增加费	已完工程及设备保护费
建筑工程、装饰工程	25	25	25	10

注:1. 疫情防控措施费,建筑工程、装饰工程一般计税法的费率为3.98%,简易计税法的费率为4.21%。
　　2. 疫情防控措施费不区分专业类别,以分部分项工程费中的省价人工费为计费基数乘以相应费率计算。该费用仅计取税金。

(2)企业管理费、利润费率,见表0-16和表0-17。

表0-16 一般计税法下(除税) %

费用名称 专业名称		企业管理费			利润		
		Ⅰ	Ⅱ	Ⅲ	Ⅰ	Ⅱ	Ⅲ
建筑工程	建筑工程	43.4	34.7	25.6	35.8	20.3	15.0
	构筑物工程	34.7	31.3	20.8	30.0	24.2	11.6
	单独土石方工程	28.9	20.8	13.1	22.3	16.0	6.8
	桩基础工程	23.2	17.9	13.1	16.9	13.1	4.8
装饰工程		66.2	52.7	32.2	36.7	23.8	17.3

注:企业管理费费率中,不包括总承包服务费费率。

表0-17 简易计税法下(含税) %

费用名称 专业名称		企业管理费			利润		
		Ⅰ	Ⅱ	Ⅲ	Ⅰ	Ⅱ	Ⅲ
建筑工程	建筑工程	43.2	34.5	25.4	35.8	20.3	15.0
	构筑物工程	34.5	31.2	20.7	30.0	24.2	11.6
	单独土石方工程	28.8	20.7	13.0	22.3	16.0	6.8
	桩基础工程	23.1	17.8	13.0	16.9	13.1	4.8
装饰工程		65.9	52.4	32.0	36.7	23.8	17.3

注:企业管理费费率中,不包括总承包服务费费率。

(3)总承包服务费、采购保管费费率,见表0-18。

表0-18 总承包服务费、采购保管费费率 %

费用名称		费率
总承包服务费		3
采购保管费	材料	2.5
	设备	1

(4)规费(建筑、装饰工程)费率,见表0-19和表0-20。

表0-19 一般计税法下(除税) %

费用名称 \ 专业名称		建筑工程	装饰工程
安全文明施工费		4.47	4.15
其中:1. 安全施工费		2.34	2.34
2. 环境保护费		0.56	0.12
3. 文明施工费		0.65	0.10
4. 临时设施费		0.92	1.59
社会保险费		1.52	
建设项目工伤保险		0.105	
优质优价费	国家级	1.76	
	省级	1.16	
	市级	0.93	
住房公积金		按工程所在地市区相关规定计算	

注:表中安全施工费费率不包括安全生产责任保险费率。安全生产责任保险费用在招投标和合同签订阶段可暂按0.15%计列,工程结算时按实际购买保险金额计入。

表0-20 简易计税法下(除税) %

费用名称 \ 专业名称		建筑工程	装饰工程
安全文明施工费		4.29	3.97
其中:1. 安全施工费		2.16	2.16
2. 环境保护费		0.56	0.12
3. 文明施工费		0.65	0.10
4. 临时设施费		0.92	1.59
社会保险费		1.40	
建设项目工伤保险		0.10	
优质优价费	国家级	1.66	
	省级	1.10	
	市级	0.88	
住房公积金		按工程所在地设区市相关规定计算	

注:表中安全施工费费率不包括安全生产责任保险费率。安全生产责任保险费用在招投标和合同签订阶段可暂按0.15%计列,工程结算时按实际购买保险金额计入。

(5)税金费率,见表0-21。

表0-21 税金费率 %

费用名称	税率
增值税(一般计税,除税)	11
增值税(简易计税,含税)	3

注:甲供材料、甲供设备不作为增值税计税基础。

0.5.5 工程类别划分标准

1. 说明

(1)工程类别的确定,以单位工程为划分对象。一个单项工程包括建筑工程、装饰工程、水卫工程、暖通工程、电气工程等若干个相对独立的单位工程。一个单位工程只能确定一个工程类别。

(2)工程类别划分标准中有两项指标的,确定工程类别时,需满足其中一项指标。

(3)工程类别划分标准缺项时,拟定为Ⅰ类工程的项目,由省工程造价管理机构核准;Ⅱ、Ⅲ类工程项目,由市工程造价管理机构核准,并同时报省工程造价管理机构备案。

2. 建筑工程

(1)建筑工程类别划分标准,见表0-22。

表0-22 建筑工程类别划分标准

工程特征			单位	工程类别		
				Ⅰ	Ⅱ	Ⅲ
工业厂房工程	钢结构	跨度	m	>30	>18	≤18
		建筑面积	m²	>25 000	>12 000	≤12 000
	其他结构	单层 跨度	m	>24	>18	≤18
		单层 建筑面积	m²	>15 000	>10 000	≤10 000
		多层 檐高	m	>60	>30	≤30
		多层 建筑面积	m²	>20 000	>12 000	≤12 000
民用建筑工程	钢结构	檐高	m	>60	>30	≤30
		建筑面积	m²	>30 000	>12 000	≤12 000
	混凝土结构	檐高	m	>60	>30	≤30
		建筑面积	m²	>20 000	>10 000	≤10 000
	其他结构	层数	层	—	>10	≤10
		建筑面积	m²	—	>12 000	≤12 000
	别墅工程(≤3层)	栋数	栋	≤5	≤10	>10
		建筑面积	m²	≤500	≤700	>700
构筑物工程	烟囱	混凝土结构高度	m	>100	>60	≤60
		砖结构高度	m	>60	>40	≤40
	水塔	高度	m	>60	>40	≤40
		容积	m³	>100	>60	≤60
	筒仓	高度	m	>35	>20	≤20
		容积(单体)	m³	>2 500	>1 500	≤1 500
	储池	容积(单体)	m³	>3 000	>1 500	≤1 500
桩基础工程		桩长	m	>30	>12	≤12
单独土石方工程		土石方	m³	>30 000	>12 000	5 000<体积≤12 000

(2)建筑工程类别划分说明如下:

1)建筑工程确定类别时,应首先确定工程类型。建筑工程的工程类型,按工业厂房工程、民用建筑工程、构筑物工程、桩基础工程、单独土石方工程五个类型分列。

①工业厂房工程。工业厂房工程是指直接从事物质生产的生产厂房或生产车间。工业建筑中,为物质生产配套和服务的实验室、化验室、食堂、宿舍、医疗、卫生及管理用房等独立建

筑物，按民用建筑工程确定工程类别。

②民用建筑工程。民用建筑工程是指直接用于满足人们物质和文化生活需要的非生产性建筑物。

③构筑物工程。构筑物工程是指与工业或民用建筑配套，并独立于工业与民用建筑之外，如烟囱、水塔、储仓、水池等工程。

④桩基础工程。桩基础工程是指浅基础不能满足建筑物的稳定性要求而采用的一种深基础工艺，主要包括各种现浇和预制混凝土桩以及其他材质的桩基础。桩基础工程适用于建设单位直接发包的桩基础工程。

⑤单独土石方工程。单独土石方工程是指建筑物、构筑物、市政设施等基础土石方以外的，挖方或填方工程量＞5 000 m^3 且需要单独编制概预算的土石方工程。其包括土石方的挖、运、填等。

⑥同一建筑物工程类型不同时，按建筑面积大的工程类型确定其工程类别。

2) 房屋建筑工程的结构形式。

①钢结构是指柱、梁(屋架)、板等承重构件用钢材制作的建筑物。

②混凝土结构是指柱、梁(屋架)、板等承重构件用现浇或预制的钢筋混凝土制作的建筑物。

③同一建筑物结构形式不同时，按建筑面积大的结构形式确定其工程类别。

3) 工程特征。

①建筑物檐高是指设计室外地坪至檐口滴水(或屋面板板顶)的高度。凸出建筑物主体屋面楼梯间、电梯间、水箱间部分高度不计入檐口高度。

②建筑物的跨度是指设计图示轴线间的宽度。

③建筑物的建筑面积按建筑面积计算规范的规定计算。

④构筑物高度是指设计室外地坪至构筑物主体结构顶坪的高度。

⑤构筑物的容积是指设计净容积。

⑥桩长是指设计桩长(包括桩尖长度)。

4) 与建筑物配套的零星项目，如水表井、消防水泵接合器井、热力入户井、排水检查井、雨水沉砂池等，按相应建筑物的类别确定工程类别。

其他附属项目，如场区大门、围墙、挡土墙、庭院甬路、室外管道支架等，按建筑工程Ⅲ类确定工程类别。

5) 工业厂房的设备基础，单体混凝土体积＞1 000 m^3，按构筑物工程Ⅰ类；单体混凝土体积＞600 m^3，按构筑物工程Ⅱ类；单体混凝土体积≤600 m^3 且＞50 m^3，按构筑物工程Ⅲ类；单体混凝土体积≤50 m^3，按相应建筑物或构筑物的工程类别确定工程类别。

6) 强夯工程，按单独土石方工程Ⅱ类确定工程类别。

3. 装饰工程

(1) 装饰工程类别划分标准，见表0-23。

表0-23 装饰工程类别划分标准

工程特征	工程类别		
	Ⅰ	Ⅱ	Ⅲ
工业与民用建筑	特殊公共建筑，包括观演展览建筑、交通建筑、体育场馆、高级会堂等	一般公共建筑，包括办公建筑、文教卫生建筑、科研建筑、商业建筑等	居住建筑、工业厂房工程
	四星级及以上宾馆	三星级宾馆	二星级及以下宾馆

续表

工程特征	工程类别		
	Ⅰ	Ⅱ	Ⅲ
单独外墙装饰(包括幕墙、各种外墙干挂工程)	幕墙高度>50 m	幕墙高度>30 m	幕墙高度≤30 m
单独招牌、灯箱、美术字等工程	—	—	单独招牌、灯箱、美术字等工程

(2)装饰工程类别划分说明如下:

1)装饰工程是指建筑物主体结构完成后,在主体结构表面及相关部位进行抹灰、镶贴和铺装面层等施工,以达到建筑设计效果的施工内容。

①作为地面各层次的承载体,在原始地基或回填土上铺筑的垫层,属于建筑工程。附着于垫层或主体结构的找平层仍属于建筑工程。

②为主体结构及其施工服务的边坡支护工程,属于建筑工程。

③门窗(不含门窗零星装饰),作为建筑物围护结构的重要组成部分,属于建筑工程。工艺门扇以及门窗的包框、镶嵌和零星装饰,属于装饰工程。

④位于墙柱结构外表面以外、楼板(含屋面板)以下的各种龙骨(骨架)、各种找平层、面层,属于装饰工程。

⑤具有特殊功能的防水层、保温层,属于建筑工程;防水层、保温层以外的面层属于装饰工程。

⑥为整体工程或主体结构工程服务的脚手架、垂直运输、水平运输、大型机械进出场,属于建筑工程;单纯为装饰工程服务的,属于装饰工程。

⑦建筑工程的施工增加,属于建筑工程;装饰工程的施工增加,属于装饰工程。

2)特殊公共建筑包括观演展览建筑(如影剧院、影视制作播放建筑、城市级图书馆、博物馆、展览馆、纪念馆等)、交通建筑(如汽车、火车、飞机、轮船的站房建筑等)、体育场馆(如体育训练、比赛场馆等)、高级会堂等。

3)一般公共建筑包括办公建筑、文教卫生建筑(如教学楼、实验楼、学校图书馆、门诊楼、病房楼、检验化验楼等)、科研建筑、商业建筑等。

4)宾馆、饭店的星级,按《旅游涉外饭店星级标准》确定。

小 结

通过本部分的学习,要求学生掌握以下内容:

(1)掌握基本建设程序的概念、建设项目的分解以及基本建设预算的种类与作用。

(2)掌握建筑工程定额计价依据、施工图预算书编制的内容和步骤。

(3)掌握工程量计算的基本要求,其中要求重点掌握工程量的计算顺序、计算方法及"四线""两面""一表"的计算。

(4)掌握建筑工程消耗量定额和价目表的说明内容。

(5)掌握计算建筑面积的范围和不应计算建筑面积的范围。

(6)掌握建设工程费用项目组成的基本内容、建设工程费用定额计价计算程序和工程量清单计价计算程序、建设工程费用各项费率的确定以及工程类别划分标准的确定方法。

习 题

一、简答题

1. 简述基本建设预算的分类。
2. 简述建筑工程施工图预算书的编制内容。
3. 什么叫作"四线""两面""一表"?
4. 简述工程量计算的基本顺序。
5. 建筑工程费用包括哪些内容?
6. 工程类别划分标准是什么?
7. 简述建筑工程费用计算程序。
8. 措施费包括哪些内容?
9. 规费包括哪些内容?

二、计算题

1. 某工程底层平面图如图 0-23 所示,墙厚均为 240 mm,轴线尺寸如图所示,试计算有关基数。

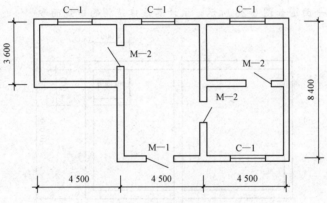

图 0-23 某工程底层平面图

2. 某工程基础平面图与断面图如图 0-24 所示,轴线尺寸如图所示,试计算有关基数。

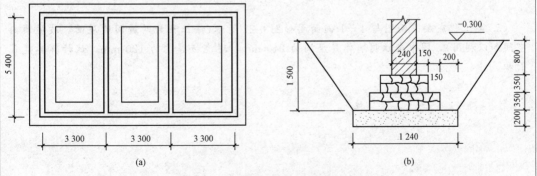

图 0-24 某工程基础平面图与断面图
(a)基础平面图;(b)基础断面图

3. 某单层建筑物内设有局部楼层，尺寸如图 0-25 所示，$L=9\ 240$ mm，$B=8\ 240$ mm，$a=3\ 240$ mm，$b=4\ 240$ mm，试计算该建筑物的建筑面积。

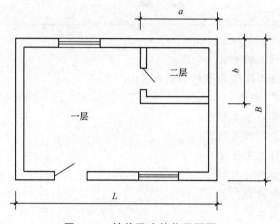

图 0-25　某单层建筑物平面图

4. 某六层建筑物内设有电梯，建筑物顶部设有围护结构的电梯机房，层高为 2.2 m，墙厚为 240 mm，其平面图如图 0-26 所示，试计算该建筑物的建筑面积。

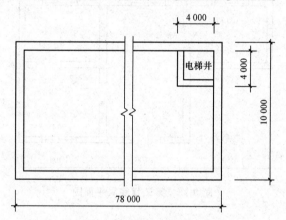

图 0-26　某六层建筑物平面图

5. 某工程底层平面图与 1—1 剖面图如图 0-27 所示（该工程为两坡同坡屋面，坡屋顶内空间加以利用），图中未注明墙体厚度均为 240 mm，现浇板厚均为 120 mm，试计算其建筑面积。

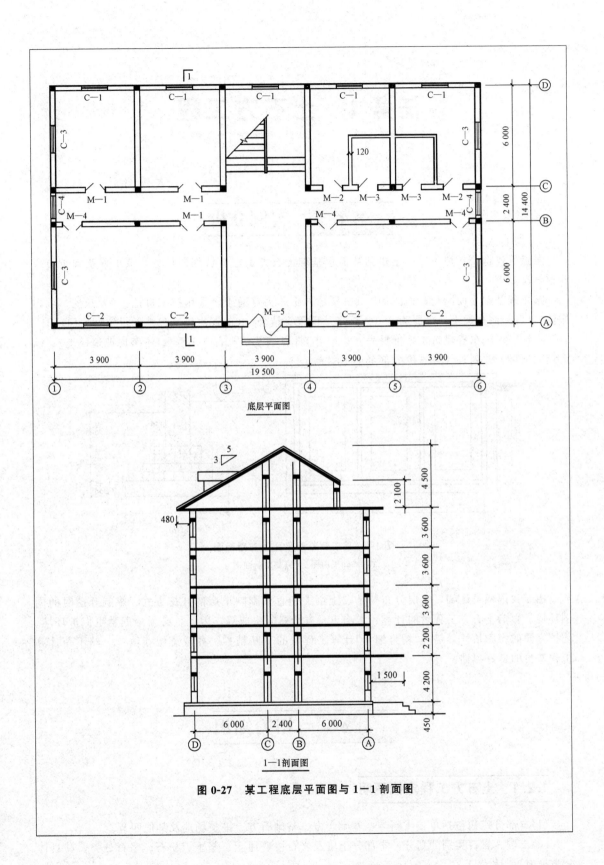

图 0-27 某工程底层平面图与 1—1 剖面图

任务1　土石方工程

1.1　实例分析

某造价咨询公司造价师张某接到某工程基础土石方工程造价编制任务，该工程基础土石方开挖简况如下：

某工程基础平面图与断面图如图1-1所示，土质为普通土，采用挖掘机挖土（大开挖，坑内作业），自卸汽车运土，运距为500 m。张某现需要结合《山东省建筑工程消耗量定额》（SD 01—31—2016）和《山东省建筑工程价目表》（2020年）计算该基础土石方工程量（不考虑坡道挖土），确定定额项目，并列表计算省价分部分项工程费。

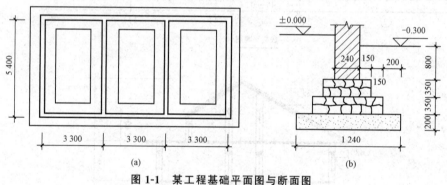

图1-1　某工程基础平面图与断面图
（a）基础平面图；（b）基础断面图

由于我国幅员辽阔，土层分布复杂，土壤类别直接影响土层的开挖方式、影响开挖时的周围环境、影响土石方工程量的计算、影响土石方价格的生成等，因此，必须培养学生保护环境、爱护家园的家国情怀，培养"精打细算"计算工程量的工匠精神，养成遵纪守法、一丝不苟计算工程造价的良好习惯。

1.2　相关知识

1.2.1　土石方工程定额说明

（1）本部分定额包括单独土石方、基础土方、基础石方、平整场地及其他四节。

（2）土壤、岩石类别的划分。本部分土壤及岩石按普通土、坚土、松石、坚石分类，其具体分类见表1-1和表1-2。

表1-1 土壤分类表

定额分类	《房屋建筑与装饰工程工程量计算规范》(GB 50854—2013)分类		
	土壤分类	土壤名称	开挖方法
普通土	一、二类土	粉土、砂土(粉砂、细砂、中砂、粗砂、砾砂)、粉质黏土、弱中盐渍土、软土(淤泥质土、泥炭、泥炭质土)、软塑红黏土、冲填土	用锹,少许用镐、条锄开挖。机械能全部直接铲挖满载者
坚土	三类土	黏土、碎石土(圆砾、角砾)、混合土、可塑红黏土、硬塑红黏土、强盐渍土、素填土、压实填土	主要用镐、条锄,少许用锹开挖。机械需部分刨松方能铲挖满载者,或可直接铲挖但不能满载者
	四类土	碎石土(卵石、碎石、漂石、块石)、坚硬红黏土、超盐渍土、杂填土	全部用镐、条锄挖掘,少许用撬棍挖掘。机械需普遍刨松方能铲挖满载者

表1-2 岩石分类表

定额分类	《房屋建筑与装饰工程工程量计算规范》(GB 50854—2013)分类			
	岩石分类		代表性岩石	开挖方法
松石	极软岩		1. 全风化的各种岩石; 2. 各种半成岩	部分用手凿工具、部分用爆破法开挖
	软质岩	软岩	1. 强风化的坚硬岩或较硬岩; 2. 中等风化-强风化的较软岩; 3. 未风化-微风化的页岩、泥岩、泥质砂岩等	用风镐和爆破法开挖
坚石		较软岩	1. 中等风化-强风化的坚硬岩或较硬岩; 2. 未风化-微风化的凝灰岩、千枚岩、泥灰岩、砂质泥岩等	用爆破法开挖
	硬质岩	较硬岩	1. 中风化的坚硬岩; 2. 未风化-微风化的大理岩、板岩、石灰岩、白云岩、钙质砂岩等	用爆破法开挖
		坚硬岩	未风化-微风化的花岗岩、闪长岩、辉绿岩、玄武岩、安山岩、片麻岩、石英岩、石英砂岩、硅质砾岩、硅质石灰岩等	用爆破法开挖

(3)干土、湿土、淤泥的划分。

1)干土、湿土的划分,以地质勘测资料的地下常水位为准。地下常水位以上为干土,以下为湿土,如图1-2所示。

地表水排出后,土壤含水率≥25%时为湿土。含水率超过液限,土和水的混合物呈现流动状态时为淤泥。温度在0℃及以下,并夹含有冰的土壤为冻土。本定额中的冻土,指短时冻土和季节冻土。

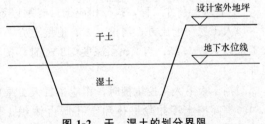

图1-2 干、湿土的划分界限

注:同一种黏性土随其含水量的不同而分别处于固态、半固态、可塑状态及流动状态。土由可塑状态到流动状态的界限含水量称为液限。土的液限可通过试验得到。

2)土方子目按干土编制。人工挖、运湿土时,相应子目人工乘以系数1.18;机械挖、运湿土时,相应子目人工、机械乘以系数1.15。采取降水措施后,人工挖、运土相应子目人工乘以系数1.09,机械挖、运土不再乘系数。

(4)单独土石方、基础土石方的划分。本部分第一节单独土石方子目,适用于自然地坪与设计室外地坪之间、挖方或填方工程量＞5 000 m³的土石方工程,如图1-3所示;且同时适用于建筑、安装、市政、园林绿化、修缮等工程中的单独土石方工程。

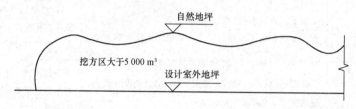

图1-3 单独土石方

本部分除第一节外,均为基础土石方子目,适用于设计室外地坪以下的基础土石方工程,以及自然地坪与设计室外地坪之间、挖方或填方工程量≤5 000 m³的土石方工程。

单独土石方子目不能满足施工需要时,可以借用基础土石方子目,但应乘以系数0.90。

(5)沟槽、地坑、一般土石方的划分。底宽(设计图示垫层或基础的底宽,下同)≤3 m,且底长＞3倍底宽为沟槽,如图1-4(a)所示。

坑底面积≤20 m²,且底长≤3倍底宽为地坑,如图1-4(b)所示。

超出上述范围,又非平整场地的,为一般土石方,如图1-4(c)所示。

沟槽等规定

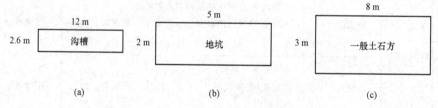

图1-4 沟槽、地坑和一般土石方的界限划分

(a)沟槽;(b)地坑;(c)一般土石方

(6)小型挖掘机是指斗容量≤0.30 m³的挖掘机,适用于基础(含垫层)底宽≤1.20 m的沟槽土方工程或底面积≤8 m²的地坑土方工程。

(7)下列土石方工程,执行相应子目时乘以系数:

1)人工挖一般土方、沟槽土方、地坑土方,当6 m＜深度≤7 m时,按深度≤6 m相应子目人工乘以系数1.25;当7 m＜深度≤8 m时,按深度≤6 m相应子目人工乘以系数1.25^2;以此类推。

2)挡土板下人工挖坑槽时,相应子目人工乘以系数1.43,如图1-5所示。

3)桩间挖土不扣除桩体和空孔所占体积,相应子目人工、机械乘以系数1.50,如图1-6所示。

注:桩间挖土是指桩承台外缘向外1.20 m范围内、桩顶设计标高以上1.20 m(不足时按实计算)至基础(含垫层)底的挖土;但相邻桩承台外缘间距离≤4.00 m时,其间(竖向同上)的挖土全部为桩间挖土。

4)在强夯后的地基上挖土方和基底钎探,相应子目人工、机械乘以系数1.15。

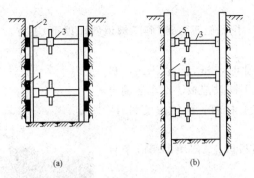

图 1-5 挡土板下挖槽坑土(横撑式支撑)
(a)断续式水平挡土板支撑；(b)垂直挡土板支撑
1—水平挡土板；2—垂直支撑；3—工具式支撑；
4—垂直挡土板；5—水平支撑

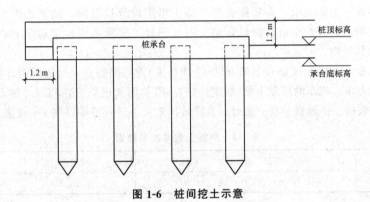

图 1-6 桩间挖土示意

5)满堂基础垫层底以下局部加深的槽坑，按槽坑相应规则计算工程量，相应子目人工、机械乘以系数 1.25。

6)人工清理修整是指机械挖土后，对于基底和边坡遗留厚度≤0.30 m 的土方，由人工进行的基底清理与边坡修整。

机械挖土以及机械挖土后的人工清理修整，按机械挖土相应规则一并计算挖方总量。其中，机械挖土按挖方总量执行相应子目，乘以表 1-3 规定的系数；人工清理修整，按挖方总量执行表 1-3 规定的子目并乘以相应系数。

表 1-3 机械挖土及人工清理修整系数表

基础类型	机械挖土		人工清理修整	
	执行子目	系数	执行子目	系数
一般土方	相应子目	0.95	1-2-1	0.063
沟槽土方		0.90	1-2-6	0.125
地坑土方		0.85	1-2-13	0.188
注：1. 人工挖土方，不计算人工清底修边。 2. 以支护桩、喷浆护壁、地下连续墙方式等进行了边坡支护的一般土方，按基底面积乘以 0.3 执行 1-2-1 子目。				

7)推土机推运土(不含平整场地)、装载机装运土土层平均厚度≤0.30 m 时，相应子目人

工、机械乘以系数1.25。

8)挖掘机挖筑、维护、挖掘施工坡道(施工坡道斜面以下)上方,相应子目人工、机械乘以系数1.50。

9)挖掘机在垫板上作业时,相应子目人工、机械乘以系数1.25。挖掘机下铺设垫板、汽车运输道路上铺设材料时,其人工、材料、机械按实另计,如图1-7所示。

10)场区(含地下室顶板以上)回填,相应子目人工、机械乘以系数0.90。

(8)土石方运输。

1)本部分土石方运输,按施工现场范围内运输编制。在施工现场范围之外的市政道路上运输,不适用本定额。弃土外运以及弃土处理等其他费用,按各地市有关规定执行。

图1-7 挖掘机挖土、自卸汽车运土

2)土石方运输的运距上限,是根据合理的施工组织设计设置的。超出运距上限的土石方运输,不适用本定额。自卸汽车、拖拉机运输土石方子目,定额虽未设定运距上限,但仅限于施工现场范围内增加运距。

3)土石方运距,按挖土区重心至填方区(或堆放区)重心间的最短运输距离计算。

4)人工、人力车、汽车的负载上坡(坡度≤15%)降效因素已综合在相应运输子目中,不另计算。推土机、装载机、铲运机负载上坡时,其降效因素按坡道斜长乘以表1-4规定的系数计算。

表1-4 负载上坡降效系数表

坡度/%	≤10	≤15	≤20	≤25
系数	1.75	2.00	2.25	2.50

(9)平整场地是指建筑物(构筑物)所在现场厚度在±30 cm以内的就地挖、填及平整。挖填土方厚度超过30 cm时,全部厚度按一般土方相应规定另行计算,但仍应计算平整场地,如图1-8所示。

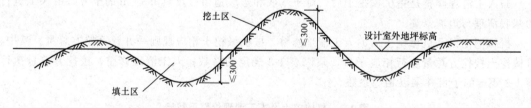

图1-8 场地平整示意

注:任何情况下,总包单位均应全额计算一次平整场地。

(10)竣工清理是指建筑物(构筑物)内、外围四周2 m范围内建筑垃圾的清理、场内运输和场内指定地点的集中堆放,建筑物(构筑物)竣工验收前的清理、清洁等工作内容。

注:任何情况下,总包单位均应全额计算一次竣工清理。

(11)定额中的砂,为符合规范要求的过筛净砂,包括配制各种砂浆、混凝土时的操作损耗。毛砂过筛是指来自砂场的毛砂进入施工现场后的过筛。砌筑砂浆、抹灰砂浆等各种砂浆以外的混凝土及其他用砂,不计算过筛用工。

(12)基础(地下室)周边回填材料时,按本定额"第二章 地基处理与边坡支护工程"相应子目,人工、机械乘以系数0.90。

(13)本部分不包括施工现场障碍物清除、边坡支护、地表水排除以及地下常水位以下施工降水等内容,实际发生时,另按其他章节相应规定计算。

1.2.2 土石方工程工程量计算规则

(1)土石方开挖、运输,均按开挖前的天然密实体积计算。土方回填,按回填后的竣工体积计算。不同状态的土石方体积,按表1-5的规定换算。

表1-5 土石方体积换算系数表

名称	虚方	松填	天然密实	夯填
土方	1.00	0.83	0.77	0.67
	1.20	1.00	0.92	0.80
	1.30	1.08	1.00	0.87
	1.50	1.25	1.15	1.00
石方	1.00	0.85	0.65	—
	1.18	1.00	0.76	—
	1.54	1.31	1.00	—
块石	1.75	1.43	1.00	(码方)1.67
砂夹石	1.07	0.94	1.00	—

(2)自然地坪与设计室外地坪之间的单独土石方,依据设计土方竖向布置图,以体积计算。

(3)基础土石方的开挖深度,按基础(含垫层)底标高至设计室外地坪之间的高度计算。交付施工场地标高与设计室外地坪不同时,应按交付施工场地标高计算。

岩石爆破时,基础石方的开挖深度,还应包括岩石爆破的允许超挖深度。如图1-9所示,H即土方开挖深度。

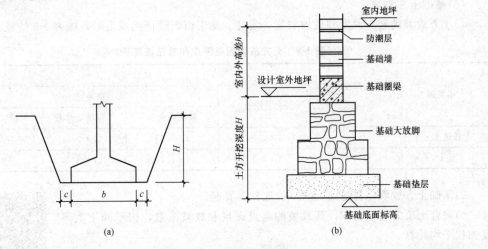

图1-9 土方开挖深度示意

(4)基础施工的工作面宽度,按设计规定计算;设计无规定时,按施工组织设计(经过批准,下同)规定计算;设计、施工组织设计均无规定时,自基础(含垫层)外沿向外,按下列规定计算:

1)基础材料不同或做法不同时,其工作面宽度按表1-6的规定计算。

表1-6 基础施工所需工作面宽度计算表

基础材料	单位工作面宽度/mm
砖基础	200
毛石、方整石基础	250
混凝土基础(支模板)	400
混凝土基础垫层(支模板)	150
基础垂直面做砂浆防潮层	400(自防潮层外表面)
基础垂直面做防水层或防腐层	1 000(自防水、防腐层外表面)
支挡土板	100(在上述宽度外另加)

2)基础施工需要搭设脚手架时,其工作面宽度,条形基础按1.50 m计算(只计算一面);独立基础按0.45 m计算(四面均计算)。
3)基坑土方大开挖需做边坡支护时,其工作面宽度均按2.00 m计算。
4)基坑内施工各种桩时,其工作面宽度均按2.00 m计算。
5)管道施工的工作面宽度按表1-7的规定计算。

工作面宽度

表1-7 管道施工单面工作面宽度计算表

管道材质	管道基础宽度(无基础时指管道外径)/mm			
	≤500	≤1 000	≤2 500	>2 500
混凝土管、水泥管	400	500	600	700
其他管道	300	400	500	600

(5)基础土方放坡。
1)土方放坡的起点深度和放坡坡度,设计、施工组织设计无规定时,按表1-8的规定计算。

表1-8 土方放坡起点深度和放坡坡度表

土壤类别	起点深度/m (>)	放坡坡度			
		人工挖土	机械挖土		
			基坑内作业	基坑上作业	槽坑上作业
普通土	1.20	1:0.50	1:0.33	1:0.75	1:0.50
坚土	1.70	1:0.30	1:0.20	1:0.50	1:0.30

2)基础土方放坡,自基础(含垫层)底标高算起。
3)混合土质的基础土方,其放坡的起点深度和放坡系数,按不同土类厚度加权平均计算。
4)计算基础土方放坡时,不扣除放坡交叉处的重复工程量,如图1-10所示。
5)基础土方支挡土板时,土方放坡不另计算。
6)机械挖沟槽以槽上退挖方式施工时,按基坑内作业放坡。
7)土方开挖实际未放坡,或实际放坡小于本部分相应规定时,仍应按规定的放坡系数计算

土方放坡

土方工程量，如图 1-11 所示。

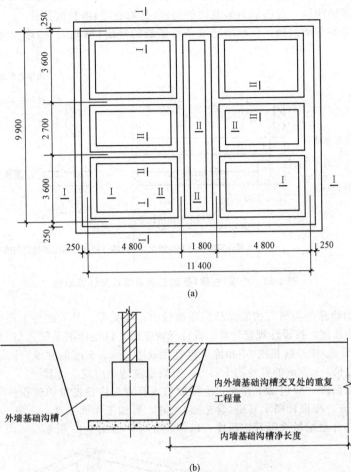

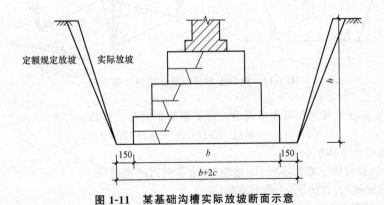

图 1-10　基础平面图与内外墙基础沟槽断面示意

(a)基础平面图；(b)内外墙基础沟槽断面示意

图 1-11　某基础沟槽实际放坡断面示意

(6)基础石方爆破时，槽坑四周及底部的允许超挖量，设计、施工组织设计无规定时，按松石 0.20 m、坚石 0.15 m 计算。

(7)沟槽土石方，按设计图示沟槽长度乘以沟槽断面面积，以体积计算。

1)条形基础的沟槽长度，设计无规定时，按下列规定计算：

①外墙条形基础沟槽，按外墙中心线长度计算。
②内墙条形基础沟槽，按内墙条形基础的垫层(基础底坪)净长度计算。
③框架间墙条形基础沟槽，按框架间墙条形基础的垫层(基础底坪)净长度计算，如图 1-12 所示。

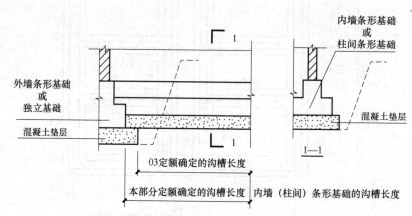

图 1-12　内墙(柱间)条形基础沟槽长度计算示意

④凸出墙面的墙垛的沟槽，按墙垛凸出墙面的中心线长度，并入相应工程量内计算。

2)管道的沟槽长度，按设计规定计算；设计无规定时，以设计图示管道垫层(无垫层时，按管道)中心线长度(不扣除下口直径或边长≤1.5 m 的井池)计算。下口直径或边长>1.5 m 的井池的土石方，另按地坑的相应规定计算。

3)沟槽的断面面积，应包括工作面、土方放坡或石方允许超挖量的面积。

(8)地坑土石方，按设计图示基础(含垫层)尺寸，另加工作面宽度、土方放坡宽度或石方允许超挖量乘以开挖深度，以体积计算，如图 1-13 所示。

沟槽土方

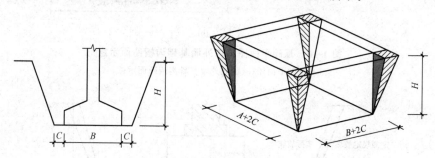

图 1-13　地坑土方开挖断面图与立体示意

1)矩形等坡地坑土方体积可用下面最直观、最简单的公式计算：
$$V=(A+2C+KH)\times(B+2C+KH)H+1/3K^2H^3$$

式中　V——地坑土方体积(m^3)；
　　　A, B——设计图示矩形基础(含垫层)长边、短边的宽度(m)；
　　　C——矩形基础(含垫层)工作面宽度(m)；
　　　H——地坑开挖深度(m)；
　　　K——土方综合放坡系数(等坡)。

2)用下面棱台体积公式直接计算，误差率<1‰，几乎接近正确。
$$体积=1/3\times[上顶面积+(上顶面积\times下底面积)^{1/2}+下底面积]\times深度$$

其中　　　　　下底面积 $S_{底}=(A+2C)\times(B+2C)$

上顶面积 $S_顶 = (A+2C+2KH) \times (B+2C+2KH)$

(9)一般土石方,按设计图示基础(含垫层)尺寸,另加工作面宽度、土方放坡宽度或石方允许超挖量乘以开挖深度,以体积计算。

机械施工坡道的土石方工程量,并入相应工程量内计算。

(10)桩孔土石方,按桩(含桩壁)设计断面面积乘以桩孔中心线深度,以体积计算。

(11)淤泥流砂,按设计或施工组织设计规定的位置、界限,以实际挖方体积计算。

(12)岩石爆破后人工检底修边,按岩石爆破的规定尺寸(含工作面宽度和允许超挖量),以槽坑底面积计算。

(13)建筑垃圾,以实际堆积体积计算。

(14)平整场地,按设计图示尺寸,以建筑物首层建筑面积(或构筑物首层结构外围内包面积)计算。建筑物(构筑物)地下室结构外边线凸出首层结构外边线时,其凸出部分的建筑面积(结构外围内包面积)合并计算。

平整场地

(15)竣工清理,按设计图示尺寸,以建筑物(构筑物)结构外围内包的空间体积计算。

1)钢结构建筑物(含建筑物的钢结构部分),其竣工清理子目乘以系数 0.3。

建筑物(钢结构除外)层高>3.60 m 时,其超过部分竣工清理子目乘以系数 0.5。

2)不能形成建筑空间的室外花坛、水池、围墙、屋面顶坪以上的水箱、风机、冷却塔和信号柱塔基础、装饰性花架(主要工程量=垫层以上主体结构工程量)、道路、运动场、停车场和场区铺装(主要工程量=垫层以上总体积)等,按其主要工程量计算竣工清理。

(16)基底钎探,按垫层(或基础)底面积计算。

(17)毛砂过筛,按砌筑砂浆、抹灰砂浆等各种砂浆用砂的定额消耗量之和计算。

(18)原土夯实与碾压,按设计或施工组织设计规定的尺寸,以面积计算。

竣工清理

(19)回填,按下列规定,以体积计算:

1)槽坑回填,按挖方体积减去设计室外地坪以下建筑物(构筑物)、基础(含垫层)的体积计算。

2)管道沟槽回填,按挖方体积减去管道基础和管道折合回填体积(表 1-9)计算。

表 1-9 管道折合回填体积表 m^3/m

管道	公称直径/mm(<)					
	500	600	800	1 000	1 200	1 500
混凝土、钢筋混凝土管道	—	0.33	0.60	0.92	1.15	1.45
其他材质管道	—	0.22	0.46	0.74	—	—

3)房心(含地下室内)回填,按主墙间净面积(扣除连续底面积>2 m² 的设备基础等面积)乘以平均回填厚度计算。

4)场区(含地下室顶板以上)回填,按回填面积乘以平均回填厚度计算。

(20)土方运输,按挖土总体积减去回填土(折合天然密实)总体积,以体积计算。

(21)钻孔桩泥浆运输,按桩设计断面尺寸乘以桩孔中心线深度,以体积计算。

1.3 任务实施

【应用案例 1-1】

某工程基础平面图和断面图如图 1-14 所示,土质为坚土,采用人工挖土(沟槽),试计算条形基础土方开挖工程量,并计算省价分部分项工程费。

解:

$L_{中}=(7.2+14.4+5.4+13.7)\times2=81.40(\text{m})$

$L_{净垫层}=9.6-1.54+9.6+2.1-1.54=18.22(\text{m})$

$S_{断}=(1.54+0.3\times1.95)\times1.95=4.14(\text{m}^2)$

土方开挖工程量 $=(81.4+18.22)\times4.14=412.43(\text{m}^3)$

人工挖土套用定额 1-2-8

单价(含税) $=906.24$ 元/10 m^3

省价分部分项工程费 $=412.43/10\times906.24=37\,376.06$(元)

土方开挖深度

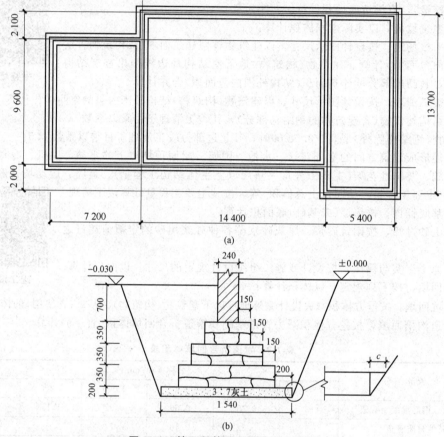

图 1-14 某工程基础平面图和断面图

(a)基础平面图；(b)基础断面图

【应用案例 1-2】

某工程基础平面图和断面图如图 1-15 所示，土质为普通土，采用挖掘机挖土(大开挖，坑内作业)，自卸汽车运土，运距为 500 m，试计算该基础土石方工程量(不考虑坡道挖土)，并列表计算省价分部分项工程费。

解：

(1)计算挖土方总体积。

基坑底面积 $S_{底}=(A+2C)\times(B+2C)=(3.3\times3+1.24)\times(5.4+1.24)=73.97(\text{m}^2)$

基坑顶面积 $S_{顶}=(A+2C+2KH)\times(B+2C+2KH)=(3.3\times3+1.24+2\times0.33\times1.7)\times(5.4+1.24+2\times0.33\times1.7)=95.18(\text{m}^2)$

挖土方总体积 $V=\dfrac{H}{3}\times(S_{底}+S_{顶}+\sqrt{S_{底}\times S_{顶}})=1.7/3\times(73.97+95.18+\sqrt{73.97\times95.18})$

$=143.40(\text{m}^3)$

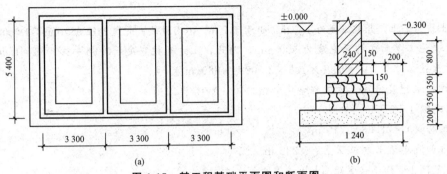

图 1-15 某工程基础平面图和断面图
(a)基础平面图;(b)基础断面图

(2)挖掘机挖装土方工程量=143.40×0.95=136.23(m³)

套用定额 1-2-41

单价(含税)=57.43 元/10 m³

(3)自卸汽车运土工程量=136.23 m³

套用定额 1-2-58,自卸汽车运土方,运距 1 km 以内

单价(含税)=64.89 元/10 m³

(4)人工清理修整工程量=143.40×0.063=9.03(m³)

套用定额 1-2-3

单价(含税)=605.44 元/10 m³

(5)人工装车工程量=9.03 m³

套用定额 1-2-25,人工装车

单价(含税)=183.04 元/10 m³

(6)自卸汽车运土方工程量=9.03 m³

套用定额 1-2-58,自卸汽车运土方,运距 1 km 以内

单价(含税)=64.89 元/10 m³

(7)列表计算分部分项工程费,见表 1-10。

土方开挖体积

工作面宽度

表 1-10 应用案例 1-2 分部分项工程费

序号	定额编号	项目名称	单位	工程量	增值税(简易计税)/元	
					单价(含税)	合价
1	1-2-41	挖掘机挖装一般土方,普通土	10 m³	13.623	57.43	782.37
2	1-2-58	自卸汽车运土方,运距≤1 km	10 m³	13.623	64.89	884.00
3	1-2-3	人工挖一般土方(基深≤2 m),坚土(人工清理修整)	10 m³	0.903	605.44	546.71
4	1-2-25	人工装车、土方	10 m³	0.903	183.04	165.29
5	1-2-58	自卸汽车运土方,运距≤1 km	10 m³	0.903	64.89	58.60
		省价分部分项工程费合计	元			2 436.97

【应用案例 1-3】

某小区铺设混凝土排水管道 2 000 m,管道直径为 800 mm,土质为坚土,用挖掘机挖沟槽深度 1.5 m,自卸汽车运土,土方全部运至 1.8 km 处,管道铺设后全部用石屑回填。试计算土方开挖及回填土工程量,并列表计算省价分部分项工程费。

解:
(1) 土质为坚土, 开挖深度为1.5 m, 小于1.7 m, 不用放坡; 管道外径960 mm≤1 000 mm, 查表确定管道施工单面工作面宽度为500 mm, 因此, 土方开挖宽度=0.96+2×0.5=1.96(m)。

土方开挖工程量 $V_{挖}$ =1.96×1.5×2 000=5 880(m³)

(2) 挖掘机挖装槽坑土方工程量=5 880×0.90=5 292(m³)

套用定额 1-2-46

单价(含税)=71.06 元/10 m³

(3) 自卸汽车运土方工程量=5 292 m³

套用定额 1-2-58(运距≤1 km)

单价(含税)=64.89 元/10 m³

套用定额 1-2-59(每增运 1 km)

单价(含税)=13.86 元/10 m³

(4) 人工清理修整工程量=5 880×0.125=735(m³)

套用定额 1-2-8

单价(含税)=906.24 元/10 m³

(5) 人工装车工程量=735 m³

套用定额 1-2-25, 人工装车

单价(含税)=183.04 元/10 m³

(6) 自卸汽车运土方工程量=735 m³

套用定额 1-2-58(运距≤1 km)

单价(含税)=64.89 元/10 m³

套用定额 1-2-59(每增运 1 km)

单价(含税)=13.86 元/10 m³

(7) 石屑回填工程量= $V_{挖}$ - $V_{管道折合}$ =5 880-0.92×2 000=4 040(m³)

套用定额 2-1-36

单价(含税)=2 288.72 元/10 m³

单价(含税, 换算)=535.04×0.90+1 748.55+5.13×0.90=2 234.70(m³)

注: 基础(地下室)周边回填材料时, 按建筑工程消耗量定额"第二章 地基处理与边坡支护工程"相应子目, 人工、机械乘以系数 0.90。

(8) 列表计算分部分项工程费, 见表 1-11。

表 1-11 应用案例 1-3 分部分项工程费

序号	定额编号	项目名称	单位	工程量	增值税(简易计税)/元	
					单价(含税)	合价
1	1-2-46	挖掘机挖装槽坑土方, 坚土	10 m³	529.2	71.06	37 604.95
2	1-2-58	自卸汽车运土方, 运距≤1 km	10 m³	529.2	64.89	34 339.79
3	1-2-59	自卸汽车运土方每增运 1 km	10 m³	529.2	13.86	7 334.71
4	1-2-8	人工挖沟槽土方(槽深≤2 m)坚土(人工清理修整)	10 m³	73.5	906.24	66 608.64
5	1-2-25	人工装车, 土方	10 m³	73.5	183.04	13 453.44
6	1-2-58	自卸汽车运土方, 运距≤1 km	10 m³	73.5	64.89	4 769.42

续表

序号	定额编号	项目名称	单位	工程量	增值税(简易计税)/元 单价(含税)	合价
7	1-2-59	自卸汽车运土方每增运1 km	10 m³	73.5	13.86	1 018.71
8	2-1-36	填铺石屑(回填)	10 m³	404	2 234.70	902 818.80
		省价分部分项工程费合计	元			1 067 948.46

注：①根据《建筑给水排水制图标准》(GB/T 50106—2010)规定，钢筋混凝土(或混凝土)管道直径宜以内径表示，壁厚约为内径的1/10，因此，管道直径为800 mm的管外径约为800+2×80=960(mm)。

②公称直径又称平均外径，是指标准化以后的标准直径，为内径和外径之间的中点，以 DN 表示。本案例管道内径为800 mm，外径约为960 mm，公称直径约为880 mm。

1.4 知识拓展

【应用案例1-4】

某工程设计室外地坪以上有石方(松石)5 290 m³ 需要开挖，因周围有建筑物，采用液压锤破碎岩石，试计算液压锤破碎岩石工程量和省价分部分项工程费。

解：

液压锤破碎岩石工程量=5 290×0.90=4 761.00(m³)

套用定额1-3-22

单价(含税)=398.22 元/10 m³

省价分部分项工程费=4 761.00/10×398.22=189 592.54(元)

【应用案例1-5】

某工程外购黄土用于室内回填(机械夯填)，已知室内回填土工程量300 m³，试求买土的数量，并计算省价分部分项工程费。

解：

买土体积按虚方计算，买土数量=300×1.50=450(m³)

定额室内回填土按夯填考虑，工程量=300 m³

套用定额1-4-12

单价(含税)=120.97 元/10 m³

省价分部分项工程费=300/10×120.97=3 629.10(元)

【应用案例1-6】

某建筑物平面图、1—1剖面图如图1-16所示，墙厚为240 mm，试计算人工平整场地工程量，并计算省价分部分项工程费。

解：

建筑物底层建筑面积 $S_{底}$=(3.3×3+0.24)×(5.4+0.24)-3.3×0.6=55.21(m²)

套用定额1-4-1，人工平整场地

单价(含税)=53.76 元/10 m²

省价分部分项工程费=55.21/10×53.76=296.81(元)

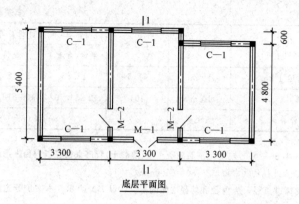
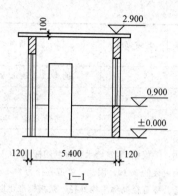

图 1-16 某建筑物平面图、1—1 剖面图

【应用案例 1-7】

某建筑物平面图、1—1 剖面图如图 1-16 所示,墙厚为 240 mm,试计算竣工清理工程量,并计算省价分部分项工程费。

解:

竣工清理工程量 $V = S_底 \times 2.9 = 55.21 \times 2.9 = 160.11 (m^3)$

套用定额 1—4—3

单价(含税)=28.16 元/10 m³

省价分部分项工程费 = 160.11/10 × 28.16 = 450.87(元)

注:建筑工程消耗量定额中"第一章 土石方工程"中使用的建筑材料,其施工损耗率见表 1-12。

表 1-12 建筑材料施工损耗率

材料名称	损耗率/%	材料名称	损耗率/%
电雷管(即发)	2	中砂	2
乳化炸药 2#	2	烧结煤矸石普通砖	1
六角空心钢	6	水	—
钢钎 φ22~φ25	6	胶质导线(各规格)	5

小 结

通过本任务的学习,要求学生掌握以下内容:

(1)土壤及岩石分为普通土、坚土、松石、坚石四大类。

(2)单独土石方定额包括人工挖土方、推土机推运土方、装载机装运土方、铲运机铲运土方、挖掘机挖装土方自卸汽车运土方、人工清石渣人力车运石渣、挖掘机挖石渣自卸汽车运石渣等内容,适用于自然地坪与设计室外地坪之间,且挖方或填方工程量大于 5 000 m³ 的土石方工程。

(3) 基础土方定额包括人工基础土方和机械基础土方。人工基础土方包括人工挖一般土方、人工挖沟槽土方、人工挖地坑土方、人工挖桩孔土方、人工挖冻土、人工挖淤泥流砂等内容；机械基础土方包括推土机推运一般土方、装载机装运一般土方、挖掘机挖一般土方、挖掘机挖装一般土方、挖掘机挖槽坑土方、挖掘机挖装槽坑土方、小型挖掘机挖槽坑土方、小型挖掘机挖装槽坑土方、自卸汽车运土方等内容。

(4) 基础石方定额包括人工基础石方和机械基础石方。人工基础石方包括人工凿一般石方、人工凿沟槽石方、人工凿地坑石方、人工凿桩孔石方、人工检底修边、人工清石渣等内容；机械基础石方包括液压锤破碎石方、风镐破碎石方、推土机推运石渣、挖掘机挖石渣、挖掘机挖装石渣、挖掘机装车、自卸汽车运石渣等内容。

(5) 平整场地及其他定额包括平整场地、竣工清理、基底钎探、松填土、原土夯实、夯填土、机械碾压等内容。

(6) 能够熟练掌握单独土石方、基础土方及基础石方等工程量的计算规则并能正确地套用定额项目。

习 题

1. 某墙下钢筋混凝土条形基础平面图与断面图如图 1-17 所示，外墙基础为 1—1，内墙基础为 2—2，垫层为 C15 混凝土，石子粒径<40 mm。如果在基础埋深范围内，距离室外地坪以下 0.6 m 处遇到了地下水，在开挖基坑时，如果采用人工挖土，试计算挖土方工程量，并计算省价分部分项工程费。

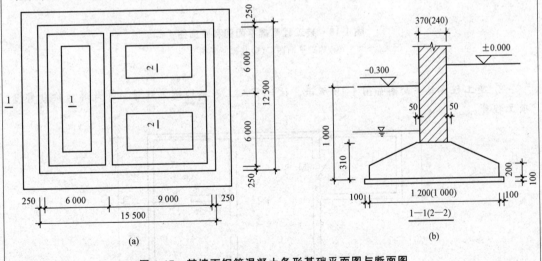

图 1-17 某墙下钢筋混凝土条形基础平面图与断面图
(a) 基础平面图；(b) 基础断面图

2. 某工程基础平面图和断面图如图1-18所示,土质为普通土,采用挖掘机挖土,自卸汽车运土(大开挖,坑内作业),运距为1 km,试计算该基础土石方工程量,并计算省价分部分项工程费。

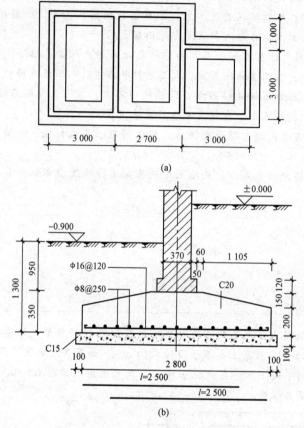

图1-18 某工程基础平面图和断面图
(a)基础平面图;(b)基础断面图

3. 某工程建筑平面图如图1-19所示,试计算人工平整场地工程量,并计算省价分部分项工程费。

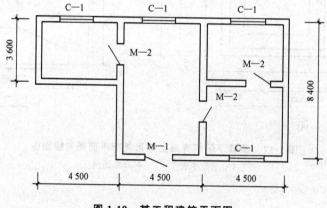

图1-19 某工程建筑平面图

4. 某工程建筑平面图和1—1剖面图如图1-20所示，试计算竣工清理工程量，并计算省价分部分项工程费。

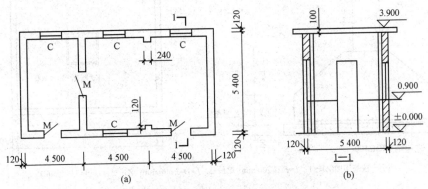

图1-20 某工程建筑平面图和1—1剖面图
(a)平面图；(b)1—1剖面图

5. 某工程基础平面图和柱基详图如图1-21所示，其做法说明如下：
(1)室外标高为－0.300 m。
(2)土壤类别：－1.000 m以上为普通土，以下为坚土。
(3)垫层混凝土采用C15(40)，基础混凝土采用C25(40)，柱混凝土采用C25(40)；假设垫层混凝土体积为33.67 m³，基础混凝土体积为135.47 m³，室外地坪以下柱混凝土体积为10.0 m³。
(4)根据施工组织设计要求，基础土方人工开挖(场内堆放)，槽边回填为就地取土、人工夯填，房心回填为场外取土、人工夯填，余土采用人工装车、自卸汽车外运，运距2 km，基坑开挖后原土人工夯实，基底钎探1眼/m²。

试计算土方开挖、回填、运输、基底钎探等工程量，确定定额项目，并采用2020年价目表计算省价分部分项工程费。

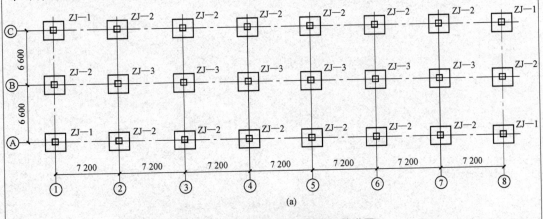

图1-21 某工程基础平面图和柱基详图
(a)基础平面图

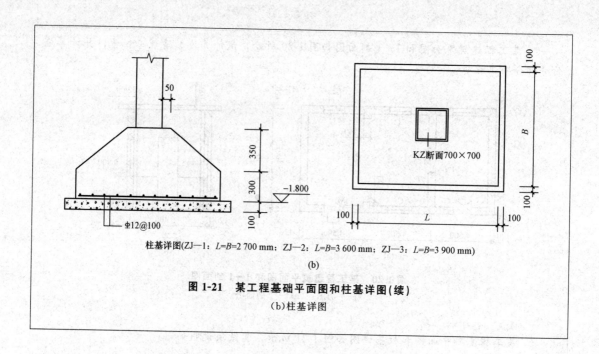

柱基详图(ZJ—1：$L=B=2\,700$ mm；ZJ—2：$L=B=3\,600$ mm；ZJ—3：$L=B=3\,900$ mm)

(b)

图 1-21　某工程基础平面图和柱基详图(续)

(b)柱基详图

任务 2　地基处理与边坡支护工程

2.1　实例分析

某造价咨询公司造价师张某接到某工程基础和地面垫层工程造价编制任务，该工程基础施工图简况如下：

某工程基础平面图与断面图如图 2-1 所示，地面为水泥砂浆地面，100 mm 厚 C15 混凝土垫层；基础为 M10.0 水泥砂浆砌筑砖基础。张某现需要结合《山东省建筑工程消耗量定额》（SD 01—31—2016）和《山东省建筑工程价目表》（2020 年）计算垫层工程量，并计算省价分部分项工程费。

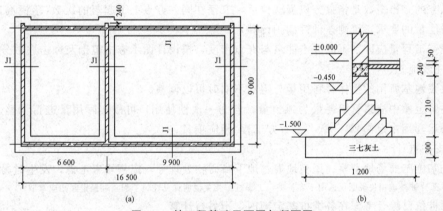

图 2-1　某工程基础平面图与断面图
(a)基础平面图；(b)基础断面图

由于房屋垫层、地基处理种类繁多，混凝土标号又有若干等级，如果施工与算量环节出现偏差，就可能引起地基的不均匀沉降，甚至导致建筑物的倒塌，给国家财产造成巨大损失，给人的生命造成巨大危险，因此，必须培养学生的大局意识、安全意识、质量意识，敬畏自然、敬畏生命，严格按照国家规范进行施工、进行算量、进行计价，培养精益求精的工匠精神。正如二十大报告提出：坚持安全第一、预防为主，建立大安全大应急框架，完善公共安全体系，推动公共安全治理模式向事前预防转型。

2.2　相关知识

2.2.1　地基处理与边坡支护工程定额说明

本部分定额包括地基处理、基坑与边坡支护、排水与降水三节。

1. 地基处理

(1)垫层。

1)机械碾压垫层定额适用于厂区道路垫层采用压路机械的情况。

2)机械振动垫层定额按地面垫层编制。若为基础垫层,人工、机械分别乘以下列系数:条形基础的系数为1.05,独立基础的系数为1.10,满堂基础的系数为1.00。若为场区道路垫层,人工乘以系数0.90。

3)在原土上打夯(碾压)者另按本定额"第一章 土石方工程"相应项目执行。垫层材料配合比与定额不同时,可以调整。

4)灰土垫层及填料加固夯填灰土就地取土时,应扣除灰土配合比中的黏土。

5)褥垫层套用本节相应项目。

(2)填料加固定额用于软弱地基挖土后的换填材料加固工程。

(3)土工合成材料定额用于软弱地基加固工程。

(4)强夯。

1)强夯定额中每单位面积夯点数是指设计文件规定单位面积内的夯点数量,若设计文件中夯点数与定额不同,采用内插法计算消耗量。

2)强夯的夯击击数是指强夯机械就位后,夯锤在同一夯点上下起落的次数(落锤高度应满足设计夯击能量的要求,否则按低锤满拍计算)。

3)强夯工程量应区别不同夯击能量与夯点密度,按设计图示夯击范围及夯击遍数分别计算。

(5)注浆地基。

1)注浆地基所用的浆体材料用量与定额不同时可以调整。

2)注浆定额中注浆管消耗量为摊销量,若为一次性使用,可按实际用量进行调整。废泥浆处理及外运套用本定额"第一章 土石方工程"相应项目。

(6)支护桩。

1)桩基施工前场地平整、压实地表、地下障碍物处理等,定额均未考虑,发生时另行计算。

注:本部分桩基础相关说明仅适用于支护桩,工程桩按相关说明详见建筑工程消耗量定额相应章节。

2)探桩位已综合考虑在各类桩基定额内,不另行计算。

3)支护桩已包括桩体充盈部分的消耗量。其中灌注砂、石桩还包括级配密实的消耗量。

4)深层水泥搅拌桩定额已综合了正常施工工艺需要的重复喷浆(粉)和搅拌。空搅部分按相应定额的人工及搅拌桩机台班乘以系数0.50计算。

5)水泥搅拌桩定额按不掺添加剂(如石膏粉、木质素硫酸钙、硅酸钠等)编制,如设计有要求,定额应按设计要求增加添加剂材料费,其余不变。

6)深层水泥搅拌桩定额按1喷2搅施工编制,实际施工为2喷4搅时,定额的人工、机械乘以系数1.43;实际施工为2喷2搅、4喷4搅时分别按1喷2搅、2喷4搅计算。

7)三轴水泥搅拌桩的水泥掺入量,如设计不同时,按深层水泥搅拌桩每增减1%定额计算;三轴水泥搅拌桩定额按2搅2喷施工工艺考虑,设计不同时,每增(减)1搅1喷按相应定额人工和机械费增(减)40%计算。空搅部分按相应定额的人工及搅拌桩机台班乘以系数0.50计算。

8)三轴水泥搅拌桩设计要求全断面套打时,相应定额的人工及机械乘以系数1.50,其余不变。

9)高压旋喷桩定额已综合接头处的复喷工料;高压旋喷桩中设计水泥用量与定额不同时可以调整。

10)打、拔钢板桩,定额仅考虑打、拔施工费用,未包含钢工具桩制作、除锈和刷油,实际发生时另行计算。打、拔槽钢或钢轨,其机械用量乘以系数0.77。

11)钢工具桩在桩位半径≤15 m内移动、起吊和就位,已包括在打桩子目中。桩位半径>

15 m时的场内运输按构件运输≤1 km子目的相应规定计算。

12)单位(群体)工程打桩工程量少于表2-1者,相应定额的打桩人工及机械乘以系数1.25。

表2-1 打桩工程量表

桩类	工程量
碎石桩、砂石桩	60 m³
钢板桩	50 t
水泥搅拌桩	100 m³
高压旋喷桩	100 m³

13)打桩工程按陆地打垂直桩编制。设计要求打斜桩时,斜度≤1∶6时,相应定额人工、机械乘以系数1.25;斜度>1∶6时,相应定额人工、机械乘以系数1.43。

14)桩间补桩或在地槽(坑)中及强夯后的地基上打桩时,相应定额人工、机械乘以系数1.15。

15)单独打试桩、锚桩,按相应定额的打桩人工及机械乘以系数1.50。

16)试验桩按相应定额人工、机械乘以系数2.00。

2. 基坑与边坡支护

(1)挡土板定额分为疏板和密板。疏板是指间隔支挡土板,且板间净空≤150 cm的情况;密板是指满堂支挡土板或板间净空≤30 cm的情况。

(2)钢支撑仅适用于基坑开挖的大型支撑安装、拆除。

(3)土钉与锚喷联合支护的工作平台套用本定额"第十七章 脚手架工程"相应项目。锚杆的制作与安装套用本定额"第五章 钢筋及混凝土工程"相应项目。

注:防护工程的钢筋锚杆、钢索锚杆、护壁钢筋、钢筋网,按设计用量以质量计算,执行"第五章 钢筋及混凝土工程"项目。

(4)地下连续墙适用于黏土、砂土及冲填土等软土层;导墙土方的运输、回填,套用本定额"第一章 土石方工程"相应项目;废泥浆处理及外运套用本定额"第一章 土石方工程"相应项目;本部分钢筋加工套用本定额"第五章 钢筋及混凝土工程"相应项目。

地下连续墙

3. 排水与降水

(1)抽水机集水井排水定额,以每台抽水机工作24 h为一台日。

(2)井点降水分为轻型井点、喷射井点、大口径井点、水平井点、电渗井点和射流泵井点。井点间距应根据地质条件和施工降水要求,依据设计文件或施工组织设计确定。设计无规定时,可按轻型井点管距0.8~1.6 m,喷射井点管距2~3 m确定。井点设备使用套的组成如下:轻型井点50根/套、喷射井点30根/套、大口径井点45根/套、水平井点10根/套、电渗井点30根/套,累计不足一套者按一套计算。井点设备使用,以每昼夜24 h为一天。

排水与降水

(3)以"台日""每套每天"为计量单位的子目中,水泵类型、管径与定额不一致时,可以调整。

2.2.2 地基处理与边坡支护工程工程量计算规则

(1)垫层。

1)地面垫层按室内主墙间净面积乘以设计厚度,以体积计算。计算时应扣除凸出地面的构筑物、设备基础、室内铁道、地沟以及单个面积>0.3 m²的孔洞、独立柱等所占体积;不扣除间壁墙、附墙烟囱、墙垛以及单个面积≤0.3 m² 的孔洞等所占体积，门洞、空圈、暖气壁龛等开口部分也不增加。

$$V_{地面垫层} = [S_{房} - 独立柱面积 - 孔洞面积(单个面积 > 0.3 \text{ m}^2) - \sum(构筑物、设备基础、地沟等面积)] \times 垫层厚度$$

其中
$$S_{房} = S_{底} - \sum(L_{中} \times 外墙厚) - \sum(L_{内} \times 内墙厚)$$

2)基础垫层按下列规定，以体积计算：

①条形基础垫层，外墙按外墙中心线长度、内墙按其设计净长度乘以垫层平均断面面积，以体积计算。柱间条形基础垫层，按柱基础(含垫层)之间的设计净长度乘以垫层平均断面面积，以体积计算。

$$V_{基础垫层} = \sum L_{中}(L_{中} \times 外墙基础垫层断面面积) + (L_{净} \times 内墙基础垫层断面面积)$$

②独立基础垫层和满堂基础垫层，按设计图示尺寸乘以平均厚度，以体积计算。

3)场区道路垫层按其设计长度乘以宽度乘以厚度，以体积计算。

4)爆破岩石增加垫层的工程量，按现场实测结果，以体积计算。

(2)填料加固，按设计图示尺寸，以体积计算。

(3)土工合成材料，按设计图示尺寸以面积计算，平铺以坡度≤15%为准。

填料加固
与垫层区分

(4)强夯按设计图示强夯处理范围以面积计算。设计无规定时，按建筑物基础外围轴线每边各加 4 m 以面积计算。

(5)注浆地基。

1)分层注浆钻孔按设计图示钻孔深度以长度计算，注浆按设计图纸注明的加固土体以体积计算。

强夯计算

2)压密注浆钻孔按设计图示深度以长度计算。注浆按下列规定以体积计算：

①设计图纸明确加固土体体积的，按设计图纸注明的体积计算。

②设计图纸以布点形式图示土体加固范围的，则按两孔间距的一半作为扩散半径，以布点边线各加扩散半径，形成计算平面，计算注浆体积。

③如果设计图纸注浆点在钻孔灌注桩之间，按两灌注桩中心间距的一半作为每孔的扩散半径，依此圆柱体积计算注浆体积。

(6)支护桩。

1)填料桩、深层水泥搅拌桩按设计桩长(有桩尖时包括桩尖)乘以设计桩外径截面面积，以体积计算。填料桩、深层水泥搅拌桩截面有重叠时，不扣除重叠面积。

深层水泥搅拌桩

2)预钻孔道高压旋喷(摆喷)水泥桩工程量，成(钻)孔按自然地坪标高至设计桩底的长度计算，喷浆按设计桩外径截面面积乘以设计桩长，以体积计算。

3)三轴水泥搅拌桩按设计桩长(有桩尖时包括桩尖)乘以设计桩外径截面面积，以体积计算。

预钻孔道高压
旋喷水泥桩

4)三轴水泥搅拌桩设计要求全断面套打时，相应定额的人工及机械乘以系数 1.50，其余不变。

5)凿桩头适用于深层水泥搅拌桩、三轴水泥搅拌桩、高压旋喷水泥桩定额子目,按凿桩长度乘以桩断面以体积计算。

注:工程桩凿桩头详见本定额"第三章 桩基础工程"。

三轴水泥搅拌桩

6)打、拔钢板桩工程量按设计图示桩的尺寸以质量计算,安、拆导向夹具,按设计图示尺寸以长度计算。

(7)基坑与边坡支护。

1)挡土板按设计文件(或施工组织设计)规定的支挡范围,以面积计算。袋土围堰按设计文件(或施工组织设计)规定的支挡范围,以体积计算。

2)钢支撑按设计图示尺寸以质量计算。不扣除孔眼质量,焊条、铆钉、螺栓等不另增加质量。

3)砂浆土钉的钻孔灌浆,按设计文件(或施工组织设计)规定的钻孔深度,以长度计算。土层锚杆机械钻孔、注浆,按设计孔径尺寸,以长度计算。喷射混凝土护坡区分土层与岩层,按设计文件(或施工组织设计)规定的尺寸,以面积计算。锚头制作、安装、张拉、锁定按设计图示以数量计算。

4)现浇导墙混凝土按设计图示,以体积计算。现浇导墙混凝土模板按混凝土与模板接触面的面积,以面积计算。成槽工程量按设计长度乘以墙厚及成槽深度(设计室外地坪至连续墙底),以体积计算。锁口管以"段"为单位(段指槽壁单元槽段),锁口管吊拔按连续墙段数计算,定额中已包括锁口管的摊销费用。清底置换以"段"为单位(段指槽壁单元槽段)。连续墙混凝土浇筑工程量按设计长度乘以墙厚及墙身加 0.5 m,以体积计算。凿地下连续墙超灌混凝土,设计无规定时,其工程量按墙体断面面积乘以 0.5 m,以体积计算。

(8)排水与降水。

1)抽水机基底排水分不同的排水深度,按设计基底以面积计算。

2)集水井按不同的成井方式,分别以设计文件(或施工组织设计)规定的数量,以"座"或以长度计算。抽水机集水井排水按设计文件(或施工组织设计)规定的抽水机台数和工作天数,以"台日"计算。

3)井点降水区分不同的井管深度,其井管安拆,按设计文件或施工组织设计规定的井管数量,以数量计算;设备使用按设计文件(或施工组织设计)规定的使用时间,以"每套天"计算。

4)大口径深井降水打井按设计文件(或施工组织设计)规定的井深,以长度计算。降水抽水按设计文件或施工组织设计规定的时间,以"台日"计算。

2.3 任务实施

【应用案例2-1】

某工程基础平面图与断面图如图 2-2 所示,地面为水泥砂浆地面,100 mm 厚 C15 混凝土垫层;基础为 M10.0 水泥砂浆砌筑砖基础(3:7 灰土垫层采用电动夯实机打夯)。试计算垫层工程量,并计算省价分部分项工程费。

解:

(1)计算地面垫层工程量。

$V_{地面垫层} = (16.5 - 0.24 \times 2) \times (9.00 - 0.24) \times 0.10 = 14.03 (m^3)$

套用定额 2-1-28

单价(含税)= 5 537.97 元/10 m^3

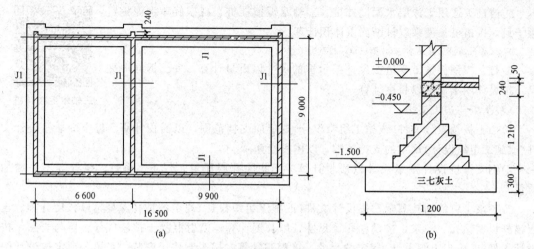

图 2-2 某基础平面图与断面图
(a)基础平面图；(b)断面图

(2)计算条形基础3:7灰土垫层工程量。

$L_{中}=(9.00+16.5)\times 2+0.24\times 3=51.72(m)$

$L_{净垫层}=9-1.2=7.8(m)$

$V_{基础垫层}=1.2\times 0.30\times 51.72+1.20\times 0.30\times 7.8=21.43(m^3)$

套用定额2-1-1(换)，条形基础3:7灰土垫层

单价(含税)$=2\,017.78+(880.64+14.12)\times 0.05=2\,062.52$(元/10 m^3)

(3)列表计算分部分项工程费，见表2-2。

表 2-2 应用案例 2-1 分部分项工程费

序号	定额编号	项目名称	单位	工程量	增值税(简易计税)/元	
					单价(含税)	合价
1	2-1-28	C15混凝土垫层，无筋	10 m^3	1.403	5 537.97	7 769.77
2	2-1-1(换)	条形基础3:7灰土垫层，机械振动	10 m^3	2.143	2 062.52	4 419.98
		省价分部分项工程费合计	元			12 189.75

【应用案例 2-2】

如图2-3所示，实线范围为地基强夯范围，长度为40 m，宽度为20 m。

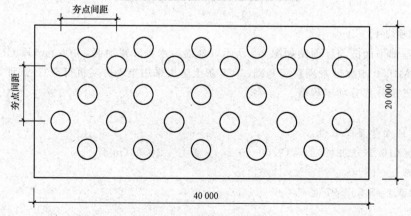

图 2-3 地基强夯示意

(1)设计要求:不间隔夯击,设计击数为8击,夯击能量为5 000 kN·m,一遍夯击。试计算工程量,并计算省价分部分项工程费。

(2)设计要求:间隔夯击,间隔夯击点不大于8 m,设计击数为10击,分两遍夯击,第一遍5击,第二遍5击,第二遍夯击完后要求低锤满拍,设计夯击能量为4 000 kN·m。试计算工程量,并计算省价分部分项工程费。

解:

(1)工程量 = 40×20=800(m²)

夯点密度=27/(40×20)×10=1(夯点/10 m²)

套用定额2-1-66,4夯点以内4击

再套用定额2-1-67,4夯点以内每增减1击(共增4击)

(2)间隔夯击,分两遍夯击,每遍5击,合计工程量=40×20×2=1 600(m²)

套用定额2-1-61,4夯点以内4击

再套用定额2-1-62,4夯点以内每增减1击(共增4击)

低锤满拍工程量=800 m²

套用定额2-1-63

(3)列表计算省价分部分项工程费,见表2-3。

表2-3 应用案例2-2分部分项工程费

序号	定额编号	项目名称	单位	工程量	增值税(简易计税)/元	
					单价(含税)	合价
1	2-1-66	夯击能量≤5 000 kN·m,≤4夯点4击	10 m²	8	168.56	1 348.48
2	2-1-67	夯击能量≤5 000 kN·m ≤4夯点每增减1击(增4击)	10 m²	32	32.68	1 045.76
		省价分部分项工程费合计	元			2 394.24
1	2-1-61	夯击能量≤4 000 kN·m,≤4夯点4击	10 m²	16	146.45	2 343.20
2	2-1-62	夯击能量≤4 000 kN·m ≤4夯点每增减1击(增4击)	10 m²	8	27.72	221.76
3	2-1-63	夯击能量≤4 000 kN·m,低锤满拍	10 m²	8	426.25	3 410.00
		省价分部分项工程费合计	元			5 974.96

2.4 知识拓展

【应用案例2-3】

某工程采用轻型井点降水,降水范围长为75 m,宽为16 m,井点间距为4.0 m,降水40 d。试计算轻型井点降水工程量,并计算省价措施项目费。

解:

(1)井管安装、拆除工程量=(75+16)×2÷4.0=46(根)

井管安装、拆除,套用定额2-3-12

单价(含税)=3 525.96元/10根

(2)设备使用套数=46÷50=1(套)

设备使用工程量=1×40=40(套·d),套用定额2-3-13

单价(含税)＝878.62 元/(套·d)

(3)列表计算措施项目费,见表 2-4。

表 2-4　应用案例 2-3 措施项目费

序号	定额编号	项目名称	单位	工程量	增值税(简易计税)/元	
					单价(含税)	合价
1	2-3-12	轻型井点(深 7 m)降水,井管安装、拆除	10 根	4.6	3 525.96	16 219.42
2	2-3-13	轻型井点(深 7 m)降水,设备使用	每套每天	40	878.62	35 144.80
		省价措施项目费合计	元			51 364.22

【应用案例 2-4】

某工程降水范围长为 40 m,宽为 25 m,施工组织设计采用大口径井点降水,环形布置,井点间距为 5 m,抽水时间为 45 d。试计算大口径井点降水工程量,并计算省价措施项目费。

解:

(1)井管数量＝(40＋25)×2÷5＝26(根)

井管安、拆,套用定额 2-3-22

单价(含税)＝65 291.74 元/10 根

(2)设备套数＝26÷45≈1(套)

设备使用工程量＝1×45＝45(套·d)

设备使用,套用定额 2-3-23

单价(含税)＝1 770.10 元/(套·d)

(3)列表计算措施项目费,见表 2-5。

材料施工损耗率

表 2-5　应用案例 2-4 措施项目费

序号	定额编号	项目名称	单位	工程量	增值税(简易计税)/元	
					单价(含税)	合价
1	2-3-22	大口径 φ600 井点(深 15 m),降水井管安装、拆除	10 根	2.6	65 291.74	169 758.52
2	2-3-23	大口径 φ600 井点(深 15 m),降水设备使用	每套每天	45	1 770.10	79 654.50
		省价措施项目费合计	元			249 413.02

小　结

通过本任务的学习,要求学生掌握以下内容:

(1)掌握垫层、填料加固、强夯、防护及排水和降水等项目的定额说明。

(2)定额中垫层是按地面垫层编制的,计算基础垫层时,人工、机械的消耗量要进行相应的换算,条形基础乘以系数 1.05,独立基础乘以系数 1.10,满堂基础乘以系数 1.00。若为场区道路垫层,人工乘以系数 0.90。

(3)掌握垫层、填料加固、强夯、防护及排水和降水等项目工程量的计算规则。其中,填料加固和地基强夯按照设计要求进行计算;防护工程和排水、降水按照施工组织设计和定额有关规定计算。

习 题

1. 某工程基础平面图与断面图如图 2-4 所示,如果基础垫层为 C15 混凝土,试计算基础垫层工程量,并计算省价分部分项工程费;如果地面垫层为 C20 混凝土,厚度为 60 mm,试计算地面垫层工程量,并计算省价分部分项工程费。

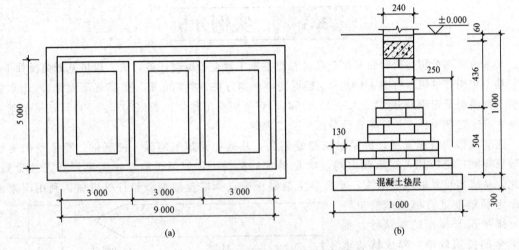

图 2-4 某工程基础平面图与断面图
(a)基础平面图;(b)基础断面图

2. 如图 2-5 所示,实线范围为地基强夯范围,长度为 30 m,宽度为 20 m。设计要求:不间隔夯击,设计击数为 6 击,夯击能量为 3 000 kN·m,一遍夯击。试计算工程量,并计算省价分部分项工程费。

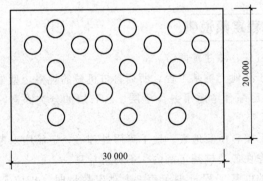

图 2-5 地基强夯示意

3. 某工程采用轻型井点降水,降水范围长为 100 m,宽为 80 m,井点间距为 4.0 m,降水 60 d。试计算轻型井点降水工程量,并计算省价措施项目费。

任务 3 桩基础工程

3.1 实例分析

某造价咨询公司造价师张某接到某工程桩基础工程造价编制任务,该工程桩基础简况如下:某工程用打桩机,打图 3-1 所示钢筋混凝土预制方桩,共 100 根。张某现需要结合《山东省建筑工程消耗量定额》(SD 01—31—2016)和《山东省建筑工程价目表》(2020 年)计算该桩基础工程量,确定定额项目,并计算省价分部分项工程费。

随着城市的快速发展,房屋建筑越建越高,基础埋置越来越深,桩基础、箱形基础等深基础已得到广泛应用,在承载力均能满足要求的前提下,如何正确选择基础形式尤为重要,因此,从成本核算的角度来说,要求学生能够正确选择桩基础类型和打桩机械,利用国家消耗量定额精准进行桩基础造价计算,维护国家标准的权威性,提高资金的使用效率,养成精益求精的工作作风。

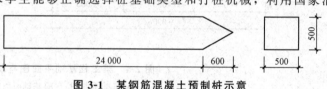

图 3-1 某钢筋混凝土预制桩示意

3.2 相关知识

3.2.1 桩基础工程定额说明

(1)本部分定额包括打桩、灌注桩两节。

(2)本部分定额适用于陆地上桩基工程,所列打桩机械的规格、型号是按常规施工工艺和方法综合取定。本部分定额已综合考虑了各类土层、岩石层的分类因素,对施工场地的土质、岩石级别进行了综合取定。

(3)桩基施工前场地平整、压实地表、地下障碍处理等,定额均未考虑,发生时另行计算。

(4)探桩位已综合考虑在各类桩基定额内,不另行计算。

(5)单位(群体)工程的桩基工程量少于表 3-1 对应数量时,相应定额人工、机械乘以系数 1.25。灌注桩单位(群体)工程的桩基工程量指灌注混凝土量。

表 3-1 单位工程的桩基工程量表

项目	单位工程的工程量	项目	单位工程的工程量
预制钢筋混凝土方桩	200 m³	钻孔、旋挖成孔灌注桩	150 m³
预应力钢筋混凝土管桩	1 000 m	沉管、冲击灌注桩	100 m³
预制钢筋混凝土板桩	100 m³	钢管桩	50 t

(6)打桩。

1)单独打试桩、锚桩,按相应定额的打桩人工及机械乘以系数1.50。

2)打桩工程按陆地打垂直桩编制。设计要求打斜桩时,斜度≤1∶6时,按相应定额人工、机械乘以系数1.25;斜度>1∶6时,按相应定额人工、机械乘以系数1.43。

3)打桩工程以平地(坡度≤15°)打桩为准,坡度>15°打桩时,按相应定额人工、机械乘以系数1.15。如在基坑内(基坑深度>1.5 m,基坑面积≤500 m²)打桩或在地坪上打坑槽内(坑槽深度>1 m)桩时,按相应定额人工、机械乘以系数1.11。

4)在桩间补桩或在强夯后的地基上打桩时,按相应定额人工、机械乘以系数1.15。

5)打桩工程,如遇送桩时,可按打桩相应定额人工、机械乘以表3-2中的系数。

表3-2 送桩深度系数表

送桩深度/m	系数
≤2	1.25
≤4	1.43
>4	1.67

6)打、压预制钢筋混凝土桩、预应力钢筋混凝土管桩,定额按购入成品构件考虑,已包含桩位半径≤15 m内的移动、起吊、就位。桩位半径>15 m时的构件场内运输,按本定额"第十九章 施工运输工程"中的预制构件水平运输1 km以内的相应项目执行。

7)本部分定额内未包括预应力钢筋混凝土管桩钢桩尖制安项目,实际发生时按本定额"第五章 钢筋及混凝土工程"中的预埋铁件定额执行。

8)预应力钢筋混凝土管桩桩头灌芯部分按人工挖孔桩灌桩芯定额执行。

(7)灌注桩。

1)钻孔、旋挖成孔等灌注桩设计要求进入岩石层时执行入岩子目,入岩指钻入中风化的坚硬岩。

2)旋挖成孔灌注桩定额按湿作业成孔考虑,如采用干作业成孔工艺时,则扣除相应定额中的黏土、水和机械中的泥浆泵。

3)定额各种灌注桩的材料用量中,均已包括充盈系数和材料损耗率,见表3-3。

表3-3 灌注桩充盈系数和材料损耗率表

项目名称	充盈系数	损耗率/%
旋挖、冲击钻机成孔灌注混凝土桩	1.25	1
回旋、螺旋钻机钻孔灌注混凝土桩	1.20	1
沉管桩机成孔灌注混凝土桩	1.15	1

4)桩孔空钻部分回填应根据施工组织设计的要求套用相应定额,填土者按本定额"第一章 土石方工程"松填土方定额计算,填碎石者按本定额"第二章 地基处理与边坡支护工程"碎石垫层定额乘以系数0.70计算。

5)旋挖桩、螺旋桩、人工挖孔桩等采用干作业成孔工艺的桩的土石方场内、场外运输,执行本定额"第一章 土石方工程"相应项目及规定。

6)本部分定额内未包括泥浆池制作,实际发生时按本定额"第四章 砌筑工程"的相应项目执行。

7)本部分定额内未包括废泥浆场内(外)运输,实际发生时按本定额"第

旋挖钻机成孔

一章　土石方工程"相关项目及规定执行。

8)本部分定额内未包括桩钢筋笼、铁件制安项目,实际发生时按本定额"第五章　钢筋及混凝土工程"的相应项目执行。

9)本部分定额内未包括沉管灌注桩的预制桩尖制安项目,实际发生时按本定额"第五章　钢筋及混凝土工程"中的小型构件定额执行。

10)灌注桩后压浆注浆管、声测管埋设,注浆管、声测管如遇材质、规格不同时,可以换算,其余不变。

11)注浆管埋设定额按桩底注浆考虑,如设计采用侧向注浆,则相应定额人工、机械乘以系数1.20。

3.2.2　桩基础工程工程量计算规则

1. 打桩

(1)预制钢筋混凝土桩。打、压预制钢筋混凝土桩按设计桩长(包括桩尖)乘以桩截面面积,以体积计算。

(2)预应力钢筋混凝土管桩。

1)打、压预应力钢筋混凝土管桩按设计桩长(不包括桩尖),以长度计算。

2)预应力钢筋混凝土管桩钢桩尖按设计图示尺寸,以质量计算。

3)预应力钢筋混凝土管桩,如设计要求加注填充材料时,填充部分另按本部分钢管桩填芯相应项目执行,如钢管内填充混凝土材料,则套用3−1−34钢管内取土、填芯(管内填混凝土)项目。

4)桩头灌芯按设计尺寸以灌注体积计算。

(3)钢管桩。

1)钢管桩按设计要求的桩体质量计算。

2)钢管桩内切割、精割盖帽按设计要求的数量计算。

3)钢管桩管内钻孔取土、填芯,按设计桩长(包括桩尖)乘以填芯截面面积,以体积计算。

(4)打桩工程的送桩深度按设计桩顶标高至打桩前的自然地坪标高另加0.5m计算。

送桩长度=设计桩顶标高至自然地坪标高+0.5

(5)预制混凝土桩、钢管桩电焊接桩,按设计要求接桩头的数量计算。

(6)预制混凝土桩截桩按设计要求截桩的数量计算。截桩长度≤1m时,不扣减相应桩的打桩工程量(打桩工程量按设计桩长计算);截桩长度>1m时,其超过部分按实扣减打桩工程量(打桩工程量按设计桩长扣减1m进行计算),但桩体的价格和预制桩场内运输的工程量不扣除(场内运输工程量按设计桩长计算)。

(7)预制混凝土桩凿桩头按设计图示桩截面面积乘以凿桩头长度,以体积计算。凿桩头长度设计无规定时,桩头长度按桩体高40d(d为桩体主筋直径,主筋直径不同时取大者)计算;灌注混凝土桩凿桩头按设计超灌高度(设计有规定按设计要求,设计无规定按0.5m)乘以桩截面面积,以体积计算。

预制桩凿桩头工程量=桩截面面积×40d

灌注桩凿桩头工程量=桩截面面积×0.5

(8)桩头钢筋整理,按所整理的桩的数量计算。

2. 灌注桩

(1) 钻孔桩、旋挖桩成孔工程量按打桩前自然地坪标高至设计桩底标高的成孔长度乘以设计桩径截面面积，以体积计算。入岩增加工程量按实际入岩深度乘以设计桩径截面面积，以体积计算。

灌注桩工程量＝自然地坪标高至桩底标高的长度×设计桩径截面面积

入岩增加工程量＝实际入岩深度×设计桩径截面面积

(2) 钻孔桩、旋挖桩灌注混凝土工程量按设计桩径截面面积乘以设计桩长(包括柱尖)另加加灌长度，以体积计算。加灌长度设计有规定者，按设计要求计算；无规定者，按 0.5 m 计算。

灌注桩工程量＝(设计桩长＋0.5)×设计桩径截面面积

(3) 沉管成孔工程量按打桩前自然地坪标高至设计桩底标高(不包括预制桩尖)的成孔长度乘以钢管外径截面面积，以体积计算。

沉管成孔工程量＝自然地坪标高至桩底标高长度×钢管外径截面面积

注：沉管灌注桩如设计采用预制桩尖时，另按本定额"第五章 钢筋及混凝土工程"中的预制混凝土小型构件定额执行。

(4) 沉管桩灌注混凝土工程量按钢管外径截面面积乘以设计桩长(不包括预制桩尖)另加加灌长度，以体积计算。加灌长度设计有规定者，按设计要求计算；无规定者，按 0.5 m 计算。

灌注桩工程量＝(设计桩长＋0.5)×钢管外径截面面积

(5) 人工挖孔灌注混凝土桩护壁和桩芯工程量，分别按设计图示截面面积乘以设计桩长另加加灌长度，以体积计算。加灌长度设计有规定者，按设计要求计算；无规定者，按 0.25 m 计算。

灌注桩护壁工程量＝(设计桩长＋0.25)×护壁图示截面面积

灌注桩桩芯工程量＝(设计桩长＋0.25)×桩芯图示截面面积

(6) 钻孔灌注桩、人工挖孔桩设计要求扩底时，其扩底工程量按设计尺寸，以体积计算，并入相应桩的工程量内。

(7) 桩孔回填工程量按桩加灌长度顶面至打桩前自然地坪标高的长度乘以桩孔截面面积，以体积计算。

(8) 钻孔压浆桩工程量按设计桩顶标高至设计桩底标高的长度另加 0.5 m，以长度计算。

压浆桩工程量＝桩顶标高至桩底标高长度＋0.5

(9) 注浆管、声测管埋设工程量按打桩前的自然地坪标高至设计桩底标高的长度另加 0.5 m，以长度计算。

埋设工程量＝自然地坪标高至桩底标高长度＋0.5

材料使用说明

(10) 桩底(侧)后压浆工程量按设计注入水泥用量，以质量计算。

3.3 任务实施

【应用案例 3-1】

某工程用打桩机打钢筋混凝土预制方桩，共 100 根，如图 3-1 所示，试计算工程量，并计算省价分部分项工程费。

解：

工程量＝$0.5×0.5×(24+0.6)×100=615.00(m^3)≥200 \ m^3$

套用定额 3—1—2

系数调整

单价(含税)=2 500.75 元/10 m³

省价分部分项工程费=615.00/10×2 500.75=153 796.13(元)

【应用案例 3-2】

某工程采用振动式沉管成孔，灌注 C30 钢筋混凝土灌注桩，设计桩长 12 m(不包括桩尖)，桩顶至自然地坪高差 0.6 m，钢管外径为 0.5 m，桩根数为 100 根，试计算桩基础工程量，并计算省价分部分项工程费。

解：

(1)沉管成孔工程量=3.14÷4×0.5²×(12+0.6)×100=247.28(m³)

套用定额 3-2-19

单价(含税)=2 288.10 元/10 m³

(2)灌注混凝土工程量=3.14÷4×0.5²×(12+0.5)×100=245.31(m³)≥100 m³

套用定额 3-2-29

单价(含税)=6 386.88 元/10 m³

(3)列表计算省价分部分项工程费，见表 3-4。

表 3-4 应用案例 3-2 分部分项工程费

序号	定额编号	项目名称	单位	工程量	增值税(简易计税)/元	
					单价(含税)	合价
1	3-2-19	沉管桩沉孔，桩长≤12 m 振动式	10 m³	24.728	2 288.10	56 580.14
2	3-2-29	灌注桩混凝土沉管成孔	10 m³	24.531	6 386.88	156 676.55
		省价分部分项工程费合计	元			213 256.69

【应用案例 3-3】

某建筑物基础采用预制钢筋混凝土方桩，设计混凝土桩 170 根，将桩送至自然地坪以下 0.6 m，桩尺寸如图 3-2 所示。试计算打桩工程量和打送桩工程量，并计算省价分部分项工程费。

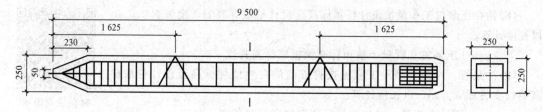

图 3-2 某预制钢筋混凝土桩示意

解：

(1)计算打桩工程量。

$V = S \times L \times N = 0.25 \times 0.25 \times 9.5 \times 170 = 100.94 (m³) \leq 200 \ m³$

套用定额 3-1-1(换)

单价(含税)=2 171.13+(1 021.44+1 043.32)×0.25=2 687.32(元/10 m³)

(2)计算打送桩工程量。

送桩深度=设计送桩深度+0.5=1.1(m)

送桩工程量=0.25×0.25×1.1×170=11.69(m³)

套用定额 3-1-1(换)，打预制钢筋混凝土方桩 12 m 内(送桩 2 m 内)

系数调整

单价(含税)＝2 171.13+(1 021.44+1 043.32)×0.25＝2 687.32(元/10 m³)

(3)列表计算省价分部分项工程费，见表3-5。

表3-5 应用案例3-3分部分项工程费

序号	定额编号	项目名称	单位	工程量	增值税(简易计税)/元 单价(含税)	合价
1	3－1－1(换)	打预制钢筋混凝土方桩 桩长≤12 m	10 m³	10.094	2 687.32	27 125.81
2	3－1－1(换)	打预制钢筋混凝土方桩 桩长≤12 m(送桩2 m内)	10 m³	1.169	2 687.32	3 141.48
		省价分部分项工程费合计	元			30 267.29

3.4 知识拓展

在使用本部分定额时应注意以下问题：

(1)探桩位已综合考虑在各类桩基定额内，不另行计算。

(2)桩基施工前场地平整、压实地表、地下障碍处理等，本部分定额均未考虑，发生时另行计算。

(3)桩基础工程因土壤的级别划分是按砂层连续厚度、压缩系数、孔隙比、静力触探值、动力触探系数、沉桩时间等因素确定，给实际施工和工程结算带来许多不确定因素，因此，本部分定额未对土壤进行分级。

(4)本部分桩基定额中各种砂浆及混凝土均按常用规格及强度等级列出，若设计与定额不同，均可换算材料及配合比，但定额中的消耗总量不变。

(5)本部分定额中的灌注桩混凝土不包括桩基础混凝土外加剂，实际发生时，按设计要求另行计算。

(6)本部分定额中各种灌注桩的混凝土，按商品混凝土运输罐车直接供混凝土至桩位前考虑，不包括商品混凝土100 m的场内运输。

(7)建设单位直接发包的桩基础工程按设计桩长确定其工程类别，执行相应的费率。

小 结

通过本任务的学习，要求学生掌握以下内容：

(1)掌握打桩、灌注桩等项目的定额说明。其中，打桩项目中重点掌握单独打试桩、锚桩、打斜桩、坡地打桩、基坑内打桩、桩间补桩、强夯地基上打桩、打送桩等项目的系数调整；灌注桩项目中注意各种灌注桩的充盈系数和材料损耗率。

(2)掌握打桩、灌注桩等项目工程量的计算规则。其中，打桩项目中重点注意打送桩的长度规定、截桩的长度规定、凿桩头的长度规定；灌注桩项目中重点注意钻孔桩(旋挖桩)灌注混凝土的计算长度规定、沉管桩灌注混凝土的计算长度规定、人工挖孔灌注桩的计算长度规定、钻孔压浆桩的计算长度规定。

习 题

1. 某建筑物基础采用预制钢筋混凝土方桩,共60根,将桩送至地面以下1 m处,桩长30 m(包括桩尖),桩的断面尺寸为500 mm×500 mm。试计算打桩工程量和打送桩工程量,并计算省价分部分项工程费。

2. 某工程采用锤击式沉管成孔,灌注C40钢筋混凝土灌注桩,设计桩长20 m(不包括桩尖),桩顶至自然地坪高差2.8 m,钢管外径为0.5 m,桩根数为200根,试计算桩基础工程量,并计算省价分部分项工程费。

任务 4　砌筑工程

4.1　实例分析

某造价咨询公司造价师张某接到某工程基础工程造价编制任务，该工程基础简况如下：

某工程基础为砌筑砖基础，砂浆为 M5.0 水泥砂浆，其基础平面图与断面图如图 4-1 所示。张某现需要结合《山东省建筑工程消耗量定额》(SD 01—31—2016)和《山东省建筑工程价目表》(2020 年)计算该砖基础工程量，确定定额项目，并计算省价分部分项工程费。

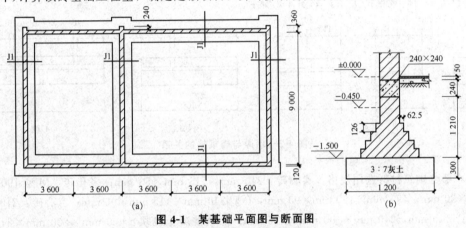

图 4-1　某基础平面图与断面图
(a) 基础平面图；(b) 基础断面图

由于砌筑材料种类繁多，砂浆强度又有若干等级，如果施工与算量环节出现偏差，就可能影响建筑物的建造质量和工程造价。例如黏土实心砖是国家明令禁止使用的砌筑材料，其保温性能较差，不符合建筑节能工作要求，且生产过程能耗高、污染大、毁地严重，因此，正确选择砌筑材料，对于提高建筑能效水平、推动大气污染防治具有重要作用。正如二十大报告提出：中国式现代化是人与自然和谐共生的现代化。人与自然是生命共同体，无止境地向自然索取甚至破坏自然必然会遭到大自然的报复。我们坚持可持续发展，坚持节约优先、保护优先、自然恢复为主的方针，像保护眼睛一样保护自然和生态环境，坚定不移走生产发展、生活富裕、生态良好的文明发展道路，实现中华民族永续发展。

4.2　相关知识

4.2.1　砌筑工程定额说明

(1) 本部分定额包括砖砌体、砌块砌体、石砌体和轻质板墙四节。

注：砖基础子目适用于各种类型的砖基础，如柱基础、墙基础、管道基础等。贴砌砖墙子目适用于地下室外墙保护墙部位的贴砌砖。

(2)本部分定额中砖、砌块和石料按标准或常用规格编制,设计材料规格与定额不同时允许换算,但每定额单位消耗量不变。

注:定额单位消耗量不变,是指定额材料块数折合体积与定额砂浆体积的总体积不变。

(3)砌筑砂浆按现场搅拌编制,定额所列砌筑砂浆的强度等级和种类,设计与定额不同时允许换算。

(4)定额中各类砖、砌块、石砌体的砌筑均按直形砌筑编制。如果为圆弧形砌筑,按相应定额人工用量乘以系数1.1、材料用量乘以系数1.03。

(5)砖砌体、砌块砌体、石砌体。

1)标准砖砌体计算厚度,按表4-1计算。

表4-1 标准砖砌体计算厚度

墙厚(砖数)	1/4	1/2	3/4	1	1.5	2	2.5
计算厚度/mm	53	115	180	240	365	490	615

对于墙厚与砖规格的关系,如图4-2所示。

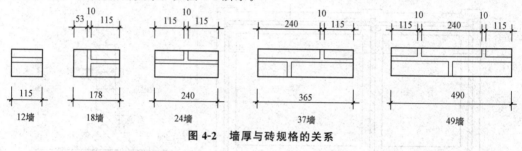

图4-2 墙厚与砖规格的关系

2)本部分砌筑材料选用规格。实心砖:240 mm×115 mm×53 mm;多孔砖:M型190 mm×90 mm×90 mm,190 mm×190 mm×90 mm,P型240 mm×115 mm×90 mm;空心砖:240 mm×115 mm×115 mm,240 mm×180 mm×115 mm;加气混凝土砌块:600 mm×200 mm×240 mm;空心砌块:390 mm×190 mm×190 mm,290 mm×190 mm×190 mm;装饰混凝土砌块:390 mm×90 mm×190 mm;毛料石:1 000 mm×300 mm×300 mm;方整石墙:400 mm×220 mm×200 mm;方整石柱:450 mm×220 mm×200 mm;零星方整石:400 mm×200 mm×100 mm。

3)本定额中的墙体砌筑层高是按3.6 m编制的,如果超过3.6 m,其超过部分工程量的定额人工乘以系数1.30。

4)砖砌体均包括原浆勾缝用工,加浆勾缝时,按本定额"第十二章 墙、柱面装饰与隔断、幕墙工程"的规定另行计算。

5)零星砌体是指台阶、台阶挡墙、阳台栏板、施工过人洞、梯带、蹲台、池槽、池槽腿、花台、隔热板下砖墩、炉灶、锅台,以及石墙和轻质墙中的墙角、窗台、门窗洞口立边、梁垫、楼板或梁下的零星砌砖等。

原浆勾缝

6)砖砌挡土墙,墙厚>2砖执行砖基础相应项目,墙厚≤2砖执行砖墙相应项目。

7)砖柱和零星砌体等子目按实心砖列项,如果用多孔砖砌筑,按相应子目乘以系数1.15。

8)砌块砌体中已综合考虑墙底小青砖所需工料,使用时不得调整。墙顶部与楼板或梁的连接依据《蒸压加气混凝土砌块构造详图(山东省)》(L10J125)按铁件连接考虑,铁件制作和安装按本定额"第五章 钢筋及混凝

零星项目

土工程"的规定另行计算。

9)装饰砌块夹芯保温复合墙体是指由外叶墙(非承重)、保温层、内叶墙(承重)三部分组成的集装饰、保温、承重于一体的复合墙体。

10)砌块零星砌体执行砖零星砌体子目,人工含量不变。

11)砌块墙中用于固定门窗或吊柜、窗帘盒、暖气片等配件所需的灌注混凝土或预埋构件,按本定额"第五章 钢筋及混凝土工程"的规定另行计算。

12)定额中石材按其材料加工程度,分为毛石、毛料石和方整石,如图4-3所示,使用时应根据石料名称、规格分别执行。

图4-3 石材
(a)毛石墙示意;(b)毛料石墙示意;(c)方整石示意

13)毛石护坡高度≥4m时,定额人工乘以系数1.15。

14)方整石零星砌体子目,适用于窗台、门窗洞口立边、压顶、台阶、栏杆、墙面点缀石等定额未列项目的方整石的砌筑。

15)石砌体子目中均不包括勾缝用工,勾缝按本定额"第十二章 墙、柱面装饰与隔断、幕墙工程"的规定另行计算。

16)设计用于各种砌体中的砌体加固筋,如图4-4所示,按本定额"第五章 钢筋及混凝土工程"的规定另行计算。

材料净用量

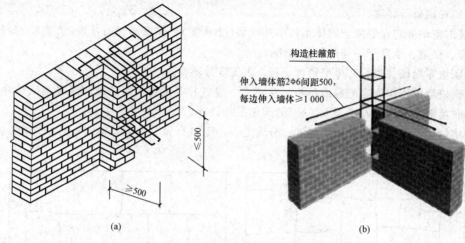

图 4-4 砖砌体中的加固筋

(6)轻质板墙。

1)轻质板墙适用于框架、框架-剪力墙结构中的内外墙或隔墙。定额按不同材质和板型编制,设计与定额不同时,可以换算。

2)轻质板墙,无论是空心板还是实心板,均按厂家提供板墙半成品(包括板内预埋件,配套吊挂件、U形卡、S形钢檩条、螺栓、铆钉等),现场安装编制。

3)轻质板墙中与门窗连接的钢筋码和钢板(预埋件),定额已综合考虑。

轻质墙

4.2.2 砌筑工程工程量计算规则

1. 砌筑界线划分

(1)基础与墙体以设计室内地坪为界,有地下室者,以地下室设计室内地坪为界,以下为基础,以上为墙体。

(2)室内柱以设计室内地坪为界;室外柱以设计室外地坪为界,以下为柱基础,以上为柱。

(3)围墙以设计室外地坪为界,以下为基础,以上为墙体。

(4)挡土墙以设计地坪标高低的一侧为界,以下为基础,以上为墙体。

砌筑界线划分

2. 基础工程量计算

(1)条形基础:按墙体长度乘以设计断面面积,以体积计算。

(2)包括附墙垛基础宽出部分体积,扣除地梁(圈梁)、构造柱所占体积,不扣除基础大放脚T形接头处的重叠部分(图 4-5),以及嵌入基础的钢筋、铁件、管道、基础防潮层和单个面积≤0.3 m²的孔洞所占体积,但靠墙暖气沟的挑檐也不增加。

(3)基础长度:外墙按外墙中心线,内墙按内墙净长线计算。

基础砌筑工程量 = $S_{外墙基础断面} \times L_中 + S_{内墙基础断面} \times L_内 - V_{扣除}$

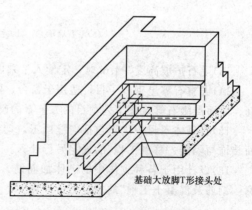

图 4-5 基础大放脚T形接头处重叠部分示意

式中 $V_{扣除}$——面积在 0.3 m² 以上的孔洞、伸入墙体的混凝土构件(梁、柱)的体积。

(4)柱间条形基础:按柱间墙体的设计净长度乘以设计断面面积,以体积计算。

(5)独立基础:按设计图示尺寸以体积计算。

3. 墙体工程量计算

(1)墙长度:外墙按中心线,内墙按净长线长度计算。

(2)外墙高度:平屋顶算至钢筋混凝土板顶,如图 4-6(a)所示;斜(坡)屋面无檐口顶棚者算至屋面板底,如图 4-6(b)所示;有屋架且室内外均有顶棚者算至屋架下弦底另加 200 mm,如图 4-6(c)所示;无顶棚者算至屋架下弦底另加 300 m,出檐宽度超过 600 mm 时按实砌高度计算,如图 4-6(d)所示;有钢筋混凝土楼板隔层者算至板顶。

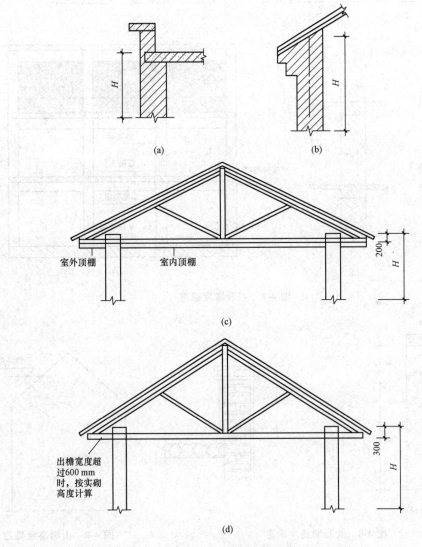

图 4-6 外墙高度确定

(3)内墙高度:位于屋架下弦者,算至屋架下弦底,如图 4-7(a)所示;无屋架者算至顶棚底另加 100 mm,如图 4-7(b)所示;有钢筋混凝土楼板隔层者算至楼板底,如图 4-7(c)、(d)所示;有框架梁时算至梁底,如图 4-7(e)所示。

(4)女儿墙高度:从屋面板上表面算至女儿墙顶面(如有混凝土压顶时算至压顶下表面),如

图 4-8 所示。

(5) 内、外山墙高度：按其平均高度计算，如图 4-9 所示。

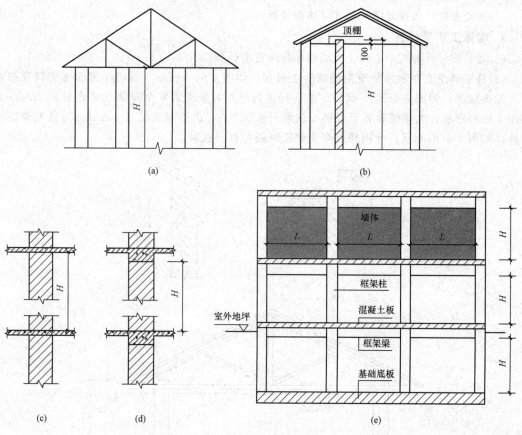

图 4-7　内墙高度确定

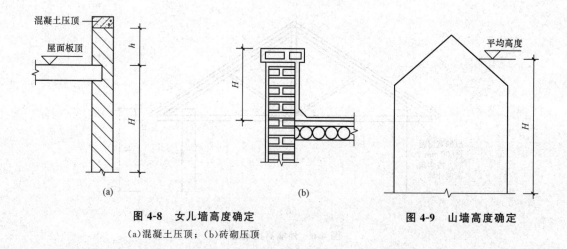

图 4-8　女儿墙高度确定
(a)混凝土压顶；(b)砖砌压顶

图 4-9　山墙高度确定

(6) 框架间墙：不分内外墙按墙体净尺寸以体积计算。

(7) 围墙：高度算至压顶上表面（如有混凝土压顶时算至压顶下表面），围墙柱并入围墙体积内。

(8) 墙体体积：按设计图示尺寸以体积计算。计算墙体工程量时，应扣除门窗、洞口、嵌入墙内的钢筋混凝土柱、梁、圈梁、挑梁、过梁及凹进墙内的壁龛、管槽、暖气槽、消火栓箱所占体积。不扣除梁头、外墙板头、檩头、垫木、木楞头、沿缘木、木砖、门窗走头、墙内的加固钢筋、木筋、铁件、钢管及每个面积≤0.3 m²的孔洞等所占体积。凸出墙面的窗台虎头砖、压顶线、山墙泛水、烟囱根、门窗套及三皮砖以内的腰线和挑檐等体积也不增加。凸出墙面的砖垛、三皮砖以上的腰线和挑檐等体积，并入所附墙体体积内计算。

砌筑工程量＝墙体长度×墙体计算高度×墙体计算厚度－$V_{扣}$

式中　$V_{扣}$——门窗洞口、过人洞、空圈及嵌入墙身的钢筋混凝土柱、梁等构件所占墙体的体积。

(9)附墙烟囱(包括附墙通风道、垃圾道，混凝土烟风道除外)，按其外形体积并入所依附的墙体积内计算。

墙体体积计算

4. 柱工程量计算

各种柱均按基础分界线以上的柱高乘以柱断面面积，以体积计算。

5. 轻质板墙工程量计算

按设计图示尺寸以面积计算。

6. 其他砌筑工程量计算

(1)砖砌地沟不分沟底、沟壁按设计图示尺寸以体积计算。

(2)零星砌体项目，均按设计图示尺寸以体积计算。

(3)多孔砖墙、空心砖墙和空心砌块墙，按相应规定计算墙体外形体积，不扣除砌体材料中的孔洞和空心部分的体积。

(4)装饰砌块夹芯保温复合墙体按实砌复合墙体以面积计算。

(5)混凝土烟风道按设计混凝土砌块体积，以体积计算。计算墙体工程量时，应按混凝土烟风道工程量，扣除其所占墙体的体积。

(6)变压式排烟气道，区分不同断面，以长度计算工程量(楼层交接处的混凝土垫块及垫块安装灌缝已综合在子目中，不单独计算)，如图4-10所示。计算时，自设计室内地坪或安装起点，计算至上一层楼板的上表面；顶端遇坡屋面时，按其高点计算至屋面板面。

(7)混凝土镂空花格墙按设计空花部分外形面积(空花部分不予扣除)以面积计算。定额中混凝土镂空花格按半成品考虑。

(8)石砌护坡按设计图示尺寸以体积计算。

(9)砖背里和毛石背里按设计图示尺寸以体积计算，如图4-11所示。

(10)本部分定额中用砂为符合规范要求的过筛净砂，不包括施工现场的筛砂用工，现场筛砂用工按本定额"第一章　土石方工程"的规定另行计算。

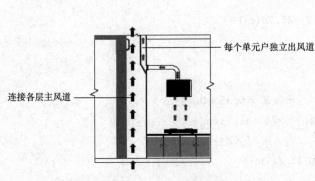

图4-10　变压式排烟气道

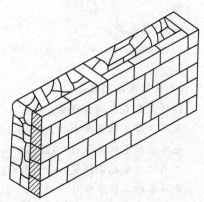

图4-11　方整石墙毛石背里示意

4.3 任务实施

【应用案例 4-1】

某工程基础平面图与断面图如图 4-12 所示(图中所示尺寸均为中心线尺寸),砂浆为 M5.0 水泥砂浆,试计算该砌筑基础工程量,并列表计算省价分部分项工程费。

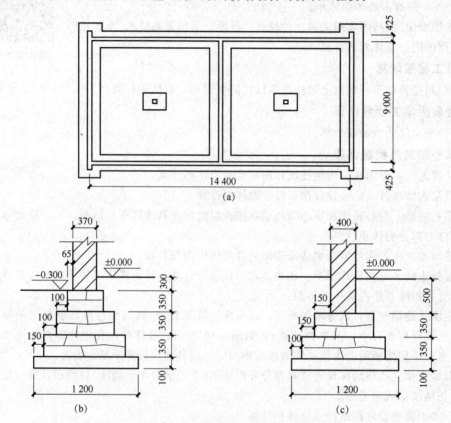

图 4-12 某工程基础平面图与断面图
(a)基础平面图;(b)条形基础断面图;(c)独立基础断面图

解:
(1)计算基数。
$L_{中}=(14.4-0.37+9+0.425\times 2)\times 2=47.76(m)$
$L_{内}=9-0.37=8.63(m)$
(2)计算基础工程量。
1)计算毛石基础工程量。
毛石条形基础断面面积 $S_{断}=(0.9+0.7+0.5)\times 0.35=0.74(m^2)$
毛石条形基础工程量$=(47.76+8.63)\times 0.74=41.73(m^3)$
毛石独立基础工程量$=(1\times 1+0.7\times 0.7)\times 0.35\times 2=1.04(m^3)$
毛石基础工程量合计$=41.73+1.04=42.77(m^3)$
套用定额 4—3—1

单价(含税)＝5 321.42 元/10 m³

2)计算砖基础工程量。

砖基础工程量＝0.40×0.40×0.50×2＝0.16(m³)

套用定额 4—1—1

单价(含税)＝6 387.30 元/10 m³

(3)列表计算省价分部分项工程费，见表 4-2。

表 4-2 应用案例 4-1 分部分项工程费

序号	定额编号	项目名称	单位	工程量	增值税(简易计税)/元	
					单价(含税)	合价
1	4—3—1	M5.0 水泥砂浆毛石基础	10 m³	4.277	5 321.42	22 759.71
2	4—1—1	M5.0 水泥砂浆砖基础	10 m³	0.016	6 387.30	102.20
		省价分部分项工程费合计	元			22 861.91

注：基础与墙身使用不同材料，且分界线位于设计室内地坪 300 mm 以内时，300 mm 以内部分应并入相应墙(柱)身工程量内计算。

【应用案例 4-2】

某单层框架结构，尺寸如图 4-13 所示，墙身用 M5.0 混合砂浆砌筑加气混凝土砌块，女儿墙为烧结煤矸石空心砖，混凝土压顶断面尺寸为 240 mm×60 mm，墙厚均为 240 mm，内墙为石膏空心条板墙，厚 80 mm。框架柱断面尺寸为 240 mm×240 mm 到女儿墙顶，框架梁断面尺寸为 240 mm×500 mm，门窗洞口上均采用现浇钢筋混凝土过梁，断面尺寸为 240 mm×180 mm。M—1：1 560 mm×2 700 mm；M—2：1 000 mm×2 700 mm；C—1：1 800 mm×1 800 mm；C—2：1 560 mm×1 800 mm。试计算墙体工程量，并列表计算省价分部分项工程费。

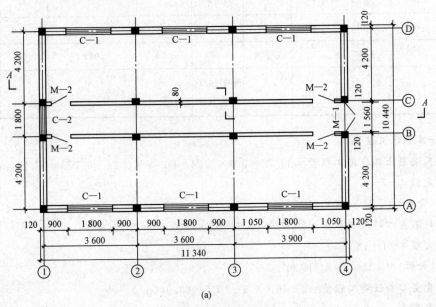

图 4-13 某单层框架结构

(a)平面图

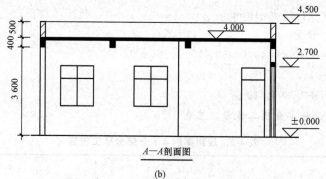

(b)

图 4-13 某单层框架结构(续)

(b) A—A 剖面图

解：

(1) 计算基数。

$L_{中} = (11.34 - 0.24 \times 4 + 10.44 - 0.24 \times 4) \times 2 = 39.72 (m)$

$L_{内} = (11.34 - 0.24 \times 4) \times 2 = 20.76 (m)$

(2) 计算应扣减部分工程量，见表 4-3。

表 4-3 应扣减部分工程量计算表

门窗类别	洞口宽度/mm	洞口高度/mm	数量	单个面积/m²	总面积/m²	过梁长度/m	过梁断面面积（宽度×高度）/m²	单个体积/m³	总体积/m³
M—1	1 560	2 700	1	4.212	4.212	1.56	0.24×0.18=0.043 2	0.067	0.067
M—2	1 000	2 700	4	2.7	10.8	—	—	—	—
C—1	1 800	1 800	6	3.24	19.44	2.3	0.043 2	0.099	0.594
C—2	1 560	1 800	1	2.808	2.808	1.56	0.043 2	0.067	0.067
小计					外墙 26.46 内墙 10.8				0.728

(3) 计算墙体工程量。

1) 加气混凝土砌块墙工程量 $= 39.72 \times 3.6 \times 0.24 - 26.46 \times 0.24 - 0.728 = 27.24 (m^3)$

套用定额 4—2—1

单价(含税) $= 5\ 150.89$ 元$/10\ m^3$

2) 煤矸石空心砖墙工程量 $= 39.72 \times (0.5 - 0.06) \times 0.24 = 4.19 (m^3)$

套用定额 4—1—18

单价(含税) $= 5\ 364.22$ 元$/10\ m^3$

3) 石膏空心条板墙工程量 $= 20.76 \times 3.6 - 10.8 = 63.94 (m^2)$

套用定额 4—4—9

单价(含税) $= 959.99$ 元$/10\ m^2$

(4) 列表计算省价分部分项工程费，见表 4-4。

表 4-4 应用案例 4-2 分部分项工程费

序号	定额编号	项目名称	单位	工程量	增值税(简易计税)/元	
					单价(含税)	合价
1	4-2-1	M5.0 混合砂浆加气混凝土砌块墙	10 m³	2.724	5 150.89	14 031.02
2	4-1-18	M5.0 混合砂浆空心砖墙,墙厚 240 mm	10 m³	0.419	5 364.22	2 247.61
3	4-4-9	石膏空心条板墙,板厚 80 mm	10 m²	6.394	959.99	6 138.18
		省价分部分项工程费合计	元			22 416.81

4.4 知识拓展

【应用案例 4-3】

某工程基础平面图与断面图如图 4-1 所示,砂浆为 M5.0 水泥砂浆,试计算砖基础工程量,并计算省价分部分项工程费。

解:

$L_{中} = (9+18) \times 2 + 0.24 \times 3 = 54.72(m)$

$L_{内} = 9 - 0.24 = 8.76(m)$

$S_{断} = 0.24 \times 1.50 + 0.062\ 5 \times 5 \times 0.126 \times 4 - 0.24 \times 0.24 = 0.46(m^2)$

砖基础工程量 $= (54.72 + 8.76) \times 0.46 = 29.20(m^3)$

套用定额 4-1-1

单价(含税) $= 6\ 387.30$ 元/10 m³

省价分部分项工程费 $= 29.20/10 \times 6\ 387.30 = 18\ 650.92(元)$

【应用案例 4-4】

某建筑物平面图和墙身详图如图 4-14 所示,层高为 3.3 m,M5.0 混水砖墙,内、外墙墙厚为 240 mm。M1:1 000 mm×2 400 mm;M2:1 200 mm×2 400 mm;C1:1 500 mm×1 500 mm;C2:1 800 mm×1 500 mm。门窗上安装钢筋混凝土过梁,过梁断面为 240 mm×240 mm,外墙设圈深,内墙不设,圈梁断面为 240 mm×300 mm,试计算墙体工程量,并计算省价分部分项工程费。

解:

(1)计算基数。

$L_{中} = (3.00 \times 3 + 8.00 + 2.00) \times 2 = 38.00(m)$

$L_{内} = (8.00 - 0.24) \times 2 = 15.52(m)$

外墙高度 $H_{外} = 3.3 - 0.3 = 3(m)$

女儿墙高度 $H_{女儿墙} = 0.5\ m$

(2)计算应扣除部分工程量。

$V_{扣} = [1.00 \times 2.4 \times 2 + 1.20 \times 2.4 + 1.5 \times 1.5 \times 3 + 1.80 \times 1.50 + (1.5 \times 2 + 1.7 + 2.0 \times 3 + 2.3) \times 0.24] \times 0.24 = 4.86(m^3)$

(3)计算墙体工程量。

240 砖外墙工程量 $= 38 \times 3 \times 0.24 - 4.86 = 22.50(m^3)$

240 砖内墙工程量 $= 15.52 \times (3.3 - 0.13) \times 0.24 = 11.81(m^3)$

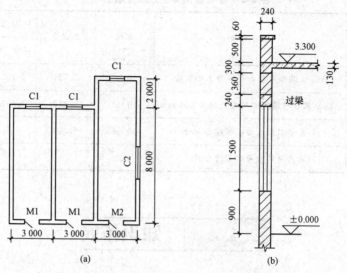

图 4-14 某建筑物平面图和墙身详图

(a)平面图；(b)墙身详图

240 女儿墙工程量 = 38×0.5×0.24 = 4.56(m³)
240 砖墙工程量 = 22.50+11.81+4.56 = 38.87(m³)
(4)套用定额，计算定额直接工程费。
套用定额 4—1—7，M5.0 混合砂浆
单价(含税) = 6 702.70 元/10 m³
省价分部分项工程费 = 38.87/10×6 702.70 = 26 053.39(元)

材料定额损耗率

小 结

通过本任务的学习，要求学生掌握以下内容：
(1)基础与墙身的界限划分如下：
1)基础与墙身使用同种材料时，以设计室内地面为界(有地下室的，以地下室室内设计地面为界)，以下为基础，以上为墙身。
2)基础与墙身使用不同材料时，若两种材料的交界处在设计室内地面±300 mm 以内，以交界处为分界线；若超过±300 mm，以设计室内地面为分界线。
3)砖、石围墙，以设计室外地坪为界，以下为基础，以上为墙身。
(2)墙体高度与长度的确定。
1)内、外墙高度按表 4-5 计算。

表 4-5 墙体计算高度汇总

名称	屋面类型	檐口构造	定额墙身计算高度
外墙	坡屋面	无檐口顶棚	算至屋面板底
		有屋架，室内外均有顶棚	算至屋架下弦底另加 200 mm
		有屋架，无顶棚	算至屋架下弦底另加 300 mm
		无顶棚，檐宽超过 600 mm	按实砌高度计算
	平屋面	有挑檐	算至钢筋混凝土板底面
		有女儿墙，无檐口	算至屋面板顶面
	女儿墙	无混凝土压顶	算至女儿墙顶面
		有混凝土压顶	算至女儿墙压顶底面
内墙	平顶	位于屋架下弦	算至屋架下弦底
		无屋架，有顶棚	算至顶棚底另加 100 mm
		有钢筋混凝土楼板隔层	算至楼板底面
		有框架梁	算至梁底面
山墙	有山尖	内、外山墙	按平均高度计算

2) 外墙长度，按设计外墙中心线长度计算。
3) 内墙长度，按设计墙间净长计算。
4) 女儿墙长度，按女儿墙中心线长度计算。

(3) 能够熟练地套用定额项目，并能列表计算省价分部分项工程费。

习 题

1. 某工程基础平面图和断面图如图 4-15 所示，试计算毛石基础、砖基础工程量，并列表计算省价分部分项工程费。

2. 某建筑物平面图和墙身详图如图 4-16 所示，M—1：1 800 mm×2 700 mm；C—1：1 500 mm×1 800 mm，内外墙设圈梁，断面尺寸为 240 mm×200 mm，M、C 洞口上设过梁，断面尺寸为 240 mm×180 mm。试计算墙体工程量，并计算省价分部分项工程费。

3. 某建筑物平面图、立面图和剖面图如图 4-17 所示，M5.0 混合砂浆砌筑混水砖墙，内、外墙厚均为 240 mm；现浇钢筋混凝土屋面板厚度为 120 mm。门窗上设置过梁，尺寸为 240 mm×180 mm，圈梁尺寸为 240 mm×240 mm。试计算墙体工程量，并计算省价分部分项工程费。

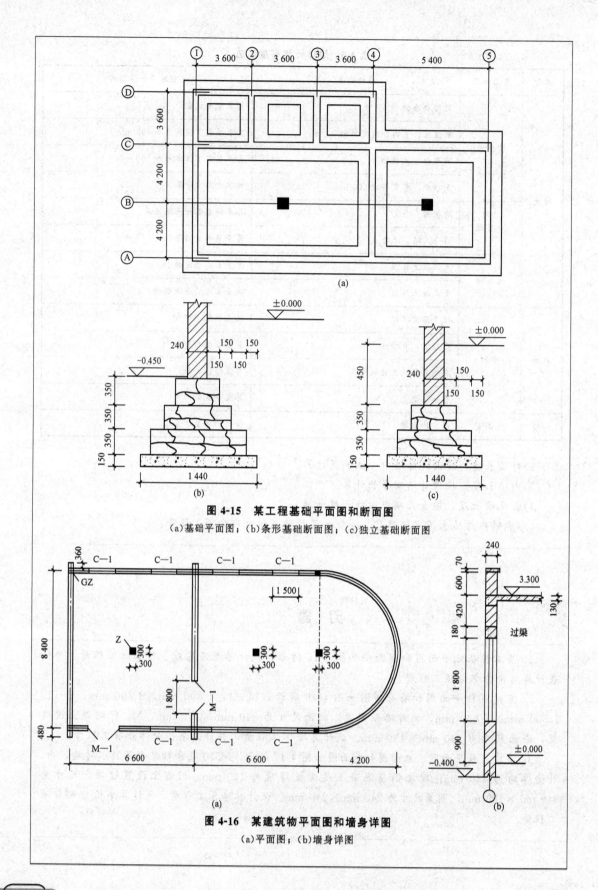

图 4-15 某工程基础平面图和断面图
(a)基础平面图；(b)条形基础断面图；(c)独立基础断面图

图 4-16 某建筑物平面图和墙身详图
(a)平面图；(b)墙身详图

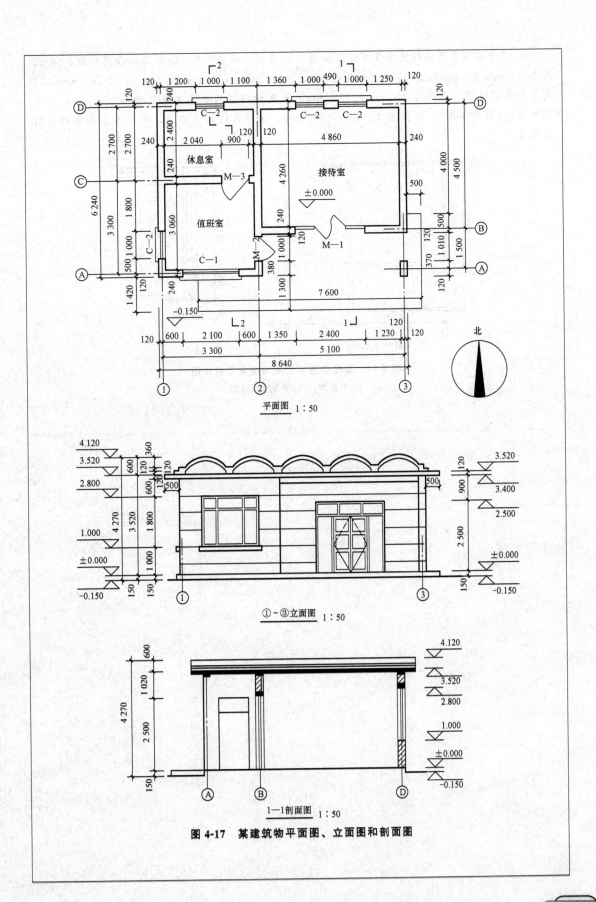

图 4-17 某建筑物平面图、立面图和剖面图

4. 某传达室平面图与墙身节点详图如图 4-18 所示,砖墙体用 M5.0 混合砂浆砌筑,M—1 为 1 000 mm×2 400 mm,M—2 为 900 mm×2 400 mm,C—1 为 1 500 mm×1 500 mm,门窗上部均设过梁,断面为 240 mm×120 mm,长度按门窗洞口宽度每边增加 250 mm;外墙均设圈梁(内墙不设),断面为 240 mm×240 mm。试计算墙体工程量,并计算省价分部分项工程费。

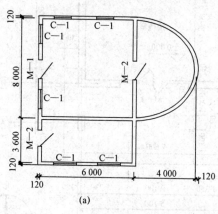
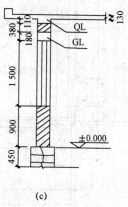

图 4-18　某传达室平面图与墙身节点详图
(a)平面图;(b)墙身节点详图

任务 5　钢筋及混凝土工程

5.1　实例分析

某造价咨询公司造价师张某接到某工程独立基础工程造价编制任务，该独立基础简况如下：

某现浇钢筋混凝土独立基础详图如图 5-1 所示，已知基础混凝土强度等级为 C30，垫层混凝土强度等级为 C20，石子粒径均小于 20 mm，混凝土为场外集中搅拌 25 m³/h，泵送混凝土；J—1 断面配筋为：①筋 φ12@100，②筋 φ14@150；J—2 断面配筋为：③筋 φ12@100，④筋 φ14@150。张某现需要结合《山东省建筑工程消耗量定额》(SD 01—31—2016)和《山东省建筑工程价目表》(2020 年)计算该独立基础混凝土工程量，确定定额项目，并列表计算省价分部分项工程费或措施项目费。

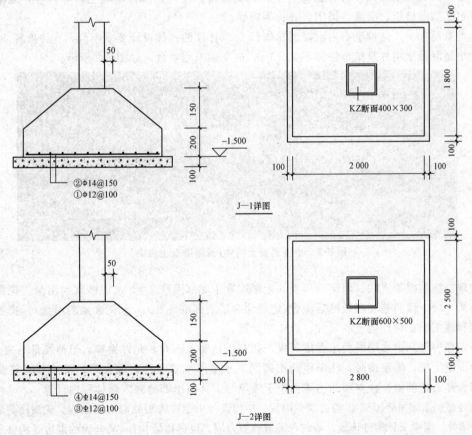

图 5-1　独立基础详图

由于钢筋、混凝土种类繁多，钢筋、混凝土又分若干等级，如果施工与算量环节出现偏差，就可能导致构件强度不足，产生裂缝，甚至引起建筑物的倒塌，给国家财产造成巨大损失，给人的生命造成巨大危险,因此,必须培养安全意识、质量意识,敬畏职业、敬畏生命,严格按照国家规范进行施工、进行算量、进行计价,培养精益求精的工匠精神。

5.2 相关知识

5.2.1 钢筋及混凝土工程定额说明

(1)本部分定额包括现浇混凝土、预制混凝土、混凝土搅拌制作及泵送、钢筋、预制混凝土构件安装五节。

注:①定额第二节预制混凝土子目,适用于现场预制混凝土构件的情况。

②定额第三节混凝土搅拌制作子目,适用于施工单位自行制作混凝土;混凝土泵送子目适用于现浇混凝土构件的混凝土输送。

③定额第五节预制混凝土构件安装子目,主要适用于成品构件的安装工程。

(2)混凝土。

1)定额内混凝土搅拌项目包括筛砂子、筛洗石子、搅拌、前台运输上料等内容,混凝土浇筑项目包括润湿模板、浇灌、捣固、养护等内容。

2)毛石混凝土,是按毛石占混凝土总体积20%计算的。如设计要求不同,允许换算。

3)小型混凝土构件是指单件体积≤0.1 m³的定额未列项目,如图5-2所示。

图5-2 小型混凝土构件(预制混凝土桩尖)

4)现浇钢筋混凝土柱、墙定额项目,定额综合了底部灌注1:2水泥砂浆的用量。现浇钢筋混凝土梁、板、墙和基础底板的后浇带(定额综合了底部灌注1:1水泥砂浆的用量),按各自相应规则和施工组织设计规定的尺寸,以体积计算。

5)定额中已列出常用混凝土强度等级,如与设计要求不同,允许换算,但消耗量不变。

6)混凝土柱、墙连接时,柱单面凸出墙面大于墙厚或双面凸出墙面时,柱按其完整断面计算,墙长算至柱侧面;柱单面凸出墙面小于墙厚时,其凸出部分并入墙体积内计算。

7)轻型框剪墙是轻型框架-剪力墙的简称,结构设计中也称为短肢剪力墙结构。轻型框剪墙,由墙柱、墙身、墙梁三种构件构成。墙柱,即短肢剪力墙,也称边缘构件(又分为约束边缘构件和构造边缘构件),呈十字形、T形、Y形、L形、一字形等形状,柱式配筋。墙身为一般剪力墙。墙柱与墙身相连,还可能形成工、[、Z字等形状。墙梁处于填充墙大洞口或其他洞口上方,梁式配筋。通常情况下,墙柱、墙身、墙梁厚度(≤300 mm)相同,构造上没有明显的区分界限。

轻型框剪墙子目,已综合考虑了墙柱、墙身、墙梁的混凝土浇筑因素,计算工程量时执行墙的相应规则,墙柱、墙身、墙梁不分别计算。

8)叠合箱、蜂巢芯混凝土楼板浇筑时,混凝土子目中人工、机械乘以系数1.15。

9)阳台是指主体结构外的阳台,定额已综合考虑了阳台的各种类型因素,使用时不得分解。主体结构内的阳台,按梁、板相应规定计算。

10)劲性混凝土柱(梁)中的混凝土在执行定额相应子目时,人工、机械乘以系数1.15。

11)有梁板及平板的区分,如图5-3所示。

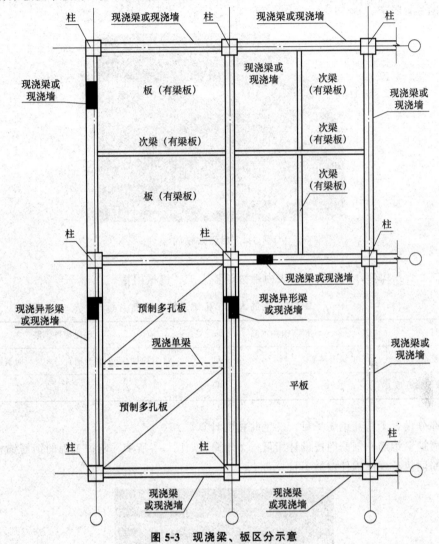

图5-3 现浇梁、板区分示意

注:①本部分混凝土项目中未包括各种添加剂,若设计规定需要增加时,按设计混凝土配合比换算;若使用泵送混凝土,其泵送混凝土中的泵送剂在泵送混凝土单价中,混凝土单价按合同约定;若在冬期施工,混凝土需提高强度等级或掺入抗冻剂、减水剂、早强剂时,设计有规定的,按设计规定换算配合比;设计无规定的,按施工规范的要求计算,其费用在冬雨期施工增加费中考虑。

②本部分未包括混凝土工程的脚手架、模板和垂直运输费用,实际发生时,应按本定额"第十七章 脚手架工程""第十八章 模板工程""第十九章 施工运输工程"的相应规定,另行计算。

③按规定需要进行温度控制的大体积混凝土,温度控制费用另计。

(3)钢筋。

1)定额按钢筋新平法规定的HPB300、HRB335、HRB400、HRB500综合规格编制,并按现浇构件钢筋、预制构件钢筋、预应力钢筋及箍筋分别列项。

2)预应力构件中非预应力钢筋按预制钢筋相应项目计算。

3)绑扎低碳钢丝、成型点焊和接头焊接用的电焊条已综合在定额项目内,不另行计算。

4)非预应力钢筋不包括冷加工,如设计要求冷加工,另行计算。

5)预应力钢筋如设计要求人工时效处理时,另行计算。

6)后张法钢筋的锚固是按钢筋帮条焊、U形插垫编制的。如采用其他方法锚固时,可另行计算,如图5-4所示。

图 5-4 后张法锚固

7)表5-1所列构件,其钢筋可按表内系数调整人工、机械用量。

表 5-1 钢筋人工、机械调整系数表

项目	预制构件钢筋		现浇构件钢筋	
系数范围	拱梯形屋架	托架梁	小型构件(或小型池槽)	构筑物
人工、机械调整系数	1.16	1.05	2.00	1.25

8)本部分设置了马凳钢筋子目,发生时按实计算。

9)锚喷护壁钢筋、钢筋网按设计用量以t计算,如图5-5所示。防护工程的钢筋锚杆,护壁钢筋、钢筋网执行现浇构件钢筋子目。

图 5-5 锚喷护壁

10)冷轧扭钢筋,执行冷轧带肋钢筋子目。

11)砌体加固钢筋按设计用量以 t 计算,定额按焊接连接编制。实际采用非焊接方式连接时,不得调整。

12)构件箍筋按钢筋规格 HPB300 编制,实际箍筋采用 HRB335 及以上规格时,执行构件箍筋 HPB300 子目,换算钢筋种类,机械乘以系数 1.38。

13)圆钢筋电渣压力焊接头,执行螺纹钢筋电渣压力焊接头子目,换算钢筋种类,其他不变,如图 5-6 所示。

图 5-6 电渣压力焊接头

14)在预制混凝土构件中,不同直径的钢筋点焊成一体时,按各自的直径计算钢筋工程量,按不同直径钢筋的总工程量,执行最小直径钢筋的点焊子目。如果最大与最小钢筋的直径比大于 2,最小直径钢筋点焊子目的人工乘以系数 1.25。

15)劲性混凝土柱(梁)中的钢筋人工乘以系数 1.25。

16)定额中设置钢筋间隔件子目,发生时按实计算。

17)对拉螺栓增加子目,主要适用于混凝土墙中设置不可周转使用的对拉螺栓的情况,按照混凝土墙的模板接触面积乘以系数 0.5 计算,如地下室墙体止水螺栓。

注:①设计图纸未注明的钢筋搭接及施工损耗,已综合在相应项目中,不另行计算。

②已执行本部分钢筋接头项目的钢筋连接,其连接长度,不另行计算。

③施工单位为了节约材料所发生的钢筋搭接,其连接长度或钢筋接头,不另行计算。

18)植筋子目已包含钢筋植入及裸露尺寸的综合取定值。设计与定额不同时,可按实调整钢筋用量(损耗率:≤φ10,2%;>φ10,4%),其他不变。

(4)预制构件安装。

1)本节定额的安装高度≤20 m。

2)本节定额中机械吊装是按单机作业编制的。

3)本节定额安装项目是以轮胎式起重机、塔式起重机(塔式起重机台班消耗量包括在垂直运输机械项目内)分别列项编制的。如使用汽车式起重机,按轮胎起重机相应定额项目乘以系数 1.05。

4)小型构件安装是指单体体积≤0.1 m³,且本节定额中未单独列项的构件。

5)升板预制柱加固是指柱安装后,至楼板提升完成期间所需要的加固搭设。

6)预制混凝土构件安装子目均不包括为安装工程所搭设的临时性脚手架及临时平台,发生时按有关规定另行计算。

7)预制混凝土构件必须在跨外安装就位时,按相应构件安装子目中的人工、机械台班乘以系数 1.18。使用塔式起重机安装时,不再乘以系数。

构件安装

注:预制混凝土构件安装子目中,已计入构件的操作损耗,并规定施工单位结算时,可根据构件、现场等具体情况,自行确定损耗率,超出部分可另行计算。

5.2.2 钢筋及混凝土工程工程量计算规则

(1)现浇混凝土工程量,按以下规定计算:

混凝土工程量除另有规定者外,均按图示尺寸以体积计算。不扣除构件内钢筋、铁件及墙、板中≤0.3 m² 的孔洞所占体积,但劲性混凝土中的金属构件、空心楼板中的预埋管道所占体积应予扣除。

1)基础。

①带形基础,外墙按设计外墙中心线长度、内墙按设计内墙基础净长度乘以设计断面面积以体积计算。

注:带形混凝土基础,不分有梁式与无梁式,分别按"毛石混凝土带形基础""混凝土带形基础"定额子目套用。

②满堂基础,按设计图示尺寸以体积计算。

③箱式满堂基础分别按无梁式满堂基础、柱、墙、梁、板有关规定计算,套用相应定额子目,如图 5-7 所示。

有梁式满堂基础

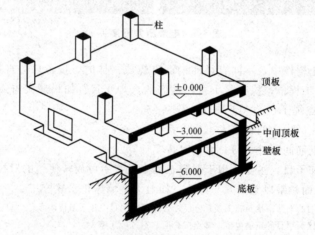

图 5-7 箱式满堂基础

④独立基础,包括各种形式的独立基础及柱墩,其工程量按图示尺寸以体积计算。柱与柱基的划分以柱基的扩大顶面为分界线。

⑤带形桩承台按带形基础的计算规则计算,独立桩承台按独立基础的计算规则计算。不扣除伸入承台基础的桩头所占体积,如图 5-8 所示。

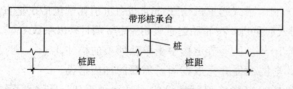 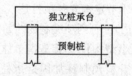

图 5-8 桩承台示意

⑥设备基础,除块体基础外,分别按基础、柱、梁、板、墙等有关规定计算,套用相应定额子目。楼层上的钢筋混凝土设备基础,按有梁板项目计算。

2)柱按图示断面尺寸乘以柱高以体积计算。柱高按下列规定确定:

①现浇混凝土柱与基础的划分,以基础扩大面的顶面为分界线,以下为基础,以上为柱。

框架柱的柱高,自柱基上表面至柱顶高度计算,如图5-9(a)所示。

②有梁板的柱高,自柱基上表面(或楼板上表面)至上一层楼板上表面之间的高度计算,如图5-9(b)所示。

③无梁板的柱高,自柱基上表面(或楼板上表面)至柱帽下表面之间的高度计算,如图5-9(c)所示。

④构造柱按设计高度计算,与墙嵌接部分(马牙槎)的体积,按构造柱出槎长度的一半(有槎与无槎的平均值)乘以出槎宽度,再乘以构造柱柱高,并入构造柱体积内计算,如图5-9(d)所示。

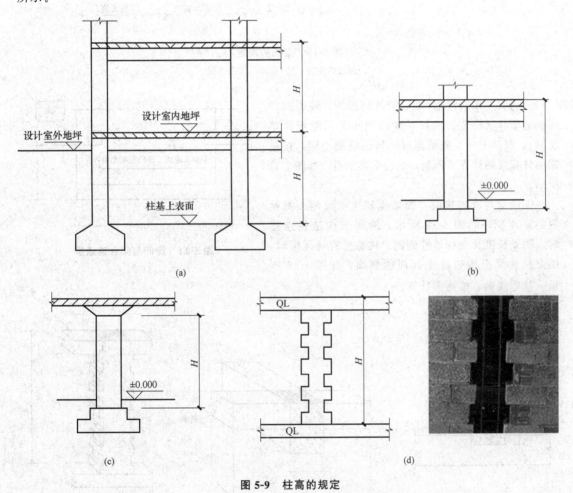

图 5-9 柱高的规定
(a)框架柱柱高;(b)有梁板柱高;
(c)无梁板柱高;(d)构造柱柱高

⑤依附柱上的牛腿,并入柱体积内计算。

注:独立现浇门框按构造柱项目执行。

3)梁按图示断面尺寸乘以梁长以体积计算。梁长及梁高按下列规定确定:

①梁与柱连接时,梁长算至柱侧面,如图5-10(a)所示。

②主梁与次梁连接时,次梁长算至主梁侧面。伸入墙体内的梁头、梁垫体积并入梁体积内计算,如图5-10(b)所示。

③过梁长度按设计规定计算,设计无规定时,按门窗洞口宽度,两端各加250 mm计算。

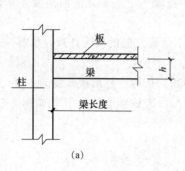
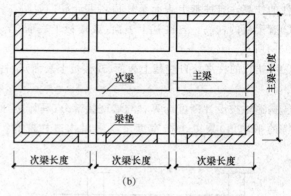

图 5-10　梁长的规定
(a)梁与柱连接；(b)主梁与次梁连接

④房间与阳台连通（即取消其间的墙，使得洞口两侧的墙垛、构造柱或柱单面凸出小于所附墙体厚度时），洞口上坪与圈梁连成一体的混凝土梁，按过梁的计算规则计算工程量，执行单梁子目，如图 5-11 所示。

⑤圈梁与梁连接时，圈梁体积应扣除伸入圈梁内的梁体积，如图 5-12 所示。圈梁与构造柱连接时，圈梁长度算至构造柱侧面。构造柱有马牙槎时，圈梁长度算至构造柱主断面的侧面，如图 5-13 所示。基础圈梁，按圈梁计算。

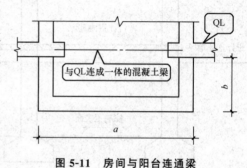

图 5-11　房间与阳台连通梁

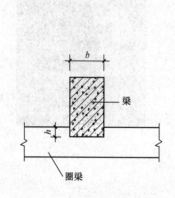
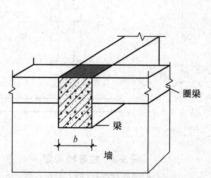
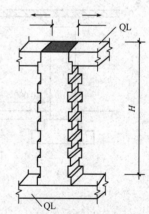

图 5-12　圈梁与梁连接　　　　　　图 5-13　圈梁与构造柱连接

⑥在圈梁部位挑出外墙的混凝土梁，以外墙外边线为界限，挑出部分按图示体积计算，执行单梁子目。

⑦梁（单梁、框架梁、圈梁、过梁）与板整体现浇时，梁高计算至板底。

注：砌体墙根部现浇混凝土带(如卫生间混凝土防水台)执行圈梁相应项目。

4)墙按图示中心线长度尺寸乘以设计高度及墙体厚度，以体积计算。扣除门窗洞口及单个面积>0.3 m² 孔洞的体积，墙垛凸出部分并入墙体积内计算。

①现浇混凝土墙(柱)与基础的划分以基础扩大面的顶面为分界线，以下为基础，以上为墙(柱)身。

②现浇混凝土柱、梁、墙、板的分界：

a. 混凝土墙中的暗柱、暗梁，并入相应墙体积内，不单独计算。

b. 混凝土柱、墙连接时，柱单面凸出大于墙厚或双面凸出墙面时，柱、墙分别单独计算，墙算至柱侧面；柱单面凸出小于墙厚时，其凸出部分并入墙体积内计算。

c. 梁、墙连接时，墙高算至梁底。

d. 墙、墙相交时，外墙按外墙中心线长度计算，内墙按墙间净长度计算。

e. 柱、墙与板相交时，柱和外墙的高度算至板上坪；内墙的高度算至板底；板的宽度按外墙间净宽度（无外墙时，按板边缘之间的宽度）计算，不扣除柱、垛所占板的面积。

注：后浇带墙不管实际墙厚为多少，均套用后浇带墙子目，墙厚已综合考虑。

③电梯井壁，工程量计算执行外墙的相应规定。

④轻型框剪墙，由剪力墙柱、剪力墙身、剪力墙梁三类构件构成，计算工程量时按混凝土墙的计算规则合并计算。

5) 板按图示面积乘以板厚以体积计算。其中：

①有梁板包括主、次梁及板，工程量按梁、板体积之和计算，如图 5-14 所示。

图 5-14　有梁板

有梁板体积 $V_{有梁板}$ ＝图示长度×图示宽度×板厚＋$V_{主梁及次梁}$

$V_{主梁及次梁}$ ＝主梁长度×主梁宽度×肋高＋次梁净长度×次梁宽度×肋高

②无梁板按板和柱帽体积之和计算。

③平板按板图示体积计算，伸入墙内的板头、平板边沿的翻檐，均并入平板体积内计算。

④轻型框剪墙支撑的板按现浇混凝土平板的计算规则，以体积计算。

⑤斜屋面按板断面面积乘以斜长，有梁时，梁板合并计算。屋脊处加厚混凝土已包括在混凝土消耗量内，不单独计算。

⑥预制混凝土板补现浇板缝，40 mm＜板底缝宽≤100 mm 时，按小型构件计算；板底缝宽＞

100 mm，按平板计算，如图5-15所示。

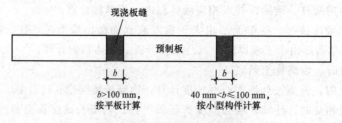

图 5-15 预制板补现浇板缝

⑦坡屋面顶板，按斜板计算，有梁时，梁板合并计算。屋脊处八字脚的加厚混凝土（素混凝土）已包括在消耗量内，不单独计算。若屋脊处八字脚的加厚混凝土配置钢筋作梁使用，应按设计尺寸并入斜板工程量内计算，如图5-16所示。

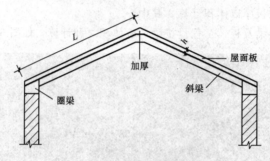

图 5-16 斜屋面板

⑧现浇挑檐与板（包括屋面板）连接时，以外墙外边线为界限，与圈梁（包括其他梁）连接时，以梁外边线为界限。外边线以外为挑檐。

⑨叠合箱、蜂巢芯混凝土楼板扣除构件内叠合箱、蜂巢芯所占体积，按有梁板相应规则计算。

6）其他。

系数调整

①整体楼梯包括休息平台、平台梁、楼梯底板、斜梁及楼梯的连接梁、楼梯段，按水平投影面积计算，不扣除宽度≤500 mm的楼梯井，伸入墙内部分不另增加，如图5-17所示。踏步旋转楼梯，按其楼梯部分的水平投影面积乘以周数计算（不包括中心柱），如图5-18所示。

a. 混凝土楼梯（含直形和旋转形）与楼板，以楼梯顶部与楼板的连接梁为界，连接梁以外为楼板；楼梯基础，按基础的相应规定计算。

b. 踏步底板、休息平台的板厚不同时，应分别计算。踏步底板的水平投影面积包括底板和连接梁；休息平台的投影面积包括平台板和平台梁。

注：混凝土楼梯子目（含直形楼梯和旋转形楼梯），按踏步底板（不含踏步和踏步底板下的梁）和休息平台板板厚均为100 mm编制。若踏步底板、休息平台的板厚设计与定额不同，按定额子目5-1-43调整。

c. 弧形楼梯，按旋转形楼梯计算，如图5-19所示。

d. 独立式单跑楼梯间，楼梯踏步两端的板，均视为楼梯的休息平台板。非独立式楼梯间单跑楼梯，楼梯踏步两端宽度（自连接梁外边沿起）≤1.2 m的板，均视为楼梯的休息平台板。单跑楼梯侧面与楼板之间的空隙视为单跑楼梯的楼梯井。

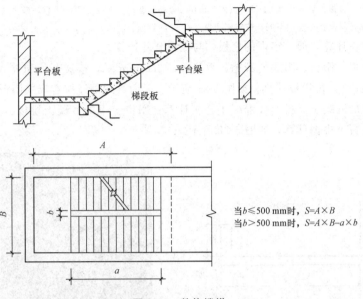

图 5-17 整体楼梯

当 $b \leqslant 500$ mm 时，$S = A \times B$
当 $b > 500$ mm 时，$S = A \times B - a \times b$

图 5-18 旋转形楼梯

图 5-19 弧形楼梯

②阳台、雨篷按伸出外墙部分的水平投影面积计算，伸出外墙的牛腿不另计算，其嵌入墙内的梁另按梁有关规定单独计算，如图 5-20 所示；雨篷的翻檐按展开面积，并入雨篷内计算。井字梁雨篷，按有梁板计算规则计算。

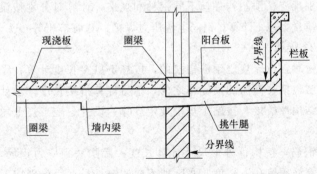

图 5-20 阳台示意

注：混凝土阳台（含板式和有梁式）子目，按阳台板厚100 mm编制。混凝土雨篷子目，按板式雨篷、板厚100 mm编制。若阳台、雨篷板厚设计与定额不同，按定额子目5-1-47调整。

③栏板以体积计算，伸入墙内的栏板，与栏板合并计算。

④混凝土挑檐、阳台、雨篷的翻檐，总高度≤300 mm时，按展开面积并入相应工程量内；总高度＞300 mm时，按栏板计算，如图5-21所示。三面梁式雨篷按有梁式阳台计算。

⑤飘窗左右的混凝土立板，按混凝土栏板计算；飘窗上下的混凝土挑板、空调室外机的混凝土搁板，按混凝土挑檐计算，如图5-22所示。

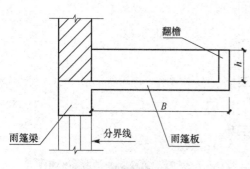

图5-21 翻檐示意

图5-22 飘窗示意

⑥单件体积≤0.1 m³且定额未列子目的构件，按小型构件以体积计算。

(2)预制混凝土工程量，按以下规定计算：

1)混凝土工程量均按图示尺寸以体积计算，不扣除构件内钢筋、铁件、预应力钢筋所占的体积。

混凝土搅拌

2)混凝土与钢构件组合的构件，混凝土部分按构件实体积以体积计算。钢构件部分按理论质量，以t计算，分别执行相应的定额项目。

注：本部分编列的预制构件定额子目按现场预制的情况编制，仅考虑现场预制的情况，供施工单位现场预制时使用。加工厂预制构件按成品件考虑。实际采购成品构件时，其构件价格按合同约定。吊装执行本部分第五节的相应安装项目，运输执行消耗量定额"第十九章 施工运输工程"中的相应项目。

(3)混凝土搅拌制作和泵送子目，按各混凝土构件的混凝土消耗量之和，以体积计算。

小型构件

(4)钢筋工程量及定额应用，按以下规定计算：

1)钢筋工程应区别现浇、预制构件，不同钢种和规格，计算时分别按设计长度乘以单位理论质量，以t计算。钢筋电渣压力焊接、套筒挤压等接头，按数量计算，如图5-23所示。

2)计算钢筋工程量时，设计规定钢筋搭接的，按规定搭接长度计算；设计、规范未规定的，已包括在钢筋的损耗率之内，不另计算搭接长度。设计未规定的钢筋锚固、结构性搭接，按施工规范规定计算；设计、施工规范均未规定的，不单独计算。

3)先张法预应力钢筋，按构件外形尺寸计算长度；后张法预应力钢筋，按设计规定的预应力钢筋预留孔道长度，并区别不同的锚具类型，分别按下列规定计算：

钢筋长度计算

图 5-23 套筒连接

(a)套筒挤压连接；(b)直螺纹套筒连接

①低合金钢筋两端采用螺杆锚具时，预应力钢筋按预留孔道长度减 0.35 m，螺杆另行计算。

②低合金钢筋一端采用镦头插片，另一端采用螺杆锚具时，预应力钢筋长度按预留孔道长度计算，螺杆另行计算。

③低合金钢筋一端采用镦头插片，另一端采用帮条锚具时，预应力钢筋长度增加 0.15 m；两端均采用帮条锚具时，预应力钢筋长度共增加 0.3 m。

④低合金钢筋采用后张混凝土自锚时，预应力钢筋长度增加 0.35 m。

⑤低合金钢筋或钢绞线采用 JM、XM、QM 型锚具，孔道长度≤20 m 时，预应力钢筋长度增加 1 m；孔道长度＞20 m 时，预应力钢筋长度增加 1.8 m。

⑥碳素钢丝采用锥形锚具，孔道长度≤20 m 时，预应力钢筋长度增加 1 m；孔道长度＞20 m 时，预应力钢筋长度增加 1.8 m。

⑦碳素钢丝两端采用镦粗头时，预应力钢丝长度增加 0.35 m。

4)其他。

①马凳。

a. 现场布置是通长设置，按设计图纸规定或已审批的施工方案计算。

b. 设计有规定的按设计规定计算(图 5-24 所示为一字形马凳筋)；设计无规定时现场马凳布置方式是其他形式的(图 5-25)，马凳的材料应比底板钢筋降低一个规格(若底板钢筋规格不同，按其中规格大的钢筋降低一个规格计算)，长度按底板厚度的 2 倍加 200 mm 计算，按 1 个/m² 计入马凳筋工程量。

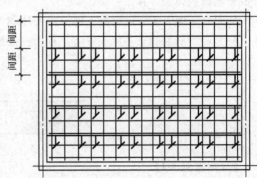

图 5-24 一字形马凳筋

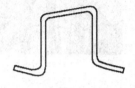

图 5-25 简易马凳筋

②砌体加固钢筋按设计用量以质量计算。

③锚喷护壁钢筋、钢筋网按设计用量以质量计算。防护工程的钢筋锚杆、护壁钢筋、钢筋网执行现浇构件钢筋子目。

④螺纹套筒接头、冷挤压带肋钢筋接头、电渣压力焊接头,按设计要求或按施工组织设计规定,以数量计算。

预埋铁件

⑤混凝土构件预埋铁件工程量,按设计图纸尺寸,以质量计算。

⑥桩基工程钢筋笼制作安装,按设计图示长度乘以理论质量,以质量计算。

⑦钢筋间隔件子目,发生时按实际计算。编制招标控制价时,按水泥基类间隔件 1.21 个/m^2(模板接触面积)计算编制。设计与定额不同时(如材料为塑料类或金属类等),可以换算。结算时,按实际计算。

⑧对拉螺栓增加子目,按照混凝土墙的模板接触面面积乘以系数 0.5 计算。

注:植筋项目不包括植入的钢筋制安,植入的钢筋制安按相应钢筋制安项目执行。

(5)预制混凝土构件安装,均按图示尺寸,以体积计算。

1)预制混凝土构件安装子目中的安装高度,是指建筑物的总高度。

2)焊接成型的预制混凝土框架结构,其柱安装按框架柱计算,梁安装按框架梁计算。

3)预制钢筋混凝土工字形柱、矩形柱、空腹柱、双肢柱、空心柱、管道支架等的安装,均按柱安装计算。

4)柱加固子目是指柱安装后至楼板提升完成前的预制混凝土柱的搭设加固。其工程量按提升混凝土板的体积计算。

5)组合屋架安装,以混凝土部分的实体积计算,钢杆件部分不另计算。

6)预制钢筋混凝土多层柱安装,首层柱按柱安装计算,二层及二层以上按柱接柱计算。

5.3 任务实施

【应用案例 5-1】

某现浇钢筋混凝土独立基础详图如图 5-1 所示,采用泵车泵送混凝土。试计算该独立基础混凝土工程量,并列表计算省价分部分项工程费或措施项目费。

解：

(1) 浇筑混凝土工程量 $= 2.8 \times 2.5 \times 0.2 + 0.15/3 \times (0.7 \times 0.6 + 2.8 \times 2.5 + \sqrt{0.7 \times 0.6 \times 2.8 \times 2.5}) + 2 \times 1.8 \times 0.2 + 0.15/3 \times (0.5 \times 0.4 + 2 \times 1.8 + \sqrt{0.5 \times 0.4 \times 2 \times 1.8}) = 2.81(m^3)$

套用定额 5-1-6，C30 现浇混凝土碎石＜40 mm

单价(含税)＝5 850.50 元/10 m³

(2) 搅拌混凝土工程量＝2.81×10.10÷10＝2.84(m³)

套用定额 5-3-4，场外集中搅拌 25 m³/h

单价(含税)＝416.34 元/10 m³

(3) 泵送混凝土工程量＝2.84 m³

套用定额 5-3-10，泵车泵送混凝土

单价(含税)＝107.07 元/10 m³

(4) 泵送混凝土增加材料工程量＝2.84 m³

套用定额 5-3-15

单价(含税)＝308.30 元/10 m³

(5) 管道输送基础混凝土工程量＝2.84 m³

套用定额 5-3-16

单价(含税)＝46.22 元/10 m³

(6) 列表计算省价分部分项工程费或措施项目费，见表5-2。

表 5-2 应用案例 5-1 分部分项工程费或措施项目费

序号	定额编号	项目名称	单位	工程量	增值税(简易计税)/元	
					单价(含税)	合价
1	5-1-6	C30 独立基础，混凝土	10 m³	0.281	5 850.50	1 643.99
2	5-3-4	场外集中搅拌混凝土，25 m³/h	10 m³	0.284	416.34	118.24
3	5-3-10	泵送混凝土，基础，泵车	10 m³	0.284	107.07	30.41
4	5-3-15	泵送混凝土增加材料	10 m³	0.284	308.30	87.56
5	5-3-16	管道输送混凝土，输送高度≤50 m，基础	10 m³	0.284	46.22	13.13
		省价分部分项工程费或措施项目费合计 (其中第3项为措施项目费)	元			1 893.22

【应用案例 5-2】

某现浇混凝土平板如图 5-26 所示，板四周设有圈梁，板的混凝土强度等级为 C25，石子粒径≤16 mm，板的混凝土保护层厚度为 15 mm，场外集中搅拌量为 25 m³/h，混凝土运输车运输，运距为 7 km，管道泵送混凝土(固定泵)，试计算平板混凝土和钢筋工程量，并列表计算省价分部分项工程费或措施项目费。

解：

(1) 计算混凝土工程量。

1) 浇筑混凝土工程量＝(3.6+0.24)×(3.3+0.24)×0.12＝1.63(m³)

套用定额 5-1-33(换)，C25 平板

单价(含税，换算)＝6 581.60+(450.00-480.00)×10.10＝6 278.60(元/10 m³)

2) 搅拌混凝土工程量＝1.63×10.10/10＝1.65(m³)

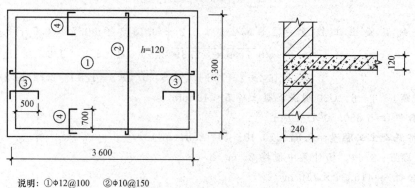

说明：①Φ12@100　②Φ10@150
　　　③Φ10@100　④Φ12@150
图中未注明的分布筋为Φ6.5@250

图 5-26　现浇平板平面图和局部剖面图

套用定额 5－3－4

单价(含税)＝416.34 元/10 m³

3)运输混凝土工程量＝1.65 m³

套用定额 5－3－6(运距 5 km 以内)

单价(含税)＝292.43 元/10 m³

套用定额 5－3－7(每增运 1 km，共增运 2 km)

单价(含税)＝41.29 元/10 m³

4)泵送混凝土工程量＝1.65 m³

套用定额 5－3－11，固定泵

单价(含税)＝176.06 元/10 m³

5)泵送混凝土增加材料工程量＝1.65 m³

套用定额 5－3－15

单价(含税)＝308.30 元/10 m³

6)管道输送混凝土工程量＝1.65 m³

套用定额 5－3－17

单价(含税)＝57.00 元/10 m³

(2)计算钢筋工程量，见表 5-3。

表 5-3　钢筋计算明细表

钢筋编号	钢筋种类	钢筋简图	单根钢筋长度/m	根数	总长度/m	钢筋线密度/(kg·m⁻¹)	总质量/kg
①	Φ12	⌐⌐	3.6＋12.5×0.012＝3.75	(3.3－0.24－0.1)/0.1＋1＝31	116.25	0.888	103
②	Φ10	⌐⌐	3.3＋12.5×0.01＝3.43	(3.6－0.24－0.15)/0.15＋1＝23	78.89	0.617	49
③	Φ10	⌐⌐	0.5＋0.24－0.015＋(0.12－0.015)＋15×0.01＝0.98	[(3.3－0.24－0.1)/0.1＋1]×2＝31×2＝62	60.76	0.617	37

续表

钢筋编号	钢筋种类	钢筋简图	单根钢筋长度/m	根数	总长度/m	钢筋线密度/(kg·m^{-1})	总质量/kg
④	φ12	⌐ ⌐	0.7+0.24−0.015+(0.12−0.015)+15×0.012=1.21	[(3.6−0.24−0.15)/0.15+1]×2=23×2=46	55.66	0.888	49
⑤	φ6.5	—	与③筋连接分布筋 3.3−0.24−0.7×2+2×0.15+12.5×0.006 5=2.04	[(0.5−0.25/2)/0.25+1]×2=3×2=6	34.16	0.26	9
			与④筋连接分布筋 3.6−0.24−0.5×2+2×0.15+12.5×0.006 5=2.74	[(0.7−0.25/2)/0.25+1]×2=4×2=8			
⑥	φ10	⌐⌙	2×0.12+0.2=0.44	(3.6−0.24)×(3.3−0.24)−(3.6−0.24−1)×(3.3−0.24−1.4)=6.4 取6	2.64	0.617	2
			合计				φ12：152 φ10：88 φ6.5：9

注：分布筋记为⑤；马凳筋记为⑥。

板的下部钢筋伸入梁的长度≥5d，至少到梁的中线；板的上部钢筋伸至梁的外边缘向下弯锚15d；板内与梁相平行的第一根纵筋距梁边为1/2板筋间距。

钢筋根数的取值原则：计算结果≥0.1则向上进1。

分布筋与受力筋搭接长度为150 mm。

(3)列表计算省价分部分项工程费或措施项目费，见表5-4。

表5-4 应用案例5-2分部分项工程费或措施项目费

序号	定额编号	项目名称	单位	工程量	增值税(简易计税)/元	
					单价(含税)	合价
1	5−1−33(换)	C25平板	10 m³	0.163	6 278.60	1 023.41
2	5−3−4	场外集中搅拌混凝土，25 m³/h	10 m³	0.165	416.34	68.70
3	5−3−6	运输混凝土，混凝土运输车，运距≤5 km	10 m³	0.165	292.43	48.25
4	5−3−7	运输混凝土，混凝土运输车 每增运1 km(共增运2 km)	10 m³	0.33	41.29	13.63
5	5−3−11	泵送混凝土，柱、墙、梁、板，固定泵	10 m³	0.165	176.06	29.05
6	5−3−15	泵送混凝土，增加材料	10 m³	0.165	308.30	50.87
7	5−3−17	管道输送混凝土 输送高度≤50 m，柱、墙、梁、板	10 m³	0.165	57.00	9.41

续表

序号	定额编号	项目名称	单位	工程量	增值税(简易计税)/元	
					单价(含税)	合价
8	5—4—2	现浇构件钢筋(φ12)HPB300≤φ18	t	0.152	5 781.20	878.74
9	5—4—1	现浇构件钢筋(φ10)HPB300≤φ10	t	0.088	6 463.15	568.76
10	5—4—75(换)	马凳筋(φ10)	t	0.009	7 473.98	67.27
		省价分部分项工程费或措施项目费合计(其中第5项为措施项目费)	元			2 758.09

注:定额中马凳钢筋是按φ8编制的,实际与定额不同时,可以换算,定额含量不变,因此表中第10项5—4—75需要进行定额单价的换算,换算单价=7 484.18+(4 210.00-4 220.00)×1.02=7 473.98(元/t)。

【应用案例 5-3】

某工程框架梁平面布置如图 5-27 所示,Ⓐ轴线 KZ 断面尺寸为 600 mm×500 mm,轴线居中,混凝土强度等级为 C30,一类环境,三级抗震,试结合 22G101 图集计算 KL 钢筋工程量,并列表计算省价分部分项工程费。

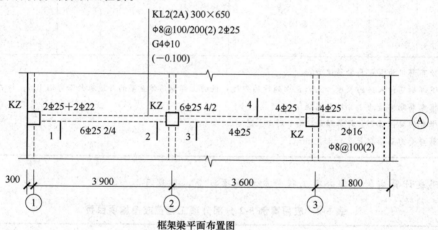

图 5-27 应用案例 5-3 附图(一)

分析:

(1)为便于阅读框架梁的配筋图,可绘制梁的断面配筋情况,其断面 1—1~断面 4—4 配筋如图 5-28 所示。

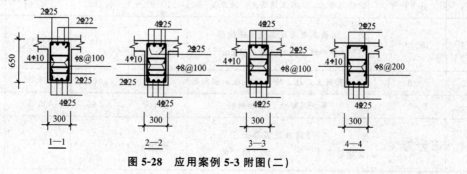

图 5-28 应用案例 5-3 附图(二)

(2)结合图集 22G101 阅读框架梁的立面配筋情况,梁的立面配筋构造如图 5-29~图 5-31 所示。

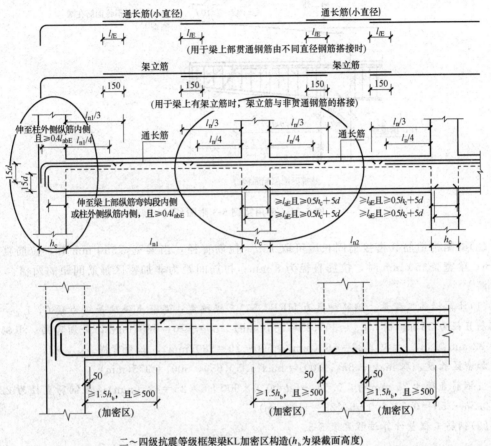

二~四级抗震等级框架梁KL加密区构造(h_b为梁截面高度)

图 5-29 应用案例 5-3 附图(三)

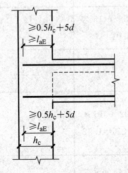

图 5-30 应用案例 5-3 附图(四)

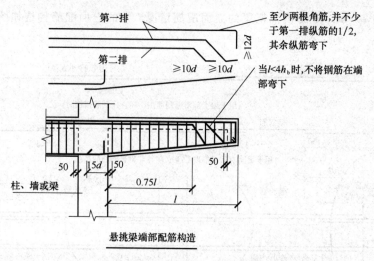

悬挑梁端部配筋构造

图 5-31 应用案例 5-3 附图(五)

(3)梁侧构造筋其搭接锚固长度可取 $15d$,拉筋直径,当梁宽≤350 mm 时,拉筋直径为 6 mm;梁宽>350 mm 时,拉筋直径为 8 mm;拉筋间距为非加密区箍筋间距的两倍。

解：

(1)计算钢筋工程量。钢筋种类为 HRB335,三级抗震;混凝土强度等级为 C30,$L_{aE}=30d$,当钢筋直径为 25 mm 时,$L_{aE}=30\times25=750(mm)>600-20=580(mm)$,必须弯锚;当钢筋直径为 22 mm 时,$L_{aE}=30\times22=660(mm)>600-20=580(mm)$,必须弯锚。

加密区长度：取 $\max\{1.5h_b,500\}=\max\{1.5\times650,500\}=975(mm)$。

当钢筋直径为 25 mm 时,$0.5h_c+5d=0.5\times600+5\times25=425(mm)$;当钢筋直径为 22 mm 时,$0.5h_c+5d=0.5\times600+5\times22=410(mm)$。

(2)钢筋工程量计算过程见表 5-5。

表 5-5 梁钢筋计算明细表

计算部位	钢筋种类	钢筋简图	单根钢筋长度/m	根数	总长度/m	钢筋线密度/(kg·m⁻¹)	总质量/kg
①~②轴下部	⊕25	⌐	$3.9-0.6+0.58+15\times0.025+0.75=5.01$	6	30.06	3.85	116
②~③轴下部	⊕25	—	$3.6-0.6+0.75\times2=4.5$	4	18	3.85	69
③轴外侧下部	Φ16	⌐⌐	$1.8-0.3-0.02+15\times0.016+12.5\times0.016=1.92$	2	3.84	1.578	6
上部通长筋	⊕25	⌐	$3.9+3.6+1.8-0.3-0.02+0.58+15\times0.025+12\times0.025=10.24$	2	20.48	3.85	79
上部①轴节点	⊕22	⌐	$3.3/3+0.58+15\times0.022=2.01$	2	4.02	2.984	12

续表

计算部位	钢筋种类	钢筋简图	单根钢筋长度/m	根数	总长度/m	钢筋线密度/$(kg \cdot m^{-1})$	总质量/kg
上部②轴节点	⊥25	—	3.3/3×2+0.6=2.8	2	5.6	3.85	22
	⊥25	—	3.3/4×2+0.6=2.25	2	4.5	3.85	17
③轴节点	⊥25	⌐	3/3+0.6+1.8−0.3−0.02+12×0.025=3.38	2	6.76	3.85	26
梁侧构造筋	Φ10	⌐ ⌐	3.3+15×0.01×2+12.5×0.01+3+15×0.01×2+12.5×0.01+1.8−0.3−0.02+15×0.01+12.5×0.01=8.9	4	35.6	0.617	22
主筋箍筋	Φ8	▭	2×(0.3+0.65)−8×0.02−4×0.008+2×11.9×0.008=1.9	[(0.975−0.05)/0.1+1]×2+(3.3−0.975×2)/0.2−1+[(0.975−0.05)/0.1+1]×2+(3−0.975×2)/0.2−1+(1.8−0.3−0.05−0.02)/0.1+1=67	127.30	0.395	50
构造拉筋	Φ6	⌐	0.3−2×0.02+2×(1.9×0.006+0.075)=0.43	(3.3−2×0.05)/0.4+1+(3−2×0.05)/0.4+1+(1.8−0.3−0.05−0.02)/0.4+1=22	9.46	0.222	2
合计							⊥25：329 ⊥22：12 Φ16：6 Φ10：22 Φ8：50 Φ6：2

(3) 列表计算省价分部分项工程费，见表5-6。

表5-6 应用案例5-3分部分项工程费

序号	定额编号	项目名称	单位	工程量	增值税(简易计税)/元	
					单价(含税)	合价
1	5-4-7	现浇构件钢筋(⊥25、⊥22)HRB335≤⊥25	t	0.341	5 436.01	1 853.68
2	5-4-2	现浇构件钢筋(Φ16)HPB300≤Φ18	t	0.006	5 781.20	34.69

续表

序号	定额编号	项目名称	单位	工程量	增值税(简易计税)/元	
					单价(含税)	合价
3	5—4—1	现浇构件钢筋(φ10、φ6)HPB300≤φ10	t	0.024	6 463.15	155.12
4	5—4—30	现浇构件箍筋(φ8)≤φ10	t	0.05	7 564.95	378.25
		省价分部分项工程费合计	元			2 421.74

【应用案例 5-4】

某现浇钢筋混凝土条形基础平面图和断面图如图 5-32 所示,已知 1—1 断面①筋 φ12@150,②筋 φ10@200;2—2 断面①筋 φ14@150,②筋 φ10@200,试计算钢筋工程量,并列表计算省价分部分项工程费。

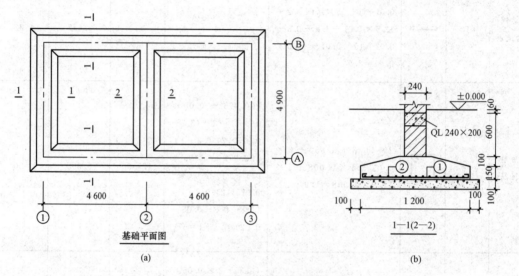

图 5-32 基础平面图与断面图

分析:

(1)该基础为砌体墙下条形基础,其基础断面配筋示意如图 5-33 所示。

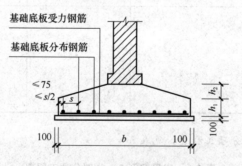

图 5-33 砌体墙下条形基础断面配筋示意

(2)在计算条形基础底板钢筋工程量时,必须结合 22G101 图集中有关基础底板 L 形、T 形相交处的底板配筋构造来计算,如图 5-34 所示。

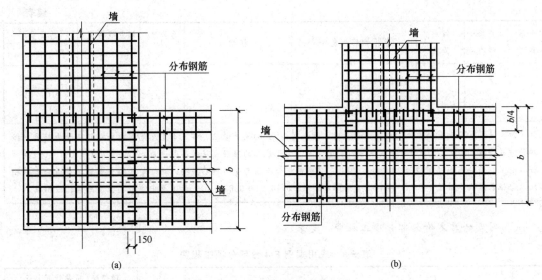

图 5-34 基础底板配筋构造示意

(a)L形相交处基础底板配筋构造；(b)T形相交处基础底板配筋构造

解：

(1)计算钢筋工程量，见表 5-7。

表 5-7 基础钢筋计算明细表

轴线编号	钢筋种类	钢筋简图	单根钢筋长度/m	根数	总长度/m	钢筋线密度/(kg·m^{-1})	总质量/kg
①	Φ12	⊏⊐	1.2−0.04×2+12.5×0.012=1.27	(4.9+1.2−0.04×2)/0.15+1=41	52.07	0.888	46
	Φ10	⊏⊐	4.9−1.2+0.04×2+0.15×2+12.5×0.01=4.21	(1.2−0.04×2)/0.2+1=7	29.47	0.617	18
②	Φ14	⊏⊐	1.2−0.04×2+12.5×0.014=1.3	(4.9−0.6)/0.15+1=30	39	1.208	47
	Φ10	⊏⊐	同①=4.21	同①=7	29.47	0.617	18
③	Φ12	⊏⊐	同①=1.27	同①=41	52.07	0.888	46
	Φ10	⊏⊐	同①=4.21	同①=7	29.47	0.617	18
Ⓐ	Φ12	⊏⊐	同①=1.27	(9.2+1.2−0.04×2)/0.15+1=70	88.9	0.888	79
	Φ10	⊏⊐	9.2−1.2+0.04×2+0.15×2+12.5×0.01=8.51	同①=7	59.57−0.695×2=58.18	0.617	36
Ⓑ	Φ12	⊏⊐	同Ⓐ=1.27	同Ⓐ=70	88.9	0.888	79
	Φ10	⊏⊐	同Ⓐ=8.51	同Ⓐ=7	58.18	0.617	36

续表

轴线编号	钢筋种类	钢筋简图	单根钢筋长度/m	根数	总长度/m	钢筋线密度/(kg·m⁻¹)	总质量/kg
			合计				φ12：250 φ10：126 φ14：47

注：计算Ⓐ轴和Ⓑ轴中φ10钢筋工程量时，结合图5-34(b)构造做法，在b/4宽度范围内分布筋与受力筋采用搭接的方式连接，b/4宽度以外分布筋则可以贯通设置。由于基础的混凝土保护层厚度为40 mm，b/4−40=300−40=260(mm)，而分布筋的间距为200 mm，因此，只有两根分布筋与受力钢筋搭接，此处断开的分布筋与贯通分布筋相比，每根长度减少数值=1.2−0.04×2−0.15×2−12.5×0.01=0.695(m)。故上表中φ10总长度应作相应扣减。

(2)列表计算省价分部分项工程费，见表5-8。

表5-8 应用案例5-4分部分项工程费

序号	定额编号	项目名称	单位	工程量	增值税(简易计税)/元	
					单价(含税)	合价
1	5−4−2	现浇构件钢筋(φ14、φ12)HPB300≤φ18	t	0.297	5 781.20	1 717.02
2	5−4−1	现浇构件钢筋(φ10)HPB300≤φ10	t	0.126	6 463.15	814.36
		省价分部分项工程费合计	元			2 531.38

5.4 知识拓展

钢筋计算中常用的基本数据主要有钢筋的保护层、钢筋的锚固长度、钢筋的搭接长度、钢筋的每米质量等。

(1)钢筋的保护层。《混凝土结构施工图平面整体表示方法制图规则和构造详图》(22G101)给出了混凝土保护层的最小厚度要求，见表5-9。

表5-9 混凝土保护层的最小厚度   mm

环境类别	板、墙	梁、柱
一	15	20
二a	20	25
二b	25	35
三a	30	40
三b	40	50

注：①表中钢筋混凝土保护层厚度指最外层钢筋外边缘至混凝土表面的距离，适用于设计使用年限为50年的混凝土结构。
②构件中受力钢筋的保护层厚度不应小于钢筋的公称直径。
③一类环境中，设计工作年限为100年的结构最外层钢筋的保护层厚度不应小于表中数值的1.4倍。二、三类环境中，设计工作年限为100年的结构应采取专门的有效措施。四类和五类环境类别的混凝土结构，其耐久性要求应符合国家有关标准的规定。
④当混凝土强度等级不大于C25时，表中保护层厚度数值应增加5 mm。
⑤基础地面钢筋的保护层厚度，有混凝土垫层时应从垫层顶面算起，且不应小于40 mm。

(2)钢筋的锚固长度。

1)受拉钢筋的基本锚固长度。受拉钢筋基本锚固长度 l_{ab} 见表 5-10。抗震设计时受拉钢筋基本锚固长度 l_{abE} 见表 5-11。

表 5-10 受拉钢筋基本锚固长度 l_{ab}

钢筋种类	混凝土强度等级							
	C25	C30	C35	C40	C45	C50	C55	≥C60
HPB300	34d	30d	28d	25d	24d	23d	22d	21d
HRB400、HRBF400、RRB400	40d	35d	32d	29d	28d	27d	26d	25d
HRB500、HRBF500	48d	43d	39d	36d	34d	32d	31	30d

表 5-11 抗震设计时受拉钢筋基本锚固长度 l_{abE}

钢筋种类		混凝土强度等级							
		C25	C30	C35	C40	C45	C50	C55	≥C60
HPB300	一、二级	39d	35d	32d	29	28d	26d	25d	24d
	三级	36d	32d	29d	26d	25d	24d	23d	22d
HRB400 HRBF400	一、二级	46d	40d	37d	33d	32d	31d	30d	29d
	三级	42d	37d	34d	30	29d	28d	27	26d
HRB500 HRBF500	一、二级	55d	49d	45d	41	39d	37d	36d	35d
	三级	50d	45d	41d	38d	36d	34d	33d	32d

注：①四级地震时，$l_{abE}=l_{ab}$。
②混凝土强度等级应取锚固区的混凝土强度等级。
③当锚固钢筋的保护层厚度不大于 5d 时，锚固钢筋长度范围内应设置横向构造钢筋，其直径不应小于 d/4(d 为锚固钢筋的最大直径)；对梁、柱等构件间距不应大于 5d，对板、墙等构件间距不应大于 10d，且均不应大于 100 mm(d 为锚固钢筋的最小直径)。

2)受拉钢筋锚固长度。受拉钢筋锚固长度 l_a 见表 5-12。受拉钢筋抗震锚固长度 l_{aE} 见表 5-13。

表 5-12 受拉钢筋锚固长度 l_a

钢筋种类	混凝土强度等级															
	C25		C30		C35		C40		C45		C50		C55		≥C60	
	d≤25	d>25	d≤25	d>25	d≤25	d>25	d≤25	d>25	d≤25	d>25	d≤25	d>25	d≤25	d>25	d≤25	d>25
HPB300	34d	—	30d	—	28d	—	25d	—	24d	—	23d	—	22d	—	21d	—
HRB400、HRBF400、RRB400	40d	44d	35d	39d	32d	35d	29d	32d	28d	31d	27d	30d	26	29d	25d	28d

续表

钢筋种类	混凝土强度等级													
	C25		C30		C35		C40		C45		C50		C55		≥C60
	$d\leqslant 25$	$d>25$	$d\leqslant 25$	$d>25$	$d\leqslant 25$	$d>25$	$d\leqslant 25$	$d>25$	$d\leqslant 25$	$d>25$	$d\leqslant 25$	$d>25$	$d\leqslant 25$	$d>25$	$d\leqslant 25$	$d>25$
HRB500、HRBF500	48d	53d	43d	47d	39d	43d	36d	40d	34d	37d	32d	35d	31d	34d	30d	33d

表 5-13 受拉钢筋抗震锚固长度 l_{aE}

钢筋种类及抗震等级		混凝土强度等级															
		C20	C25		C30		C35		C40		C45		C50		C55		≥C60
		$d\leqslant 25$	$d\leqslant 25$	$d>25$	$d\leqslant 25$	$d>25$	$d\leqslant 25$	$d>25$	$d\leqslant 25$	$d>25$	$d\leqslant 25$	$d>25$	$d\leqslant 25$	$d>25$	$d\leqslant 25$	$d>25$	$d\leqslant 25$	$d>25$
HPB300	一、二级	45d	39d	—	35d	—	32d	—	29d	—	28d	—	26d	—	25d	—	24d	—
	三级	41d	36d	—	32d	—	29d	—	26d	—	25d	—	24d	—	23d	—	22d	—
HRB400、HRBF400	一、二级	—	46d	51d	40d	45d	37d	40d	33d	37d	32d	36d	31d	35d	30d	33	29d	32d
	三级	—	42d	46d	37d	41d	34d	37d	30d	34d	29d	33d	28d	32d	27d	30d	26d	29d
HRB500、HRBF500	一、二级	—	55d	61d	49d	54d	45d	49d	41d	46d	39d	43d	37d	40d	36d	39d	35d	38d
	三级	—	50d	56d	45d	49d	41d	45d	38d	42d	36d	39d	34d	37d	33d	36d	32d	35d

注:①当为环氧树脂涂层带肋钢筋时,表中数据尚应乘以 1.25。
②当纵向受力钢筋在施工过程中易受扰动时,表中数据尚应乘以 1.1。
③当锚固长度范围内纵向受力钢筋周边保护层厚度为 3d(d 为锚固钢筋的直径)时,表中数据可乘以 0.8;保护层厚度不小于 5d 时,表中数据可乘以 0.7;中间时按内插值。
④当纵向受拉普通钢筋锚固长度修正系数(①~③)多于一项时,可按连乘计算。
⑤受拉钢筋的锚固长度 l_a、l_{aE} 计算值不应小于 200 mm。
⑥四级抗震时,$l_{aE}=l_a$。
⑦当锚固钢筋的保护层厚度不大于 5d,锚固钢筋长度范围内应设置横向构造钢筋,其直径不应小于 $d/4$(d 为锚固钢筋的最大直径);对梁、柱等构件间距不应大于 5d,对板、墙等构件间距不应大于 10d,且均不应大于 100 mm(d 为锚固钢筋的最小直径)。
⑧HPB300 钢筋末端应做 180°弯钩,做法详见 22G101—1 图集第 2—2 页。
⑨混凝土强度等级应取锚固区的混凝土强度等级。

(3)钢筋的搭接长度。纵向受拉钢筋搭接长度 l_l 见表 5-14。纵向受拉钢筋抗震搭接长度 l_{lE} 见表 5-15。

表 5-14 纵向受拉钢筋搭接长度 l_l

钢筋种类及同一区段内搭接钢筋面积比例		混凝土强度等级													
		C25		C30		C35		C40		C45		C50		C55		≥C60
		$d≤25$	$d>25$	$d≤25$	$d>25$	$d≤25$	$d>25$	$d≤25$	$d>25$	$d≤25$	$d>25$	$d≤25$	$d>25$	$d≤25$	$d>25$	$d≤25$	$d>25$
HPB300	≤25%	41d	—	36d	—	34d	—	30d	—	29d	—	28d	—	26d	—	25d	—
	50%	48d	—	42d	—	39d	—	35d	—	34d	—	32	—	31d	—	29d	—
	100%	54d	—	48d	—	45d	—	40d	—	38d	—	37d	—	35d	—	34d	—
HRB400、HRBF400、RRB400	≤25%	48d	53d	42d	47d	38d	42d	35d	38d	34d	37d	32d	36d	31d	35d	30d	34d
	50%	56d	62d	49d	55d	45d	49d	41d	45d	39d	43d	38d	42d	36d	41d	35d	39d
	100%	64d	70d	56d	62d	51d	56d	46d	51d	45d	50d	43d	48d	42d	46d	40d	45d
HRB500、HRBF500	≤25%	58d	64d	52d	56d	47d	52d	43d	48d	41d	44d	43d	42d	37d	41d	36d	40d
	50%	67d	74d	60d	66d	55d	60d	50d	56d	48d	52d	45d	49d	43d	48d	42d	46d
	100%	77d	85d	69d	75d	62d	69d	58d	64d	54d	59d	51d	56d	50d	54d	48d	53d

注：①表中数值为纵向受拉钢筋绑扎搭接接头的搭接长度。
②两根不同直径钢筋搭接时，表中 d 取钢筋较小直径。
③当为环氧树脂涂层带肋钢筋时，表中数据尚应乘以 1.25。
④当纵向受拉钢筋在施工过程中易受扰动时，表中数据尚应乘以 1.1。
⑤当搭接长度范围内纵向受力钢筋周边保护层厚度为 3d（d 为锚固钢筋的直径）时，表中数据可乘以 0.8；保护层厚度不小于 5d 时，表中数据可乘以 0.7；中间时按内插值。
⑥当上述修正系数（③～⑤）多于一项时，可按连乘计算。
⑦当位于同上连区段内的钢筋搭接接头面积面分率为表中数据中间值时，搭接长度可按内插取值。
⑧任何情况下，搭接长度不应小于 300 mm。
⑨HPB300 钢筋末端应做 180°弯钩，做法详见 22G101—1 图集 2—2 页。

表 5-15 纵向受拉钢筋抗震搭接长度 l_{lE}

	钢筋种类及同一区段内搭接钢筋面积比例	混凝土强度等级															
		C25		C30		C35		C40		C45		C50		C55		≥C60	
		$d≤25$	$d>25$	$d≤25$	$d>25$	$d≤25$	$d>25$	$d≤25$	$d>25$	$d≤25$	$d>25$	$d≤25$	$d>25$	$d≤25$	$d>25$	$d≤25$	$d>25$
一、二级抗震等级	HPB300 ≤25%	47d	—	42d	—	38d	—	35d	—	34d	—	31d	—	30d	—	29d	—
	HPB300 50%	55d	—	49d	—	45d	—	41d	—	39d	—	36d	—	35d	—	34d	—
	HRB400、HRBF400 ≤25%	55d	61d	48d	54d	44d	48d	40d	44d	38d	43d	37d	42d	36d	40d	35d	38d
	HRB400、HRBF400 50%	64d	71d	56d	63d	52d	56d	46d	52d	45d	50d	43d	49d	42d	46d	41d	45d
	HRB500、HRBF500 ≤25%	66d	73d	59d	65d	54d	59d	49d	55d	47d	52d	44d	48d	43d	47d	42d	46d
	HRB500、HRBF500 50%	77d	85d	69d	76d	63d	69d	57d	64d	55d	60d	52d	56d	50d	55d	49d	53d

续表

钢筋种类及同一区段内搭接钢筋面积比例		混凝土强度等级													
		C25		C30		C35		C40		C45		C50		C55	≥C60
		$d≤25$	$d>25$	$d≤25$	$d>25$	$d≤25$	$d>25$	$d≤25$	$d>25$	$d≤25$	$d>25$	$d≤25$	$d>25$	$d≤25$	$d>25$
三级抗震等级	HPB300 ≤25%	$43d$	—	$38d$	—	$35d$	—	$31d$	—	$30d$	—	$29d$	—	$28d$	$26d$ —
	50%	$50d$	—	$45d$	—	$41d$	—	$36d$	—	$35d$	—	$34d$	—	$32d$	$31d$ —
	HRB400、HRBF400 ≤25%	$50d$	$55d$	$44d$	$49d$	$41d$	$44d$	$36d$	$41d$	$35d$	$40d$	$34d$	$38d$	$32d$ $36d$	$31d$ $35d$
	50%	$59d$	$64d$	$52d$	$57d$	$48d$	$52d$	$42d$	$48d$	$41d$	$46d$	$40d$	$45d$	$38d$ $42d$	$36d$ $41d$
	HRB500、HRBF500 ≤25%	$60d$	$67d$	$54d$	$59d$	$49d$	$54d$	$46d$	$50d$	$43d$	$47d$	$41d$	$44d$	$40d$ $43d$	$38d$ $42d$
	50%	$70d$	$78d$	$63d$	$69d$	$57d$	$63d$	$53d$	$59d$	$50d$	$55d$	$48d$	$52d$	$46d$ $50d$	$45d$ $49d$

注：①表中数值为纵向受拉钢筋绑扎搭接接头的搭接长度。
②两根不同直径钢筋搭接时，表中d取钢筋较小直径。
③当为环氧树脂涂层带肋钢筋时，表中数据尚应乘以1.25。
④当纵向受拉钢筋在施工过程中易受扰动时，表中数据尚应乘以1.1。
⑤当搭接长度范围内纵向受力钢筋周边保护层厚度为$3d$（d为锚固钢筋的直径）时，表中数据可乘以0.8；保护层厚度不小于$5d$时，表中数据可乘以0.7；中间时按内插值。
⑥当上述修正系数（③～⑤）多于一项时，可按连乘计算。
⑦当位于同一连接区段内的钢筋搭接接头面积百分率为100%时，$l_{lE}=1.6l_{aE}$。
⑧当位于同一连接区段内的钢筋搭接接头面积百分率为表中数据中间值时，搭接长度可按内插取值。
⑨任何情况下，搭接长度不应小于300 mm。
⑩四级抗震等级时，$l_{lE}=l_l$，详见22G101—1图集。
⑪HPB300钢筋末端应做180°弯钩，做法详见22G101—1图集第2—2页。

(4)钢筋的每米质量(也称线密度)。

$$钢筋的总质量(kg)＝钢筋总长度(m)×钢筋每米质量(kg/m)$$

常用钢筋的理论质量见表5-16。

表5-16 常用钢筋的理论质量

钢筋直径/mm	理论质量/(kg·m^{-1})	钢筋直径/mm	理论质量/(kg·m^{-1})
4	0.099	16	1.578
5	0.154	18	1.998
6	0.222	20	2.466
6.5	0.260	22	2.984
8	0.395	25	3.850
10	0.617	28	4.830
12	0.888	30	5.550
14	1.208	32	6.310

注：表中直径为4 mm和5 mm的钢筋在习惯上和定额中称为"钢丝"。

(5)定额消耗量的取定。
1)定额人工消耗量的取定。预制混凝土构件制作(钢筋、预制混凝土、预制混凝土模板等)或采购、运输、安装、灌缝各工序，按相应规则计算的工程量，应乘以表5-17规定的工程量系数(其中,现场预制、成品构件的制作、安装系数已在项目中综合考虑)。

表 5-17　预制混凝土构件制作等系数调整

定额内容 构件类别	制作	运输	安装	灌缝
预制加工厂预制	1.015	1.013	1.005	1.000
现场(非就地)预制	1.012	1.010	1.005	
现场就地预制	1.007	—	1.005	
成品构件	采购:1.010	1.010	1.010	

定额子目中已按表 5-17 综合考虑了预制混凝土构件的构件操作损耗,编制标底(招标控制价)时,不再另行计算。施工单位报价时,可根据构件、现场等具体情况,自行确定损耗率,超出部分可另行计算。

2)定额材料消耗量的取定。

①现浇混凝土工程按商品混凝土考虑。

②混凝土消耗量的计算公式为:混凝土消耗量=定额单位×(1+损耗率)。其中,二次灌浆混凝土损耗率为 3%,其余损耗率为 1%。

③钢筋消耗量的计算公式为:钢筋消耗量=定额单位×(1+钢筋损耗率)。钢筋损耗率见表 5-18。

表 5-18　钢筋损耗率

钢筋种类	损耗率/%
现浇构件钢筋≤φ10	2
现浇构件钢筋>φ10	4
预制构件钢筋≤φ10	2
预制构件钢筋>φ10	4
先张法预应力钢筋	6
后张法预应力钢筋	13
后张法预应力钢丝束	10
后张法预应力钢绞线(钢丝束)	6

④马凳钢筋定额子目中材料是按钢筋直径 φ8 列项,设计或实际发生与定额不同时可以换算,但消耗量不变。

⑤对拉螺栓增加子目中材料按直径 φ14 的成品对拉螺栓列项,设计与定额不同时可以换算。

3)定额机械消耗量的取定中混凝土不再考虑现场搅拌,本部分定额项目中只考虑商品混凝土的使用,砂浆仍按现场搅拌考虑。

通过本任务的学习,要求学生掌握以下内容:

(1)理解相应定额说明并熟悉定额项目。

(2)掌握柱、梁、墙、板及其他构件计算界线的划分。

(3) 掌握钢筋工程量的计算方法及正确套用定额项目。对于钢筋工程，应区别现浇、预制构件，不同钢种和规格，计算时分别按设计长度乘以单位理论质量，以"t"计算。计算钢筋工程量时，应特别注意混凝土保护层、钢筋锚固、钢筋搭接、钢筋弯钩等要求。

(4) 掌握现浇混凝土与预制混凝土工程量的计算方法及正确套用定额项目。混凝土工程除楼梯、阳台、雨篷等构件以"m^2"计算，现浇混凝土板中放置固定高强度薄壁空心管（GBF）以"m"计算，现浇填充料空心板中PLM管铺设、C30现浇填充料空心板以"m^2"计算，现浇混凝土板中放置固定叠合箱、现浇混凝土板中放置固定蜂巢芯以"套"计算外，其余均按图示尺寸以"m^3"计算。

(5) 掌握预制混凝土构件安装工程量的计算方法及正确套用定额项目。

习 题

1. 某现浇钢筋混凝土单层厂房，如图5-35所示，梁、板、柱均采用强度等级为C30的混凝土，场外集中搅拌量为25 m^3/h，运距为5 km，管道泵送混凝土（固定泵），板厚为100 mm，柱基础顶面标高为−0.500 m，柱顶标高为7.200 m；柱截面尺寸为：Z1=300 mm×500 mm，Z2=400 mm×500 mm，Z3=300 mm×400 mm。试计算现浇钢筋混凝土构件工程量，并列表计算省价分部分项工程费或措施项目费。

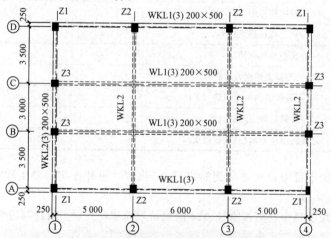

图5-35 某单层厂房结构平面布置图

2. 某现浇混凝土梁，尺寸如图5-36所示，混凝土强度等级为C25，保护层厚度为25 mm，混凝土现场搅拌。试计算该梁钢筋和混凝土浇筑、搅拌工程量，并列表计算省价分部分项工程费。

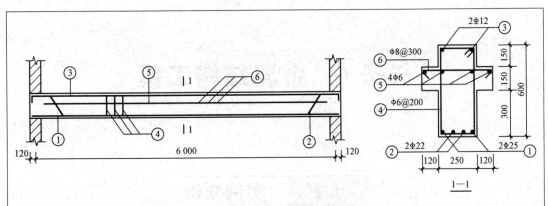

图 5-36 某梁立面图与断面图

3. 某现浇独立基础条件同应用案例 5-1，试计算该基础钢筋工程量，并计算省价分部分项工程费。

4. 某现浇混凝土条形基础条件同应用案例 5-4，混凝土强度等级为 C30，试计算该基础混凝土工程量，并列表计算省价分部分项工程费或措施项目费。

任务 6　金属结构工程

6.1　实例分析

某造价咨询公司造价师张某接到某金属结构工程造价编制任务,该工程钢屋架简况如下:某工程钢屋架如图 6-1 所示,共 10 榀。张某现需要结合《山东省建筑工程消耗量定额》(SD 01—31—2016)和《山东省建筑工程价目表》(2020 年)计算该钢屋架工程量,确定定额项目,并列表计算省价分部分项工程费或措施项目费。

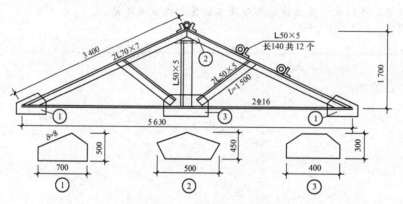

图 6-1　某工程钢屋架示意

钢结构建筑是装配式建筑的一种。装配式建筑是指把传统建造方式中的大量现场作业工作转移到工厂进行,在工厂加工制作好的建筑部品、部件,如柱、梁、楼板、墙板、楼梯等,运输到建筑施工现场,通过可靠的连接方式在现场装配安装而成的建筑。装配式建筑采用标准化设计、工厂化生产、装配化施工、一体化装修、信息化管理,是现代工业化生产方式。大力发展装配式建筑,是实施推进"创新驱动发展、经济转型升级"的重要举措,是切实转变城市建设模式,建设资源节约型、环境友好型城市的现实需要,能促进从业者显著提升施工效率、节省施工成本以及改善作业环境。正如二十大报告提出:加强城市基础设施建设,打造宜居、韧性、智慧城市。积极稳妥推进碳达峰碳中和。推动能源清洁低碳高效利用,推进工业、建筑、交通等领域清洁低碳转型。

6.2　相关知识

6.2.1　金属结构工程定额说明

(1)本部分定额包括金属结构制作、无损探伤检验、除锈、平台摊销、金属结构安装五节。

(2)本部分构件制作均包括现场内(工厂内)的材料运输、号料(备料和配料)、加工、组装及成品堆放、装车出厂等全部工序。本部分金属结构制作适用于施工单位在施工现场预制金属结构物件的情况。

(3)本部分定额金属构件制作包括各种杆件的制作、连接以及拼装成整体构件所需的人工、材料及机械台班用量(不包括为拼装钢屋架、托架、天窗架而搭设的临时钢平台)。

注:①在套用本部分金属构件制作项目后,拼装工作不再单独计算。本部分6—5—26至6—5—29拼装子目只适用于半成品构件的拼装。
②本部分安装项目中,均不包含拼装工序。

(4)金属结构的各种杆件的连接以焊接为主,焊接前连接两组相邻构件使其固定以及构件运输时为避免出现误差而使用的螺栓,已包括在制作子目内。

(5)本部分构件安装未包括堆放地至起吊点运距>15 m的现场范围内的水平运输,发生时按本定额"第十九章 施工运输工程"相应项目计算。

(6)金属构件制作子目中,钢材的规格和用量,设计与定额不同时可以调整,其他不变(钢材的损耗率为6%)。

(7)钢零星构件是指定额未列项且单体质量≤0.2 t的金属构件。

(8)需预埋入钢筋混凝土中的铁件、螺栓按本定额"第五章 钢筋及混凝土工程"相应项目计算。

(9)本部分构件制作项目中,均已包括除锈,刷一遍防锈漆。

注:本部分构件制作中要求除锈等级为Sa2.5级,设计文件要求除锈等级≤Sa2.5级,不另套项;若设计文件要求除锈等级为Sa3级,则每定额制作单位增加人工0.2工日、机械10 m³/min电动空气压缩机0.2台班。

(10)本部分构件制作中防锈漆为制作、运输、安装过程中的防护性防锈漆,设计文件规定的防锈、防腐油漆另行计算,制作子目中的防锈漆工料不扣除。

(11)在钢结构安装完成后、防锈漆或防腐漆等涂装前,需对焊缝节点处、连接板、螺栓、底漆损坏处等进行除锈处理,此项工作按实际施工方法套用本部分相应除锈子目,工程量按制作工程量的10%计算。

(12)成品金属构件或防护性防锈漆超出有效期(构件出场后6个月)发生锈蚀的构件,如需除锈,套用本部分除锈相关子目计算。

(13)本部分除锈子目《涂覆涂料前钢材表面处理 表面清洁度的目视评定 第1部分:未涂覆过的钢材表面和全部清除原有涂层后的钢材表面的锈蚀等级和处理等级》(GB/T 8923.1—2011)中锈蚀等级C级考虑除锈至Sa2.5或St2,若除锈前锈蚀等级为B级或D级,相应定额应分别乘以系数0.75或1.25,相关定义参见该标准。

(14)网架结构中焊接钢板节点、焊接钢管节点、杆件直接交汇节点的制作、安装,执行焊接空心球网架的制作、安装相应子目。

(15)实腹柱是指十字形、T形、L形、H形等,空腹钢柱是指箱形、格构形等。

(16)轻钢檩条间的钢拉条的制作、安装,执行屋架钢支撑相应子目。

(17)成品H型钢制作的柱、梁构件,相应制作子目人工、机械及除钢材外的其他材料乘以系数0.60。

(18)本部分钢材如为镀锌钢材,则将主材调整为镀锌钢材,同时扣除人工3.08工日/t,扣除制作定额内环氧富锌底漆、钢丸及除锈机机械台班。

(19)制作项目中的钢管按成品钢管考虑,如实际采用钢板加工而成,需将制作项目中主材价格进行换算,人工、机械及除钢材外的其他材料乘以系数1.50。

(20)劲性混凝土的钢构件套用本部分相应定额子目时,定额未考虑开孔费。如需开孔,钢构件制作定额的人工、机械乘以系数1.15。

(21)劲性混凝土柱(梁)中的钢筋在执行定额相应子目时人工乘以系数1.25。劲性混凝土柱(梁)中的混凝土在执行定额相应子目时人工、机械乘以系数1.15。

(22)轻钢屋架是指每榀质量<1 t 的钢屋架。

(23)钢屋架、托架、天窗架制作平台摊销子目,是与钢屋架、托架、天窗架制作子目配套使用的子目,其工程量与钢屋架、托架、天窗架的制作工程量相同。其他金属构件制作不计平台摊销费用。

(24)钢梁制作、安装执行钢吊车梁制作、安装子目。

(25)金属构件安装,定额按单机作业编制。

(26)本部分铁栏杆制作,仅适用于工业厂房中平台、操作台的钢栏杆。工业厂房中的楼梯、阳台、走廊的装饰性铁栏杆,民用建筑中的各种装饰性铁栏杆,均按其他章节相应规定计算。

(27)本定额的钢网架制作,按平面网架结构考虑,如设计成筒壳、球壳及其他曲面状,构件制作定额的人工、机械乘以系数 1.30,构件安装定额的人工、机械乘以系数 1.20。

(28)本定额中的屋架、托架、钢柱等均按直线考虑,如设计为曲线、折线形构件,构件制作定额的人工、机械乘以系数 1.30,构件安装定额的人工、机械乘以系数 1.20。

(29)本部分单项定额内,均不包括脚手架及安全网的搭拆内容,脚手架及安全网均按相关章节有关规定计算。

(30)本节金属构件安装子目内,已包括金属构件本体的垂直运输机械。金属构件本体以外工程的垂直运输以及建筑物超高等内容,发生时按照相关章节有关规定计算。

(31)钢柱安装在钢筋混凝土柱上,其人工、机械乘以系数 1.43。

6.2.2 金属结构工程工程量计算规则

(1)金属结构制作、安装工程量,按图示钢材尺寸以质量计算,不扣除孔眼、切边的质量。焊条、铆钉、螺栓等质量已包括在定额内,不另计算。计算不规则或多边形钢板质量时,均以其最大对角线乘以最大宽度的矩形面积计算,如图 6-2 所示。

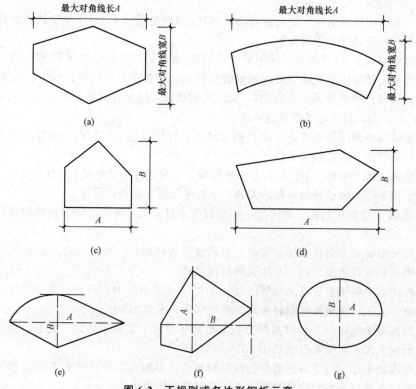

图 6-2 不规则或多边形钢板示意

钢板面积＝最大对角线长 A×最大对角线宽 B
钢板质量＝钢板面积×板厚×单位质量（面密度 kg/m^2）

(2) 实腹柱、口形柱、梁、H 型钢等制作均按图示尺寸计算，其腹板及翼板宽度按每边增加 10 mm 计算。

(3) 钢柱制作、安装工程量，包括依附于柱上的牛腿、悬臂梁及柱脚连接板的质量。

(4) 钢管柱制作、安装执行空腹钢柱子目，柱体上的节点板、加强环、内衬管、牛腿等依附构件并入钢管柱工程量内。

(5) 计算钢屋架、钢托架、天窗架工程量时，依附其上的悬臂梁、檩托、横挡、支爪、檩条爪等，分别并入相应构件内计算。

(6) 制动梁的制作安装工程量包括制动梁、制动桁架、制动板质量。

(7) 钢墙架的制作工程量包括墙架柱、墙架梁及连接柱杆质量。

(8) 钢筋混凝土组合屋架钢拉杆，按屋架钢支撑计算。

(9) 钢漏斗的制作工程量，矩形按图示分片，圆形按图示展开尺寸，并以钢板宽度分段计算，每段均以其上口长度（圆形以分段展开上口长度）与钢板宽度，按矩形计算，依附漏斗的型钢并入漏斗质量内计算。钢漏斗示意如图 6-3 所示。

图 6-3　钢漏斗示意

(10) 高强度螺栓、花篮螺栓、剪力栓钉按设计图示以套数计算。

(11) X 射线焊缝无损探伤，按不同板厚，以"张"（胶片）为单位。拍片张数按设计规定计算的探伤焊缝总长度除以定额取定的胶片有效长度(250 mm)计算。

(12) 金属板材对接焊缝超声波探伤，以焊缝长度为计量单位。

(13) 除锈工程的工程量，依据定额单位，分别按除锈构件的质量或表面积计算。

(14) 楼面及平板屋面按设计图示尺寸以铺设水平投影面积计算；屋面为斜坡的，按斜坡面积计算。不扣除≤$0.3 m^2$ 柱、垛及孔洞所占面积。

6.3　任务实施

【应用案例 6-1】

某工程钢屋架如图 6-1 所示，共 10 榀。试计算该钢屋架工程量，确定定额项目，并列表计算省价分部分项工程费或措施项目费。

解：

(1) 计算工程量。

上弦质量＝3.40×2×2×7.398＝100.61(kg)

下弦质量＝5.60×2×1.58＝17.70(kg)

立杆质量＝1.70×3.77＝6.41(kg)

斜撑质量＝1.50×2×2×3.77＝22.62(kg)

①号连接板质量＝0.7×0.5×2×62.80＝43.96(kg)

②号连接板质量＝0.5×0.45×62.80＝14.13(kg)

③号连接板质量＝0.4×0.3×62.80＝7.54(kg)

檩托质量＝0.14×12×3.77＝6.33(kg)

钢屋架工程量合计＝(100.61＋17.70＋6.41＋22.62＋43.96＋14.13＋7.54＋6.33)×10
　　　　　　　　＝2 193.00(kg)

(2)套用定额。
轻钢屋架制作套用定额 6－1－5
单价(含税)＝9 579.78 元/t
钢屋架平台摊销套用定额 6－4－1
单价(含税)＝738.19 元/t
轻钢屋架安装套用定额 6－5－3
单价(含税)＝1 888.86 元/t

(3)列表计算省价分部分项工程费或措施项目费,见表 6-1。

表 6-1　应用案例 6-1 分部分项工程费或措施项目费

序号	定额编号	项目名称	单位	工程量	增值税(简易计税)/元 单价(含税)	合价
1	6－1－5	轻钢屋架制作	t	2.193	9 579.78	21 008.46
2	6－4－1	钢屋架平台摊销≤1.5 t	t	2.193	738.19	1 618.85
3	6－5－3	轻钢屋架安装	t	2.193	1 888.86	4 142.27
		省价分部分项工程费合计(其中,第 3 项为措施项目费)	元			26 769.58

【应用案例 6-2】
某工程设计有实腹钢柱 100 根,每根质量为 4.5 t,由企业附属加工厂制作,刷防锈漆一遍。试计算实腹钢柱制作、安装工程量,并计算省价分部分项工程费或措施项目费。

解:
(1)实腹钢柱制作工程量＝100×4.5＝450(t)
套用定额 6－1－1,实腹钢柱制作≤5 t
单价(含税)＝8 351.87 元/t
省价分部分项工程费＝450×8 351.87＝3 758 341.50(元)
(2)实腹钢柱安装工程量＝100×4.5＝450(t)
套用定额 6－5－1,实腹钢柱安装≤5 t
单价(含税)＝746.56 元/t
措施项目费＝450×746.56＝335 952.00(元)

【应用案例 6-3】
某钢结构工程需要用 X 射线对焊缝进行无损探伤检验,如果焊缝长为 100 m,钢板厚为 25 mm,试计算工程量,并计算省价分部分项工程费。

解: 焊缝探伤工程量＝100÷0.25＝400(张)
套用定额 6－2－2,X 射线探伤,板厚≤30 mm
单价(含税)＝843.42 元/10 张
省价分部分项工程费＝400÷10×843.42＝33 736.80(元)

6.4　知识拓展

1. 定额材料消耗量的取定

选用工程的设计图纸,按其设计构造和尺寸计算,包括主材和辅材。其中,主材消耗量包括材料的制作用量和制作损耗量。

$$材料消耗量＝材料制作用量×(1＋制作损耗率)$$

金属构件制作钢材的损耗率为 6%，金属构件安装没有考虑损耗。

2. 定额使用注意的问题

(1)一般拼装和安装是针对钢屋架、托架、天窗架而言的。拼装是指将原材料构件组合成屋架。安装是指将拼装完成的屋架安装至屋面。拼装是把散的东西做成整体，安装是把这个整体的物件安放在使用需求的地方。

在现场施工时，金属构件大部分是在加工厂进行构件制作、简单拼装后运至现场进行整体拼装，拼装好后进行整体吊装。在此过程中，现场拼装工作视为钢构件制作的组成部分，不再另行计算，钢屋架(含轻钢屋架)、托架、天窗架无论是否搭设钢平台或何种形式的平台，均需计算平台摊销，平台摊销工程量与构件制作作相同，平台摊销子目消耗量不得调整；其他钢构件，无论是否搭设钢平台，均不计算平台摊销。

【应用案例 6-4】

某工程有实腹钢柱 24 根，每根长为 18 m，质量为 4.5 t；有钢屋架 12 榀，每榀长为 18 m，质量为 0.9 t。施工单位在附属加工厂进行构件制作，每根钢柱分 2 段制作，每榀屋架分 3 段制作，均在现场拼装，现场用混凝土浇筑了一块地用作构件拼装，该场地钢构件拼装完后用作项目宣传广场，混凝土地面距吊装机械在 15 m 内。试计算钢构件制作、安装工程量，并列表计算省价分部分项工程费或措施项目费。

解：

1)钢柱制作工程量＝24×4.5＝108(t)

套用定额 6-1-1，实腹钢柱制作≤5 t

单价(含税)＝8 351.87 元/t

2)钢屋架制作工程量＝12×0.9＝10.8(t)

套用定额 6-1-5，轻钢屋架制作

单价(含税)＝9 579.78 元/t

3)钢屋架平台摊销工程量＝10.8 t

套用定额 6-4-1，钢屋架、托架、天窗架≤1.5 t 平台摊销

单价(含税)＝738.19 元/t

4)钢柱安装工程量＝108 t

套用定额 6-5-1，钢柱安装≤5 t

单价(含税)＝746.56 元/t

5)钢屋架安装工程量＝10.8 t

套用定额 6-5-3，轻钢屋架安装

单价(含税)＝1 888.86 元/t

6)列表计算省价分部分项工程费或措施项目费，见表 6-2。

表 6-2 应用案例 6-4 分部分项工程费或措施项目费

序号	定额编号	项目名称	单位	工程量	增值税(简易计税)/元	
					单价(含税)	合价
1	6-1-1	实腹钢柱制作≤5 t	t	108	8 351.87	902 001.96
2	6-1-5	轻钢屋架制作	t	10.8	9 579.78	103 461.62

续表

序号	定额编号	项目名称	单位	工程量	增值税(简易计税)/元	
					单价(含税)	合价
3	6-4-1	钢屋架平台摊销≤1.5 t	t	10.8	738.19	7 972.45
4	6-5-1	钢柱安装≤5 t	t	108	746.56	80 628.48
5	6-5-3	轻钢屋架安装	t	10.8	1 888.86	20 399.69
		省价分部分项工程费合计 (其中,第4、5项为措施项目费)	元			1 114 464.20

(2)设计文件规定的防锈、防腐油漆应在构件出场后6个月内进行,否则将发生锈蚀,除锈工作按实际施工方案套用本部分定额6-3-1~6-3-6相应子目(该费用由责任方承担)。

本部分定额规定的除锈工作适用于以下两种情况:

1)成品金属构件,如需除锈,套用上述定额。

2)已套用金属构件制作,在构件出场后6个月内未进行下道油漆而发生锈蚀的,套用上述定额。

小 结

通过本任务的学习,要求学生掌握以下内容:

(1)掌握钢柱制作、钢屋架制作、钢吊车梁制作、钢支撑制作、钢平台制作、钢漏斗制作、钢栏杆制作等的定额说明及工程量计算规则。

(2)掌握无损探伤检验的定额说明及工程量计算规则。其中,无损探伤检验包括X射线探伤和超声波探伤两种。

(3)掌握金属构件除锈的定额说明及工程量计算规则,除锈包括手工除锈、动力工具除锈、喷砂除锈及化学除锈等。

(4)掌握金属构件安装的定额说明及工程量计算规则。

习 题

1. 某工程设计有钢屋架20榀,每榀质量为0.6 t,由现场加工制作而成,刷防锈漆一遍。试计算钢屋架制作、安装工程量,并计算省价分部分项工程费或措施项目费。

2. 某工程操作平台栏杆如图6-4所示,共15个,扶手用∟50×4的角钢,横衬用—50×5的扁钢,竖杆用Φ16的钢筋,间距为250 mm,试计算栏杆制作、安装工程量,并计算省价分部分项工程费或措施项目费。

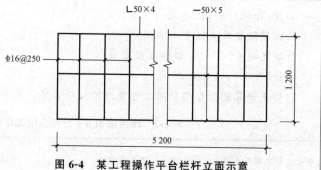

图6-4 某工程操作平台栏杆立面示意

任务 7　木结构工程

7.1　实例分析

某造价咨询公司造价师张某接到某工程木屋架造价编制任务，该工程木屋架简况如下：

某工程设计有方木屋架一榀，如图 7-1 所示，各部分尺寸如下：下弦 $L=9\ 000$ mm，$A=450$ mm，断面尺寸为 250 mm×250 mm；上弦轴线长为 5 148 mm，断面尺寸为 200 mm×200 mm；斜杆轴线长为 2 516 mm，断面尺寸为 100 mm×120 mm；垫木尺寸为 350 mm×100 mm×100 mm；挑檐木长为 600 mm，断面尺寸为 200 mm×250 mm。张某现需要结合《山东省建筑工程消耗量定额》（SD 01—31—2016）和《山东省建筑工程价目表》（2020 年）计算该方木屋架工程量，确定定额项目，并计算省价分部分项工程费。

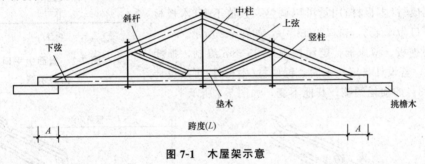

图 7-1　木屋架示意

木结构建筑是装配式建筑的一种。装配式木结构建筑是指把传统建造方式中的大量现场作业工作转移到工厂进行，在工厂加工制作好的建筑部品、部件，如木制的柱、梁、楼板、墙板、楼梯等，运输到建筑施工现场，通过可靠的连接方式在现场装配安装而成的建筑。大力发展装配式建筑，能促进从业者显著提升施工效率、节省施工成本以及改善作业环境。

7.2　相关知识

7.2.1　木结构工程定额说明

(1)本部分定额包括木屋架、木构件、屋面木基层三节。
(2)木材木种均以一、二类木种取定。若采用三、四类木种，相应项目人工和机械乘以系数 1.35。
(3)木材木种分类如下：
一类：红松、水桐木、樟子松；
二类：白松（方杉、冷杉）、杉木、杨木、柳木、椴木；
三类：青松、黄花松、秋子木、马尾松、东北榆木、柏木、苦木、梓木、黄菠萝、椿木、楠木、柚木、樟木；

四类：枥木(柞木)、檩木、色木、槐木、荔木、麻栗木、桦木、荷木、水曲柳、华北榆木。

(4)本部分材料中的"锯成材"是指方木、一等硬木方、一等木方、一等方托木、装修材、木板材和板方材等的统称。

(5)定额中木材以自然干燥条件下的含水率编制，需人工干燥时，另行计算。

注：本部分定额不包括木材的人工干燥费用，需要人工干燥时，其费用另计。干燥费用包括干燥时发生的人工费、燃料费、设备费及干燥损耗，其费用可列入木材价格内。

(6)钢木屋架是指下弦杆件为钢材，其他受压杆件为木材的屋架。

(7)屋架跨度是指屋架两端上、下弦中心线交点之间的距离，如图7-1中的跨度 L。

(8)屋面木基层是指屋架上弦以上至屋面瓦以下的结构部分。

(9)木屋架、钢木屋架定额项目中的钢板、型钢、圆钢，设计与定额不同时，用量可按设计数量另加6%的损耗调整，其他不变。

(10)钢木屋架中钢杆件的用量已包括在相应定额子目内，设计与定额不同时，可按设计数量另加6%的损耗调整，其他不变。

(11)木屋面板，定额按板厚15 mm编制。设计与定额不同时，锯成材(木板材)用量可以调整，其他不变(木板材的损耗率平口为4.4%，错口为13%)，如图7-2所示。

(12)封檐板、博风板，定额按板厚25 mm编制，损耗率为2.5%，若设计与定额不同，锯成材(木板材)可按设计用量另加23%的损耗调整，其他不变，如图7-3所示。

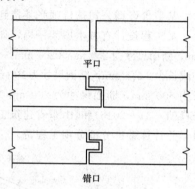

图7-2 屋面板平口、错口示意

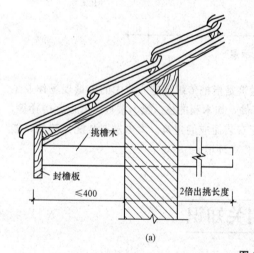

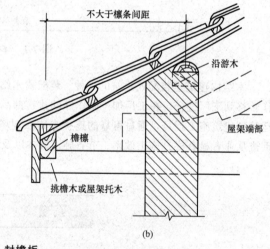

图7-3 封檐板
(a)挑檐木挑檐；(b)挑檐檐口

7.2.2 木结构工程工程量计算规则

(1)木屋架工程量按设计图示尺寸以体积计算，附属于其上的木夹板、垫木、风撑、挑檐木、檩条、三角条均按木料体积并入屋架工程量内。如图7-4所示。

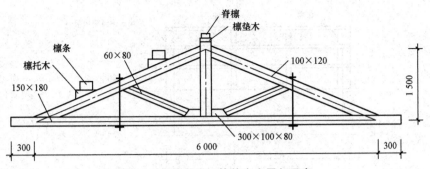

图 7-4 带檩托木、檩垫木木屋架示意

(2)钢木屋架的工程量按设计图示尺寸以体积计算,只计算木杆件的体积。后备长度、配置损耗以及附属于屋架的垫木等已并入屋架子目内,不另计算。

(3)支撑屋架的混凝土垫块,按本定额"第五章 钢筋及混凝土工程"中的有关规定计算,如图 7-5 所示。

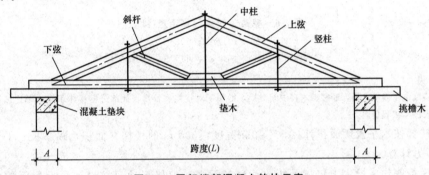

图 7-5 屋架端部混凝土垫块示意

(4)木柱、木梁按设计图示尺寸以体积计算。

(5)檩木按设计图示尺寸以体积计算。檩垫木或钉在屋架上的檩托木已包括在定额内,不另计算。简支檩长度按设计规定计算,如设计未规定者,按屋架或山墙中距增加 200 m 计算,如两端出山,檩条长度算至博风板;连续檩接头部分按全部连续檩的总体积增加 5% 计算,单独挑檐木并入檩条工程量内。如图 7-6 所示。

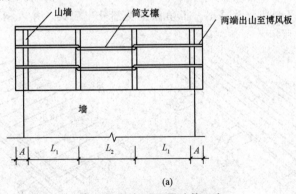

(a)

图 7-6 檩条工程量计算示意

(a)简支檩

中间简支檩长度 $=L_2+0.2$;两边简支檩长度 $=L_1+0.1+A$;

简支檩体积 = 简支檩总长度 × 断面面积

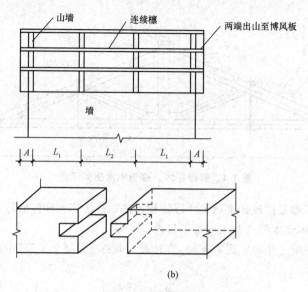

图 7-6 檩条工程量计算示意(续)
(b)连续檩

连续檩体积 $=(2\times L_1+L_2+2\times A)\times S_\text{断}\times(1+5\%)$

注：连续檩由于檩木太长，通常檩木在中间对接，增加了对接接头长度，此部分搭接体积按全部连续檩总体积的5%计算，并入檩木工程量内。

(6)木楼梯按水平投影面积计算，不扣除宽度≤300 m的楼梯井面积，踢脚板、平台和伸入墙内部分不另计算。

(7)屋面板制作、檩木上钉屋面板、油毡挂瓦条、钉椽板项目按设计图示屋面的斜面积计算。天窗挑出部分面积并入屋面工程量内计算，天窗挑檐重叠部分按设计规定计算，不扣除截面面积≤0.3 m²的屋面烟囱、风帽底座、风道及斜沟等部分所占面积，如图7-7所示。

注：屋面板制作项目(定额7-3-3～7-3-6)不包括安装工材，它只作为檩木上钉屋面板、铺油毡挂瓦条等项目(定额7-3-7、7-3-8)中的屋面板的计算使用。

(8)封檐板按设计图示檐口外围长度计算。博风板按斜长度计算，每个大刀头增加长度500 mm，如图7-8所示。

(9)带气楼屋架的气楼部分及马尾、折角和正交部分半屋架，并入相连接屋架的体积内计算，如图7-9、图7-10所示。

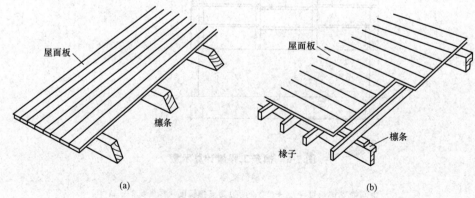

图 7-7 屋面板示意
(a)檩条上钉屋面板；(b)檩条上钉椽子、屋面板

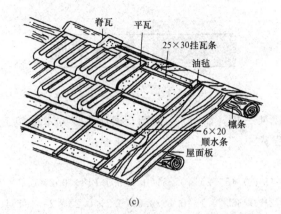

图 7-7 屋面板示意(续)

(c)檩条上钉屋面板油毡挂瓦条

图 7-8 博风板示意

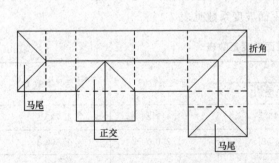

图 7-9 马尾、正交、折角示意

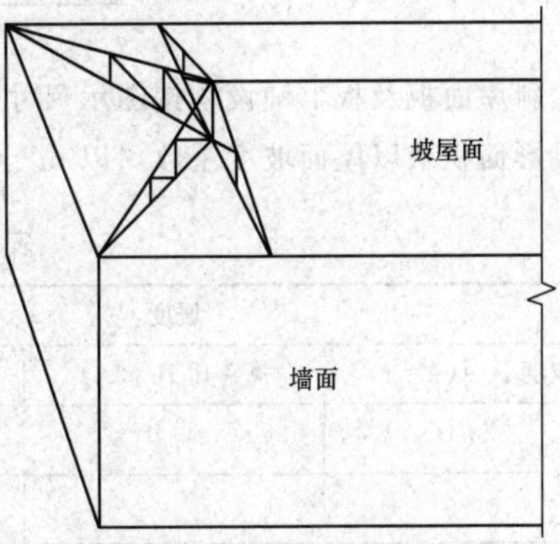

图 7-10 半屋架示意

(10)屋面上人孔按设计图示数量以"个"为单位计算。

7.3 任务实施

【应用案例7-1】

某工程设计有方木屋架一榀,如图 7-1 所示,试计算该方木屋架工程量,确定定额项目,并计算省价分部分项工程费。

解:

方木屋架工程量 $V=(9+0.45\times2)\times0.25\times0.25+5.148\times0.2\times0.2\times2+2.516\times0.1\times0.12\times2+0.35\times0.1\times0.1+0.6\times0.2\times0.25\times2=1.154(m^3)$

套用定额 7-1-3,方木屋架制作安装,跨度≤10 m

单价(含税)=43 857.68 元/10 m³

省价分部分项工程费=1.154/10×43 857.68=5 061.18(元)

【应用案例7-2】

某工程方木檩条示意如图 7-6(b)所示,共 5 根,其中方木檩条断面尺寸为 200 mm×300 mm,$L_1=3\ 600$ mm,$L_2=3\ 900$ mm,$A=400$ mm,试计算该檩条工程量,确定定额项目,并计算省价分部分项工程费。

解:

连续檩体积 $=(2\times L_1+L_2+2\times A)\times S_{断}\times(1+5\%)$

$=(2\times3.6+3.9+2\times0.4)\times0.2\times0.3\times(1+5\%)\times5=3.75(m^3)$

套用定额 7-3-1,方木檩条

单价(含税)=25 183.67 元/10 m³

省价分部分项工程费=3.75/10×25 183.67=9 443.88(元)

7.4 知识拓展

斜屋面板及板上铺设均按图示尺寸以坡屋面的斜面积进行计算,也可以按照图示尺寸的水平投影面积乘以屋面坡度系数,以 m² 计算。屋面坡度系数见表 7-1。

表 7-1 屋面坡度系数表

坡度			延尺系数 C	隅延尺系数 D
坡度 B/A(A=1)	高跨比 B/(2A)	角度 α		
1	1/2	45°	1.414 2	1.732 1
0.75		36°52′	1.250 0	1.600 8
0.70		35°	1.220 7	1.577 9
0.666	1/3	33°40′	1.201 5	1.562 0
0.65		33°01′	1.192 6	1.556 4
0.60		30°58′	1.662 0	1.536 2

续表

坡度			延尺系数 C	隅延尺系数 D
坡度 $B/A(A=1)$	高跨比 $B/(2A)$	角度 α		
0.577		30°	1.154 7	1.527 0
0.55		28°49′	1.143 1	1.517 0
0.50	1/4	26°34′	1.118 0	1.500 0
0.45		24°14′	1.096 6	1.483 9
0.40	1/5	21°48′	1.077 0	1.469 7
0.35		19°17′	1.059 4	1.456 9
0.30		16°42′	1.044 0	1.445 7
0.25	1/8	14°02′	1.030 8	1.436 2
0.20	1/10	11°19′	1.019 8	1.428 3
0.15		8°32′	1.011 2	1.422 1
0.125	1/16	7°8′	1.007 8	1.419 1
0.100	1/20	5°42′	1.005 0	1.417 7
0.083	1/24	4°45′	1.003 5	1.416 6
0.066	1/30	3°49′	1.002 2	1.415 7

对于坡屋面，无论是等两坡还是等四坡屋面，其屋面工程量可按下式进行计算：

坡屋面工程量＝檐口宽度×檐口长度×延尺系数＝屋面水平投影面积×延尺系数 C

如图 7-11 所示，屋面斜铺面积＝屋面水平投影面积 $\times C=L\times 2A\times 1.118$。

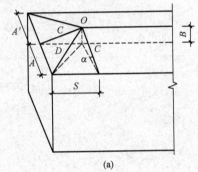

(a)

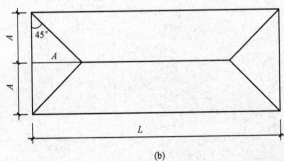

(b)

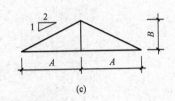

(c)

图 7-11　等四坡屋面示意

小 结

通过本任务的学习,要求学生掌握以下内容:

(1)掌握木屋架的定额说明及工程量计算规则。木屋架包括人字屋架制作安装、钢木屋架制作安装。

(2)掌握木构件的定额说明及工程量计算规则。木构件包括木柱、木梁和木楼梯。

(3)掌握屋面木基层的定额说明及工程量计算规则。木基层包括檩条、屋面板、封檐板、博风板等。

(4)掌握坡屋面斜面积的计算方法,即坡屋面面积等于屋面的水平投影面积乘以延尺系数。

习 题

1. 某工程设计有方木屋架一榀,各部分尺寸如图7-4所示,下弦$L=6\,000$ mm,$A=300$ mm,断面尺寸为150 mm×180 mm;上弦轴线长为3 420 mm,断面尺寸为100 mm×120 mm;斜杆轴线长为1 810 mm,断面尺寸为60 mm×80 mm;垫木尺寸为300 mm×100 mm×80 mm。试计算该方木屋架工程量,确定定额项目,并计算省价分部分项工程费。

2. 某工程屋面圆木檩条布置如图7-6(a)所示,共7根,檩条半径为150 mm,$L_1=3\,000$ mm,$L_2=3\,300$ mm,$A=500$ mm。试计算该檩条工程量,确定定额项目,并计算省价分部分项工程费。

任务 8　门窗工程

8.1　实例分析

某造价咨询公司造价师张某接到某工程厂库房大门造价编制任务，该工程简况如下：

某工程设计有全钢板大门（折叠门），共 10 樘，洞口尺寸为 3 000 mm×2 100 mm。张某现需要结合《山东省建筑工程消耗量定额》（SD 01—31—2016）和《山东省建筑工程价目表》（2020 年）计算该全钢板大门工程量，确定定额项目，并计算省价分部分项工程费。

由于门窗种类较多，包括木门、金属门、金属卷帘门、厂库房大门、特种门等，门窗的类型不同直接影响门窗工程量的计算、影响门窗价格的生成等。同时，随着《中华人民共和国森林法》的颁布实施，国家加大对森林资源的保护力度，严禁乱砍滥伐，促进环境的可持续发展，因此，必须培养学生保护环境、爱护家园的家国情怀，养成遵纪守法、一丝不苟计算工程造价的良好习惯。正如二十大报告提出：广泛形成绿色生产生活方式，碳排放达峰后稳中有降，生态环境根本好转，美丽中国目标基本实现。

8.2　相关知识

8.2.1　门窗工程定额说明

(1)本部分定额包括木门、金属门、金属卷帘门、厂库房大门、特种门、其他门、木窗和金属窗七节。

(2)本部分主要为成品门窗安装项目。

(3)木门窗及金属门窗不论现场或附属加工厂制作，均执行本部分定额。现场以外至施工现场的水平运输费用可计入门窗单价。

注：木门窗及金属门窗项目已综合考虑了场内运输；现场以外至施工现场的运输费用应计入成品门窗预算单价。

(4)门窗安装项目中，玻璃及合页、插销等一般五金零件均按包含在成品门窗单价内考虑。

(5)单独木门框制作安装中的门框断面按 55 mm×100 mm 考虑。实际断面不同时，门窗材的消耗量按设计图示用量另加 18% 损耗调整。

(6)木窗中的木橱窗是指造型简单、形状规则的普通橱窗。

注：对于造型较复杂、外形不规则的装饰木橱窗，应套用有关章节定额。

(7)厂库房大门及特种门门扇所用铁件均已列入定额，除成品门附件外，墙、柱、楼地面等部位的预埋铁件按设计要求另行计算。

(8)钢木大门为两面板者，定额人工乘以系数 1.11。

(9)电子感应自动门传感装置、电子对讲门和电动伸缩门的安装包括调试用工。

8.2.2　门窗工程工程量计算规则

(1)各类门窗安装工程量，除注明者外，均按图示门窗洞口面积计算。

(2)门连窗的门和窗安装工程量,应分别计算,窗的工程量算至门框外边线,如图 8-1 所示。

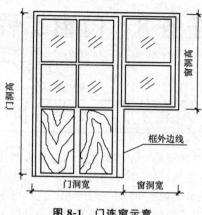

门窗安装

图 8-1 门连窗示意

(3)木门框按设计框外围尺寸以长度计算。

(4)金属卷帘门安装工程量按洞口高度增加 600 m 乘以门实际宽度以面积计算;若有活动小门,应扣除卷帘门中小门所占面积。电动装置安装以"套"为单位按数量计算,小门安装以"个"为单位按数量计算。

注:卷帘门的安装面积一般比洞口面积大,因此工程量=(洞口高+600)×卷帘门宽,卷帘门宽按设计宽度计入。由于活动小门可另套定额,因此,若有活动小门,应扣除卷帘小门的面积。

8.3 任务实施

【应用案例 8-1】

某工程设计有全钢板大门(折叠门),共 10 樘,洞口尺寸为 3 000 mm×2 100 mm。试计算该全钢板大门工程量,确定定额项目,并计算省价分部分项工程费。

解:

全钢板大门工程量=3×2.1×10=63(m²)

套用定额 8-4-7

单价(含税)=2 369.85 元/10 m²

省价分部分项工程费=63/10×2 369.85=14 930.06(元)

【应用案例 8-2】

某工程设计有铝合金推拉门,共 10 樘,洞口尺寸为 1 000 mm×2 700 mm;设计有铝合金推拉窗(带纱扇),共 10 樘,洞口尺寸为 1 800 mm×1 000 mm,纱扇尺寸为 800 mm×900 mm(双扇)。试计算工程量,确定定额项目,并列表计算省价分部分项工程费。

解:

(1)铝合金推拉门工程量=1×2.7×10=27(m²)

套用定额 8-2-1

单价(含税)=3 328.62 元/10 m²

(2)铝合金推拉窗工程量=1.8×1×10=18(m²)

套用定额 8-7-1

单价(含税)=3 279.42元/10 m²

(3)铝合金纱窗扇工程量=0.8×0.9×2×10=14.4(m²)

套用定额8-7-5

单价(含税)=499.12元/10 m²

(4)列表计算省价分部分项工程费,见表8-1。

表8-1 应用案例8-2分部分项工程费

序号	定额编号	项目名称	单位	工程量	增值税(简易计税)/元	
					单价(含税)	合价
1	8-2-1	铝合金推拉门	10 m²	2.7	3 328.62	8 987.27
2	8-7-1	铝合金推拉窗	10 m²	1.8	3 279.42	5 902.96
3	8-7-5	铝合金纱窗扇	10 m² 扇面积	1.44	499.12	718.73
		省价分部分项工程费合计	元			15 608.96

8.4 知识拓展

【应用案例8-3】

某工程设计木自由门2樘(成品),洞口尺寸为3 000 mm×2 700 mm,门框外围尺寸为2 940 mm×2 670 mm,门扇外围尺寸为2 880 mm×2 640 mm。试计算该自由门安装工程量,确定定额项目,并计算省价分部分项工程费。

解:

(1)成品门框安装工程量=(2.94+2.67×2)×2=16.56(m)

套用定额8-1-2

单价(含税)=219.69元/10 m

省价分部分项工程费=16.56/10×219.69=363.81(元)

(2)成品门扇安装工程量=2.88×2.64×2=15.21(m²)

套用定额8-1-3

单价(含税)=4 885.60元/10 m²

省价分部分项工程费=15.21/10×4 885.60=7 431.00(元)

【应用案例8-4】

某工程设计铝合金卷帘门20张,洞口尺寸为2 700 mm×2 700 mm,卷帘门设计宽度为3 000 mm,安装电动装置及活动小门,活动小门尺寸为900 mm×2 100 mm。试计算该卷帘门安装工程量,确定定额项目,并列表计算省价分部分项工程费。

解:

(1)卷帘门安装工程量=[3×(2.7+0.6)-0.9×2.1]×20=160.20(m²)

套用定额8-3-1

单价(含税)=3 509.42元/10 m²

(2)卷帘门安装电动装置工程量=20套

套用定额8-3-3

单价(含税)=2 413.51元/套

(3)活动小门工程量＝20个

套用定额8—3—4

单价(含税)＝488.64元/个

(4)列表计算省价分部分项工程费，见表8-2。

表8-2 应用案例8-4分部分项工程费

序号	定额编号	项目名称	单位	工程量	增值税(简易计税)/元	
					单价(含税)	合价
1	8—3—1	卷帘门铝合金	10 m²	16.02	3 509.42	56 220.91
2	8—3—3	卷帘门安装电动装置	套	20	2 413.51	48 270.20
3	8—3—4	活动小门	个	20	488.64	9 772.80
		省价分部分项工程费合计	元			114 263.91

小 结

通过本任务的学习，要求学生掌握以下内容：

(1)掌握木门、木窗的定额说明及工程量计算规则。

(2)掌握金属门、金属卷帘门、金属窗的定额说明及工程量计算规则。

(3)掌握厂库房大门、特种门、其他门的定额说明及工程量计算规则。

(4)能够正确区分定额中以洞口面积、框外围面积、扇外围面积、套及个等为单位计算的项目设置，并能正确套用定额项目。

习 题

1.某工程设计有镶木板门(成品)，共20樘，洞门尺寸为900 mm×2 100 mm，框外围尺寸为870 mm×2 070 mm，扇外围尺寸为860 mm×2 060 mm。试计算镶木板门安装工程量，确定定额项目，并计算省价分部分项工程费。

2.某工程设计有铝合金双扇地弹门，共10樘，设计洞口尺寸为1 800 mm×2 700 mm。试计算铝合金安装工程量，确定定额项目，并计算省价分部分项工程费。

3.某工程设计有铝合金卷闸门一张，洞口尺寸为2 700 mm×3 000 mm，卷闸门设计宽为3 000 mm，安装电动装置。试计算铝合金卷闸门工程量，确定定额项目，并计算省价分部分项工程费。

任务 9　屋面及防水工程

9.1　实例分析

某造价咨询公司造价师张某接到某工程屋面防水造价编制任务，该工程屋面简况如下：

某工程防水保温平屋面，尺寸如图 9-1 所示（平面图中尺寸均为轴线间尺寸），屋面做法如下：混凝土板上 1∶3 水泥砂浆找平 20 mm 厚，刷冷底子油两遍，80 mm 厚加气混凝土块保温层，1∶10 现浇水泥珍珠岩找坡，1∶3 水泥砂浆找平 20 mm 厚，改性沥青防水卷材满铺（热熔法）两层，预制混凝土板架空隔热。张某现需要结合《山东省建筑工程消耗量定额》（SD 01—31—2016）和《山东省建筑工程价目表》（2020 年）计算该屋面防水工程量，确定定额项目，并列表计算省价分部分项工程费。

防水工程分为柔性防水和刚性防水，包括沥青玻璃纤维布、玛瑞脂玻璃纤维布、改性沥青卷材热熔法等 20 余种，防水材料种类不同直接影响防水工程量的计算、影响防水价格的生成等。同时，随着《中华人民共和国环境保护法》的颁布实施，国家加大对防水材料使用的监管力度，坚决防止不合格防水建材流入工地，促进环境的可持续发展，因此，必须培养学生保护环境、爱护家园的家国情怀，养成遵纪守法、一丝不苟计算工程造价的良好习惯。正如二十大报告提出：大自然是人类赖以生存发展的基本条件。尊重自然、顺

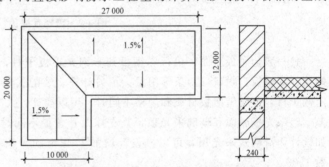

图 9-1　某工程屋顶平面图与局部详图

应自然、保护自然，是全面建设社会主义现代化国家的内在要求。必须牢固树立和践行绿水青山就是金山银山的理念，站在人与自然和谐共生的高度谋划发展。

9.2　相关知识

9.2.1　屋面及防水工程定额说明

本部分定额包括屋面工程、防水工程、屋面排水、变形缝与止水带四节。
（1）屋面工程。
1）本节考虑块瓦屋面、波形瓦屋面、沥青瓦屋面、金属板屋面、采光板

砂浆厚度取定

屋面和膜结构屋面六种屋面面层形式。屋架、基层、檩条等项目按其材质分别按相应项目计算，找平层按本定额"第十一章　楼地面装饰工程"的相应项目执行，屋面保温按本定额"第十章　保温、隔热、防腐工程"的相应项目执行，屋面防水层按本部分第二节相应项目计算。

2）设计瓦屋面材料规格与定额规格（定额未注明具体规格的除外）不同时，可以换算，其他不变。波形瓦屋面采用纤维水泥、沥青、树脂、塑料等不同材质波形瓦时，材料可以换算，人工、机械不变。

瓦材料规格调整

3）瓦屋面琉璃瓦面如实际使用盾瓦者，每10 m的脊瓦长度，单侧增计盾瓦50块，其他不变。如增加钩头瓦、博古等另行计算，如图9-2所示。

图9-2　琉璃瓦屋面

4）一般金属板屋面，执行彩钢板和彩钢夹心板子目，成品彩钢板和彩钢夹心板包含铆钉、螺栓、封檐板、封口（边）条等用量，不另计算。装配式单层金属压型板屋面区分檩距不同执行定额子目，金属屋面板材质和规格不同时，可以换算，人工、机械不变。

5）采光板屋面和玻璃采光顶，其支撑龙骨含量不同时，可以调整，其他不变。采光板屋面如设计为滑动式采光顶，可以按设计增加U形滑动盖帽等部件调整材料消耗量，人工乘以系数1.05。

6）膜结构屋面的钢支柱、锚固支座混凝土基础等执行其他章节相应项目。

7）屋面以坡度≤25%为准，坡度>25%及人字形、锯齿形、弧形等不规则屋面，人工乘以系数1.30；坡度>45%的，人工乘以系数1.43。

（2）防水工程。

1）本节考虑卷材防水、涂料防水、板材防水、刚性防水四种防水形式。项目设置不分室内、室外及防水部位，使用时按设计做法套用相应项目。

2）细石混凝土防水层使用钢筋网时，钢筋网执行本定额"第五章　钢筋及混凝土工程"相应项目。

3）平（屋）面按坡度≤15%考虑，15%<坡度≤25%的屋面，按相应项目的人工乘以系数1.18；坡度>25%及人字形、锯齿形、弧形等不规则屋面或平面，人工乘以系数1.30；坡度>45%的，人工乘以系数1.43。

4）防水卷材、防水涂料及防水砂浆，定额以平面和立面列项，实际施工桩头、地沟、零星部位时，人工乘以系数1.82；单个房间楼地面面积≤8 m²时，人工乘以系数1.30。

5）卷材防水附加层套用卷材防水相应项目，人工乘以系数1.82，如图9-3所示。

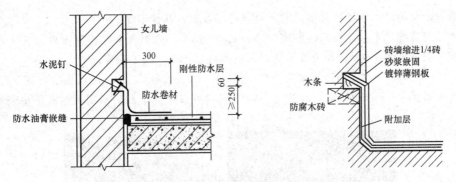

图 9-3 卷材防水附加层示意

6)立面是以直形为准编制的,弧形者,人工乘以系数1.18。

7)冷粘法按满铺考虑。点、条铺者按其相应项目的人工乘以系数0.91,胶粘剂乘以系数0.70。

8)分隔缝主要包括细石混凝土面层分隔缝、水泥砂浆面层分隔缝两种,缝截面按照15 mm乘以面层厚度考虑,当设计材料与定额材料不同时,材料可以换算,其他不变。

注:定额刚性防水定额子目不包含分隔缝的工作内容,分隔缝单独列项。

(3)屋面排水。

1)本节包括屋面镀锌薄钢板排水、铸铁管排水、塑料排水管排水、玻璃钢管排水、镀锌钢管排水、虹吸排水及种植屋面排水内容。水落管、水口、水斗均按成品材料现场安装考虑,选用时可以依据排水管材料材质不同,套用相应项目换算材料,人工、机械不变。

2)薄钢板屋面及薄钢板排水项目内已包括薄钢板咬口和搭接的工料。

3)塑料排水管排水按PC材质水落管、水斗、水口和弯头考虑,实际采用UPVC、PP(聚丙烯)管、ABS(丙烯腈-丁二烯-苯乙烯共聚物)管、PB(聚丁烯)等塑料管材或塑料复合管材时,材料可以换算,人工、机械不变。

4)若采用不锈钢水落管排水,执行镀锌钢管子目,材料据实换算,人工乘以系数1.10。

5)种植屋面排水子目仅考虑了屋面滤水层和排(蓄)水层,其找平层、保温层等执行其他章节相应项目,防水层按本部分第二节相应项目计算。

(4)变形缝与止水带。

1)变形缝嵌填缝子目中,建筑油膏设计断面取定为30 mm×20 mm;油浸木丝板设计断面取定为150 mm×25 mm;其他填料取定为150 mm×30 mm。若实际设计断面不同时用料可以换算,人工不变。变形缝如图9-4所示。

变形缝

图 9-4 变形缝示意

2)沥青砂浆填缝,设计砂浆不同时,材料可以换算,其他不变。

3)变形缝盖缝,木板盖板断面取定为 200 mm×25 mm;铝合金盖板厚度取定为 1 mm;不锈钢钢板厚度取定为 1 mm。如设计不同时,材料可以换算,人工不变。

4)钢板(紫铜板)止水带展开宽度为 400 mm,氯丁橡胶宽度为 300 mm,涂刷式氯丁胶贴玻璃纤维止水片宽度为 350 mm。如设计断面不同时用料可以换算,人工不变。钢板止水带如图 9-5 所示。

图 9-5 钢板止水带

9.2.2 屋面及防水工程工程量计算规则

1. 屋面

(1)各种屋面和型材屋面(包括挑檐部分),均按设计图示尺寸以面积计算(斜屋面按斜面面积计算),不扣除房上烟囱、风帽底座、风道、小气窗、斜沟和脊瓦等所占面积,小气窗的出檐部分也不增加,如图 9-6、图 9-7 所示。

1)屋面坡度的表示方法,如图 9-8 所示。

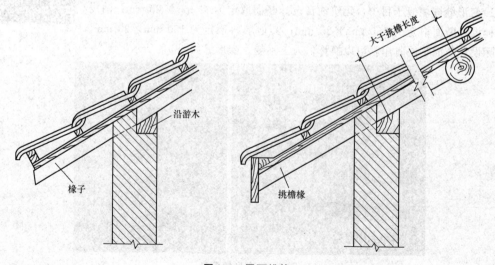

图 9-6 屋面挑檐

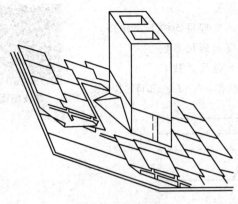

图 9-7 房上烟囱

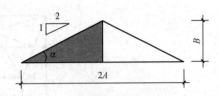

图 9-8 屋面坡度的表示方法

屋面坡度有三种表示方法:
①用屋顶的高度与屋顶的跨度之比(简称高跨比)表示,即 $B/(2A)$。
②用屋顶的高度与屋顶的半跨之比(简称坡度)表示,即 $i=B/A$。
③用屋面的斜面与水平面的夹角 α 表示。
2)屋面坡度系数。屋面坡度系数见表9-1。

表 9-1 屋面坡度系数表

坡度			延尺系数 C	隅延尺系数 D
坡度 $B/A(A=1)$	高跨比 $B/(2A)$	角度 α		
1	1/2	45°	1.414 2	1.732 1
0.75		36°52′	1.250 0	1.600 8
0.70		35°	1.220 7	1.577 9
0.666	1/3	33°40′	1.201 5	1.562 0
0.65		33°01′	1.192 6	1.556 4
0.60		30°58′	1.662 0	1.536 2
0.577		30°	1.154 7	1.527 0
0.55		28°49′	1.143 1	1.517 0
0.50	1/4	26°34′	1.118 0	1.500 0
0.45		24°14′	1.096 6	1.483 9
0.40	1/5	21°48′	1.077 0	1.469 7
0.35		19°17′	1.059 4	1.456 9
0.30		16°42′	1.044 0	1.445 7
0.25	1/8	14°02′	1.030 8	1.436 2
0.20	1/10	11°19′	1.019 8	1.428 3
0.15		8°32′	1.011 2	1.422 1
0.125	1/16	7°8′	1.007 8	1.419 1
0.100	1/20	5°42′	1.005 0	1.417 7
0.083	1/24	4°45′	1.003 5	1.416 6
0.066	1/30	3°49′	1.002 2	1.415 7

3)利用屋面坡度系数计算工程量。

①对于坡屋面,无论等两坡还是等四坡屋面,工程量均按下式计算:

$$坡屋面工程量 = 檐口宽度 \times 檐口长度 \times 延尺系数$$
$$= 屋面水平投影面积 \times 延尺系数 C$$

如图 9-9 所示,屋面斜铺面积 = 屋面水平投影面积 $\times C = L \times (2A) \times 1.118$。

等坡屋面

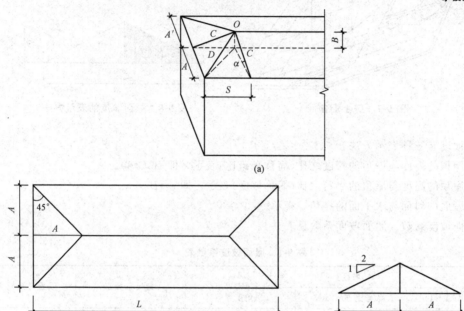

图 9-9 等四坡屋面示意

②等两坡屋面山墙泛水工程量 = 两外檐口之间总宽度(2A) × 延尺系数 C × 山墙端数(2端)。

如图 9-10 所示,山墙泛水总长度 = $2A \times C \times 2 = 2A \times 1.118 \times 2$。

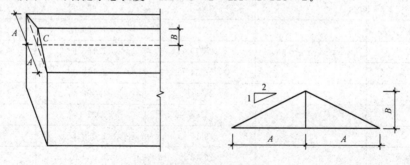

图 9-10 等两坡屋面示意

③等四坡屋面正脊工程量 = 外檐总长度 — 外檐总宽度。

等四坡屋面斜脊工程量 = 两外檐口之间总宽度(2A) × 隅延尺系数 D × 2(2端)。

(2)西班牙瓦、瓷质波形瓦、英红瓦屋面的正斜脊瓦、檐口线,按设计图示尺寸以长度计算,如图 9-11 所示。

(3)琉璃瓦屋面的正斜脊瓦、檐口线,按设计图示尺寸,以长度计算。设计要求安装钩头(卷尾)或博古(宝顶)等时,另按"个"计算。

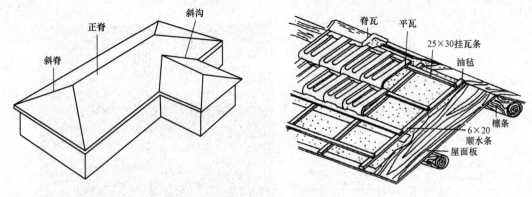

图 9-11 瓦屋面示意

(4)采光板屋面和玻璃采光顶屋面按设计图示尺寸以面积计算,不扣除面积≤0.3 m² 孔洞所占面积。

(5)膜结构屋面按设计图示尺寸以需要覆盖的水平投影面积计算,膜材料可以调整含量。

2. 防水

(1)屋面防水,按设计图示尺寸以面积计算(斜屋面按斜面面积计算),不扣除房上烟囱、风帽底座、风道、屋面小气窗等所占面积,上翻部分也不另计算。屋面的女儿墙、伸缩缝和天窗等处的弯起部分,按设计图示尺寸计算;设计无规定时,伸缩缝、女儿墙、天窗的弯起部分按 500 m 计算,计入立面工程量内,如图 9-12 所示。

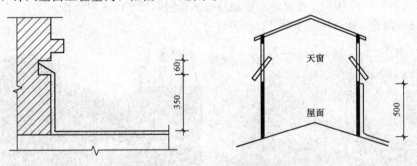

图 9-12 女儿墙、天窗泛水高度示意

(2)楼地面防水、防潮层按设计图示尺寸以主墙间净面积计算,扣除凸出地面的构筑物、设备基础等所占面积,不扣除间壁墙及单个面积≤0.3 m² 柱、垛、烟囱和孔洞所占面积。平面与立面交接处,上翻高度≤300 mm 时,按展开面积并入平面工程量内计算;上翻高度>300 mm 时,按立面防水层计算。

(3)墙基防水、防潮层,外墙按外墙中心线长度、内墙按墙体净长度乘以宽度,以面积计算,如图 9-13 所示。

图 9-13 墙基防潮层

$$\text{墙基防水、防潮层工程量} = L_{\text{中}} \times \text{实铺宽度} + L_{\text{内}} \times \text{实铺宽度}$$

(4) 墙的立面防水、防潮层，无论内墙、外墙，均按设计图示尺寸以面积计算，如图 9-14 所示。

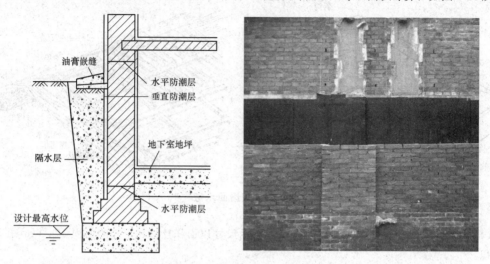

图 9-14 墙立面防水、防潮层

(5) 基础底板的防水、防潮层按设计图示尺寸以面积计算，不扣除桩头所占面积。桩头处外包防水按桩头投影外扩 300 mm 以面积计算，地沟处防水按展开面积计算，均计入平面工程量，执行相应规定。

(6) 屋面、楼地面及墙面、基础底板等，其防水搭接、拼缝、压边、留槎用量已综合考虑，不另行计算，如图 9-15 所示；卷材防水附加层按实际铺贴尺寸以面积计算。

(7) 屋面分隔缝，按设计图示尺寸以长度计算。

图 9-15 防水层铺贴示意

3. 屋面排水

(1) 水落管、镀锌薄钢板天沟、檐沟，按设计图示尺寸以长度计算。

(2) 水斗、下水口、雨水口、弯头、短管等，均按数量以"套"计算。

(3) 种植屋面排水按设计尺寸以实际铺设排水层面积计算，不扣除房上烟囱、风帽底座、风道、屋面小气窗及面积 $\leq 0.3 \text{ m}^2$ 孔洞所占面积。

4. 变形缝与止水带

变形缝与止水带按设计图示尺寸以长度计算。

9.3 任务实施

【应用案例9-1】

某工程防水保温平屋面，尺寸及屋面做法如图9-1所示，假定女儿墙内侧防水附加层为一层，伸入屋面长度为250 mm。试计算该屋面防水工程量，确定定额项目，并列表计算省价分部分项工程费。

解：

(1)冷底子油工程量=(27.00−0.24)×(12.00−0.24)+(10.00−0.24)×(20.00−12.00)
　　　　　　　　=392.78(m²)

套用定额9−2−59 冷底子油，第一遍

单价(含税)=51.01 元/10 m²

套用定额9−2−60 冷底子油，第二遍

单价(含税)=35.91 元/10 m²

(2)防水层工程量(平面)=(27.00−0.24)×(12.00−0.24)+(10.00−0.24)×(20.00−12.00)=392.78(m²)

套用定额9−2−10，一层平面

单价(含税)=495.63 元/10 m²

套用定额9−2−12，每增一层平面

单价(含税)=390.28 元/10 m²

(3)女儿墙翻起部分防水，设计未规定时按高500 mm计算，执行立面防水定额项目。

防水工程量(立面)=(27.00−0.24+20.00−0.24)×2×0.5=46.52(m²)

套用定额9−2−11，一层立面

单价(含税)=518.67 元/10 m²

套用定额9−2−13，每增一层立面

单价(含税)=409.48 元/10 m²

(4)防水附加层(立面)=(27.00−0.24+20.00−0.24)×2×0.5=46.52(m²)

套用定额9−2−11(换)，一层立面，人工乘以系数1.82

单价(含税)=518.67+53.76×0.82=562.75(元/10 m²)

防水附加层(平面)=(27.00−0.24+20.00−0.24)×2×0.25=23.26(m²)

套用定额9−2−10(换)一层平面，人工乘以系数1.82

单价(含税)=495.63+30.72×0.82=520.82(元/10 m²)

(5)列表计算省价分部分项工程费，见表9-2。

表9-2 应用案例9-1分部分项工程费

序号	定额编号	项目名称	单位	工程量	增值税(简易计税)/元 单价(含税)	合价
1	9−2−59	冷底子油，第一遍	10 m²	39.278	51.01	2 003.57
2	9−2−60	冷底子油，第一遍	10 m²	39.278	35.91	1 410.47
3	9−2−10	改性沥青卷材热熔法，一层平面	10 m²	39.278	495.63	19 467.36

续表

序号	定额编号	项目名称	单位	工程量	增值税(简易计税)/元 单价(含税)	合价
4	9—2—12	改性沥青卷材热熔法,每增一层平面	10 m²	39.278	390.28	15 329.42
5	9—2—11	改性沥青卷材热熔法,一层立面	10 m²	4.652	518.67	2 412.85
6	9—2—13	改性沥青卷材热熔法,每增一层立面	10 m²	4.652	409.48	1904.90
7	9—2—11(换)	改性沥青卷材热熔法,一层立面	10 m²	4.652	562.75	2 617.91
8	9—2—10(换)	改性沥青卷材热熔法,一层平面	10 m²	2.326	520.82	1 211.43
		省价分部分项工程费合计	元			46 357.91

【应用案例 9-2】

某幼儿园屋面防水采用聚氯乙烯卷材(冷粘法)一层,女儿墙与楼梯间出屋面墙交接处卷材弯起高度取 250 mm,防水附加层伸入屋面长度为 250 mm,如图 9-16 所示,图中尺寸均为轴线间尺寸。试计算该幼儿园卷材屋面工程量,确定定额项目,并计算省价分部分项工程费。

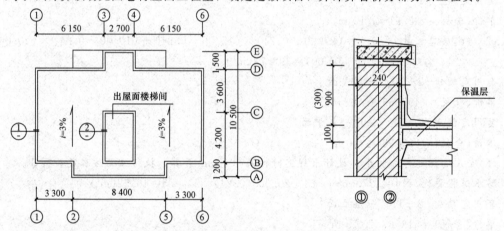

图 9-16 某幼儿园屋面平面图与檐口节点详图

解:

(1)计算屋面卷材工程量。

水平投影面积 $S_1 = (3.3 \times 2 + 8.4 - 0.24) \times (4.2 + 3.6 - 0.24) + (8.4 - 0.24) \times 1.2 + (2.7 - 0.24) \times 1.5 - (4.2 + 2.7) \times 2 \times 0.24 = 14.76 \times 7.56 + 8.16 \times 1.2 + 2.46 \times 1.5 - 3.31 = 121.76 (m^2)$

弯起部分面积 $S_2 = [(14.76 + 7.56) \times 2 + 1.2 \times 2 + 1.5 \times 2] \times 0.25 + (4.2 + 0.24 + 2.7 - 0.24) \times 2 \times 0.25 + (4.2 - 0.24 + 2.7 - 0.24) \times 2 \times 0.25 = 12.51 + 3.69 + 3.21 = 19.41 (m^2)$

屋面卷材总面积 $S = S_1 + S_2 = 121.76 + 19.41 = 141.17 (m^2)$

套用定额 9—2—23,一层平面

单价(含税)= 589.14 元/10 m²

省价分部分项工程费 = 141.17/10 × 589.14 = 8 316.89(元)

(2)防水附加层工程量 = $2S_2$ = 2 × 19.41 = 38.82(m^2)

套用定额 9—2—23(换),一层平面,人工乘以系数 1.82

单价(含税)＝589.14＋39.68×0.82＝621.68(元/10 m²)

省价分部分项工程费＝38.82/10×621.68＝2 413.36(元)

9.4　知识拓展

【应用案例 9-3】

某四坡水屋面平面图如图 9-17 所示，设计屋面坡度为 0.5，试计算斜面积、斜脊长。

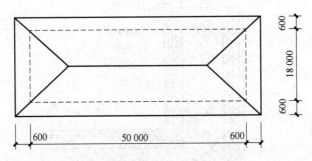

图 9-17　某四坡水屋面平面图

解：

屋面坡度＝B/A＝0.5，查屋面坡度系数表得 C＝1.118。

屋面斜面积＝(50＋0.6×2)×(18＋0.6×2)×1.118＝1 099.04(m²)

查屋面坡度系数表，得 D＝1.5，则单个斜脊长＝$A×D$＝9.6×1.5＝14.4(m)

斜脊总长＝14.4×4＝57.6(m)

【应用案例 9-4】

某建筑物屋顶平面图及局部详图如图 9-18 所示，轴线尺寸为 50 m×16 m，四周女儿墙墙厚为 200 mm，女儿墙内立面保温层厚度为 60 mm。屋面做法：水泥珍珠岩找坡层，最薄 60 mm 厚，屋面坡度 i＝1.5%，20 mm 厚 1∶2.5 水泥砂浆找平层，100 mm 厚挤塑保温板，50 mm 厚细石混凝土保护层随打随抹平，刷基底处理剂一道，高分子自粘胶膜卷材(自粘法)一层。试计算防水层工程量，并计算省价分部分项工程费。

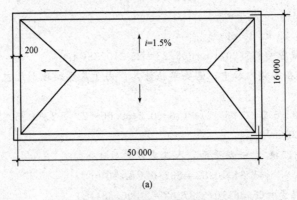

图 9-18　某建筑物屋顶平面图及局部详图

(a)屋顶平面图

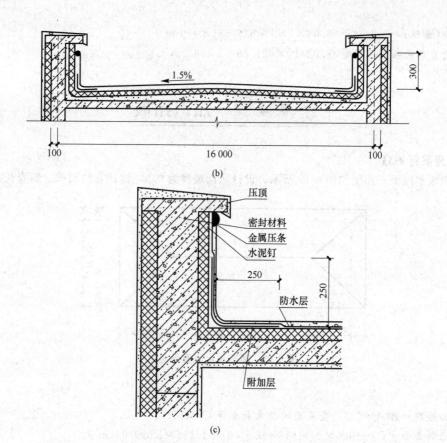

图 9-18 某建筑物屋顶平面图及局部详图(续)
(b)屋顶局部剖面图；(c)女儿墙防水处理详图

解：
由于屋面坡度 1.5% 小于屋面坡度系数表中的最小坡度 0.066，因此按平面防水计算。
(1)平面防水面积 = (50−0.2−0.06×2)×(16−0.2−0.06×2) = 778.98(m²)
由于泛水上翻高度≤300 mm 时，按展开面积并入平面工程量内计算。
上翻面积 = [(50−0.2−0.06×2)+(16−0.2−0.06×2)]×2×0.3 = 39.22(m²)
平面防水工程量 = 778.98+39.22 = 818.20(m²)
套用定额 9−2−31，一层平面
单价(含税) = 308.23 元/10 m²
省价分部分项工程费 = 818.20/10×308.23 = 25 219.38(元)
(2)附加层不包含在定额内容中，需要单独计算；由于基层处理剂已包含在定额内容中，不另计算。
附加层面积 = [(50−0.2−0.06×2)+(16−0.2−0.06×2)]×2×0.25×2
 = 65.36(m²)
套用定额 9−2−31(换)，一层平面，人工乘以系数 1.82
单价(含税) = 308.23+35.84×0.82 = 337.62(元/10 m²)
省价分部分项工程费 = 65.36/10×337.62 = 2 206.68(元)

材料消耗量

小 结

通过本任务的学习,要求学生掌握以下内容:
(1)掌握屋面工程的定额说明及工程量计算规则。
(2)掌握防水工程的定额说明及工程量计算规则。其中重点掌握卷材防水、涂料防水和刚性防水以及平面防水和立面防水定额项目的正确套用。
(3)掌握屋面排水的定额说明及工程量计算规则。
(4)掌握变形缝与止水带的定额说明及工程量计算规则。其中重点注意缝口断面尺寸的取定及正确套用定额项目。

习 题

1. 某工程防水保温平屋面如图 9-19 所示,屋面做法如下:混凝土板上 1∶3 水泥砂浆找平 20 mm 厚,沥青隔汽层一度,1∶8 现浇水泥珍珠岩最薄处 60 mm 厚,1∶3 水泥砂浆找平 20 mm 厚,玛琋脂玻璃纤维布(二布三油)防水,试计算防水工程量,并计算省价分部分项工程费。

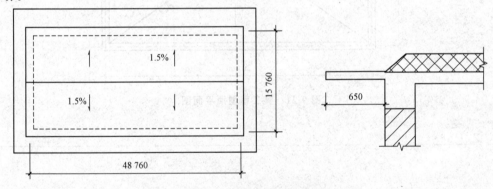

图 9-19 某工程屋顶平面图

2. 有一带屋面小气窗的四坡水英红瓦屋面,尺寸及坡度如图 9-20 所示,试计算其屋面工程量及屋脊长度,并计算省价分部分项工程费(提示:屋脊长度包括正脊和斜脊长度之和)。

3. 某工程女儿墙厚 240 mm,屋面卷材在女儿墙处卷起 250 mm,如图 9-21 所示为其屋顶平面图,屋面做法如下:
(1)SBS 改性沥青卷材二层;
(2)20 mm 厚 1∶3 水泥砂浆找平层;
(3)1∶8 现浇水泥珍珠岩找坡,最薄处 40 mm 厚;
(4)40 mm 厚聚氨酯发泡保温层;
(5)现浇钢筋混凝土屋面板。
试计算其屋面防水工程量,并计算省价分部分项工程费。

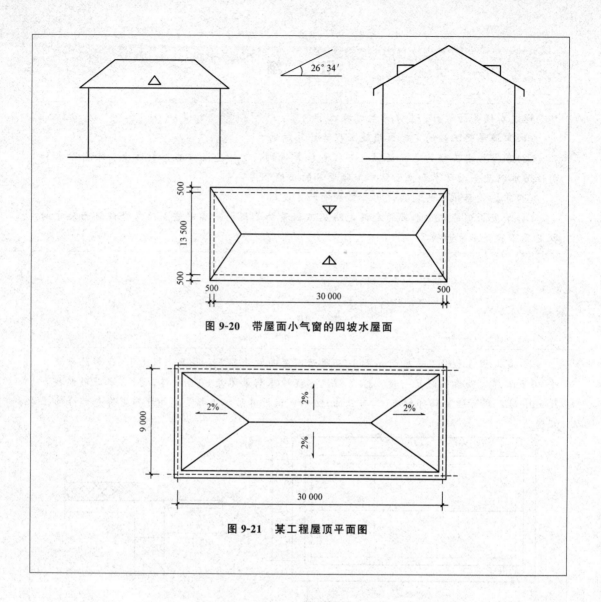

图 9-20 带屋面小气窗的四坡水屋面

图 9-21 某工程屋顶平面图

任务 10 保温、隔热、防腐工程

10.1 实例分析

某造价咨询公司造价师张某接到某工程屋面保温隔热造价编制任务,该工程屋面简况如下:

某工程保温隔热平屋面,尺寸如图 10-1 所示(平面图中尺寸均为轴线间尺寸),屋面做法如下:混凝土板上 1∶3 水泥砂浆找平 20 mm 厚,刷冷底子油两遍,80 mm 厚加气混凝土块保温层,1∶10 现浇水泥珍珠岩找坡,1∶3 水泥砂浆找平 20 mm 厚,改性沥青防水卷材满铺(热熔法)两层,预制混凝土板架空隔热。张某现需要结合《山东省建筑工程消耗量定额》(SD 01—31—2016)和《山东省建筑工程价目表》(2020 年)计算该屋面保温隔热工程量,确定定额项目,并列表计算省价分部分项工程费。

保温、隔热工程分为混凝土板上保温、混凝土板上架空隔热、天棚保温、立面保温等。例如混凝土板上保温就分为沥青珍珠岩块、憎水珍珠岩块等 20 余种,保温、隔热材料种类不同直接影响保温、隔热工程量的计算,影响保温、隔热价格的生成等。同时,随着《中华人民共和国环境保护法》的颁布实施,国家加大对保温材料使用的监管力度,坚决防止不合格保温建材流入工地,促进环境的可持续发展,因此,必须培养学生保护环境、爱护家园的家国情怀,养成遵纪守法、一丝不苟计算工程造价的良好习惯。正如二十大报告提出:推进美丽中国建设,坚持山水林田湖草沙一体化

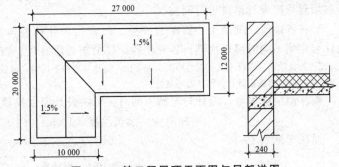

图 10-1 某工程屋顶平面图与局部详图

保护和系统治理,统筹产业结构调整、污染治理、生态保护、应对气候变化,协同推进降碳、减污、扩绿、增长,推进生态优先、节约集约、绿色低碳发展。

10.2 相关知识

10.2.1 保温、隔热、防腐工程定额说明

本部分定额包括保温、隔热工程及防腐工程两节。

(1)保温、隔热工程。

1)本节定额适用于中温、低温、恒温的工业厂(库)房保温工程,以及一般保温工程。

2)保温层的保温材料配合比、材质、厚度设计与定额不同时,可以换算,

工业厂房保温

消耗量及其他均不变。

3)混凝土板上保温和架空隔热,适用于楼板、屋面板、地面的保温和架空隔热。

4)顶棚保温,适用于楼板下和屋面板下的保温。

5)立面保温,适用于墙面和柱面的保温。独立柱保温层铺贴,按墙面保温定额项目人工乘以系数1.19,材料乘以系数1.04。

注:墙面、柱面保温,可套用立面保温项目,这里的柱面指的是与墙相连的柱。

6)弧形墙墙面保温、隔热层,按相应项目的人工乘以系数1.10。

保温层换算

7)池槽保温,池壁套用立面保温,池底按地面套用混凝土板上保温项目。

8)本节定额不包括衬墙等内容,发生时按相应章节套用。

9)松散材料的包装材料(如矿渣棉、玻璃棉等包装所用的塑料薄膜)及包装用工已包括在定额中。

10)保温外墙面在保温层外镶贴面砖时需要铺钉的热镀锌电焊网,发生时按本定额"第五章 钢筋及混凝土工程"墙面钉钢丝网相应项目执行。

(2)防腐工程。

1)整体面层定额项目,适用于平面、立面、沟槽的防腐工程。

2)块料面层定额项目按平面铺砌编制。铺砌立面时,相应定额人工乘以系数1.30,块料乘以系数1.02,其他不变。

3)整体面层踢脚板按整体面层相应项目执行,块料面层踢脚板按立面砌块相应项目人工乘以系数1.20。

4)花岗岩面层以六面剁斧的块料为准,结合层厚度为15 mm。如板底为毛面,其结合层胶结料用量可按设计厚度进行调整。

5)各种砂浆、混凝土、胶泥的种类、配合比,各种整体面层的厚度及各种块料面层规格,设计与定额不同时可以换算。各种块料面层的结合层砂浆、胶泥用量不变。

注:各种砂浆、混凝土、胶泥的种类、配合比,设计与定额不同时,可按《山东省建筑工程消耗量定额》交底培训资料附录中的配合比表换算,但消耗量不变。

整体面层的厚度,设计与定额不同时,可按设计厚度换算用量。其换算公式如下:

$$换算用量=铺筑厚度\times 10\ m^2\times(1+损耗率)$$

损耗率见表10-1。

表10-1 损耗率

材料名称	损耗率/%	材料名称	损耗率/%
耐酸沥青砂浆	2.5	耐酸沥青胶泥	5
耐酸沥青混凝土	1	环氧砂浆	2.5
环氧稀胶泥	5	钢屑砂浆	2.5

块料面层中的结合层,按规范取定,不另调整。块料面层中耐酸瓷砖和耐酸瓷板等的规格,设计与定额不同时,可以换算。其换算公式如下:

$$换算用量=[10\ m^2/(块料长+灰缝)\times(块料宽+灰缝)]\times 一块块料面积\times(1+损耗率)$$

损耗率如下:耐酸瓷砖3%,耐酸瓷板3%,花岗岩板1.5%。

6)卷材防腐接缝、附加层、收头工料已包括在定额内,不再另行计算。

10.2.2 保温、隔热、防腐工程工程量计算规则

1. 保温、隔热层

(1)保温、隔热层工程量除按设计图示尺寸和不同厚度以面积计算外,其他按设计图示尺寸

以定额项目规定的计量单位计算。

注：①本部分定额除地板采暖、块状、松散状及现场调制等保温材料按所处部位设计图示尺寸以体积计算外，都以面积计算。

②保温层以体积作为计量单位的项目，混凝土板上保温有沥青珍珠岩块、憎水珍珠岩块、加气混凝土块、泡沫混凝土块、沥青矿渣棉毡、珍珠岩粉、现浇水泥珍珠岩、现浇陶粒混凝土、干铺炉渣、石灰炉（矿）渣、炉（矿）渣混凝土；顶棚保温有顶棚上铺装矿渣棉；立面保温有沥青矿渣棉、矿棉渣；其他有地板采暖泡沫混凝土垫层。

(2) 屋面保温、隔热层工程量按设计图示尺寸以面积计算，扣除面积＞0.3 m² 的孔洞及占位面积。

(3) 地面保温、隔热层工程量按设计图示尺寸以面积计算，扣除面积＞0.3 m² 的柱、垛、孔洞等所占面积，门洞、空圈、暖气包槽、壁龛的开口部分不增加面积。

(4) 顶棚保温、隔热层工程量按设计图示尺寸以面积计算，扣除面积＞0.3 m² 的柱、垛、孔洞所占面积，与顶棚相连的梁按展开面积计算，并入顶棚工程量内。柱帽保温、隔热层工程量，并入顶棚保温隔热层工程量内。

保温层厚度

(5) 墙面保温、隔热层工程量按设计图示尺寸以面积计算，其中外墙按保温、隔热层中心线长度，内墙按保温、隔热层净长度乘以设计高度以面积计算，扣除门窗洞口以及面积＞0.3 m² 的梁、孔洞所占面积；门窗洞口侧壁以及与墙相连的柱，并入保温墙体工程量内。

注：外墙外保温设计注明了黏结层厚度的，按保温层与黏结层总厚度的中心线长度乘以设计高度计算。

(6) 柱、梁保温、隔热层工程量按设计图示尺寸以面积计算。柱按设计图示柱断面保温层中心线展开长度乘以高度以面积计算，扣除面积＞0.3 m² 的梁所占面积。梁按设计图示梁断面保温层中心线展开长度乘以保温层长度以面积计算。

注：①柱、梁保温设计注明了黏结层厚度的，按保温层与黏结层总厚度的中心线展开宽度乘以设计高度计算。
②柱、梁保温适用于不与墙、顶棚相连的独立柱、梁。

(7) 池槽保温层按设计图示尺寸以展开面积计算，扣除面积＞0.3 m² 的孔洞及占位面积。

(8) 聚氨酯、水泥发泡保温，区分不同的发泡厚度，按设计图示的保温尺寸以面积计算。

(9) 混凝土板上架空隔热，不论架空高度如何，均按设计图示尺寸以面积计算。

(10) 地板采暖、块状、松散状及现场调制保温材料，以所处部位按设计图示保温面积乘以保温材料的净厚度（不含胶结材料），以体积计算。按所处部位扣除相应凸出地面的构筑物、设备基础、门窗洞口以及面积＞0.3 m² 的梁、孔洞等所占体积。

(11) 保温外墙面面砖防水缝子目，按保温外墙面面砖面积计算。

(12) 保温层（板材）外的保护层（含找平层或保温砂浆层、抗裂层），按其所处部位（楼地面、墙柱面、天棚面）的设计图示尺寸，以面积计算。

2. 耐酸防腐

(1) 耐酸防腐工程区分不同材料及厚度，按设计图示尺寸以面积计算。平面防腐工程量应扣除凸出地面的构筑物、设备基础等以及面积＞0.3 m² 的孔洞、柱、垛等所占面积，门洞、空圈、暖气包槽、壁龛的开口部分不增加面积。立面防腐工程量应扣除门、窗、洞口以及面积＞0.3 m² 的孔洞、梁所占面积，门、窗、洞口侧壁、垛凸出部分按展开面积并入墙面内。

(2) 平面铺砌双层防腐块料时，按单层工程量乘以系数 2.00 计算。

(3) 池、槽块料防腐面层工程量按设计图示尺寸以展开面积计算。

(4) 踢脚板防腐工程量按设计图示长度乘以高度以面积计算，扣除门洞所占面积，并相应增加侧壁展开面积。

10.3 任务实施

【应用案例 10-1】

某工程保温隔热平屋面，尺寸及做法如图 10-1 所示（平面图中尺寸均为轴线间尺寸），试计算该屋面保温隔热工程量，确定定额项目，并列表计算省价分部分项工程费。

解：

(1)屋面工程量＝(27.00－0.24)×(12.00－0.24)＋(10.00－0.24)×(20.00－12.00)
＝392.78(m²)

(2)保温层工程量＝392.78×0.08＝31.42(m³)

套用定额10－1－3 加气混凝土块

单价(含税)＝3 307.32元/10 m³

(3)找坡工程量＝[(27.00－0.24＋17.00)÷2×(12.00－0.24)]×[(12－0.24)÷2×0.015÷2]＋[(20.00－0.24＋8.00)÷2×(10.00－0.24)]×[(10－0.24)÷2×0.015÷2]＝257.31×0.044 1＋135.47×0.036 6＝16.31(m³)

套用定额10－1－11 1:10现浇水泥蛭石保温层

单价(含税)＝3 476.54元/10 m³

(4)隔热层工程量＝(27.00－0.24)×(12.00－0.24)＋(10.00－0.24)×(20.00－12.00)
＝392.78(m²)

套用定额10－1－30，预制混凝土板架空隔热层

单价(含税)＝424.17元/10 m²

(5)列表计算省价分部分项工程费，见表10-2。

表10-2 应用案例10-1分部分项工程费

序号	定额编号	项目名称	单位	工程量	增值税(简易计税)/元	
					单价(含税)	合价
1	10－1－3	加气混凝土块保温	10 m³	3.142	3 307.32	10 391.60
2	10－1－11	1:10现浇水泥蛭石保温层	10 m³	1.631	3 476.54	5 670.24
3	10－1－30	预制混凝土板架空隔热层	10 m²	39.278	424.17	16 660.55
		省价分部分项工程费合计	元			32 722.39

【应用案例10-2】

某工程建筑平面图和立面图如图10-2所示，该工程外墙保温做法：①清理基层；②刷界面砂浆5 mm；③刷30 mm厚胶粉聚苯颗粒；④门窗边做保温宽度为120 mm。试计算工程量，确定定额项目，并计算省价分部分项工程费。

解：

(1)墙面保温面积＝[(10.74＋0.24＋0.03)＋(7.44＋0.24＋0.03)]×2×3.90－(1.2×2.4＋1.8×1.8＋1.2×1.8×2)＝135.58(m²)

(2)门窗侧边保温面积＝[(1.8＋1.8)×2＋(1.2＋1.8)×4＋(2.4×2＋1.2)]×0.12
＝3.02(m²)

外墙保温总面积＝135.58＋3.02＝138.60(m²)

(3)套用定额10－1－55，胶粉聚苯颗粒保温厚度为30 mm，其中清理基层，刷界面砂浆已包含在定额工作内容中，不另计算。

单价(含税)＝386.80元/10 m²

省价分部分项工程费＝138.60/10×386.80＝5 361.05(元)

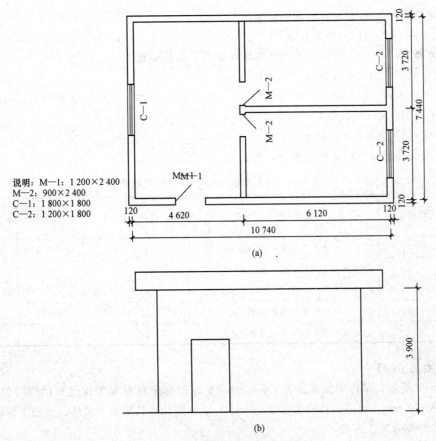

说明：M—1：1 200×2 400
M—2：900×2 400
C—1：1 800×1 800
C—2：1 200×1 800

图 10-2 某工程建筑平面图和立面图
(a)平面图；(b)立面图

【应用案例 10-3】

某库房地面做 1.3∶2.6∶7.4 耐酸沥青砂浆防腐面层，踢脚线抹 1∶0.3∶1.5 钢屑砂浆，厚度均为 20 mm，踢脚线高度为 200 mm，如图 10-3 所示。墙厚均为 240 mm，门洞地面做防腐面层，侧边不做踢脚线。试计算工程量，确定定额项目，并列表计算省价分部分项工程费。

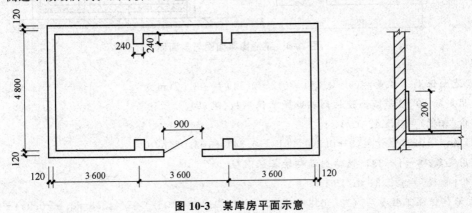

图 10-3 某库房平面示意

解：

(1)防腐砂浆面层面积＝(10.8－0.24)×(4.8－0.24)＝48.15(m²)

套用定额10-2-1，耐酸沥青砂浆厚度30 mm
单价(含税)=1 211.96元/10 m²
套用定额10-2-2，耐酸沥青砂浆厚度每增减5 mm(调减10 mm)
单价(含税)=179.13元/10 m²
(2)砂浆踢脚线=[(10.8-0.24+0.24×4+4.8-0.24)×2-0.90]×0.20=6.25(m²)
套用定额10-2-10，钢屑砂浆厚度20 mm
单价(含税)=569.72元/10 m²
(3)列表计算省价分部分项工程费，见表10-3。

表10-3 应用案例10-3分部分项工程费

序号	定额编号	项目名称	单位	工程量	增值税(简易计税)/元	
					单价(含税)	合价
1	10-2-1	耐酸沥青砂浆厚度30 mm	10 m²	4.815	1 211.96	5 835.59
2	10-2-2	耐酸沥青砂浆厚度每增减5 mm(调减10 mm)	10 m²	-9.63	179.13	-1 725.02
3	10-2-10	钢屑砂浆厚度20 mm	10 m²	0.625	569.72	356.08
		省价分部分项工程费合计	元			4466.65

【应用案例10-4】

如图10-4所示，某冷库保温隔热工程，设计采用胶粘剂粘贴聚苯保温板(满粘)保温材料，地面保温厚100 mm，墙体、顶棚保温厚50 mm，试分别计算其地面、墙体、顶棚工程量，并列表计算省价分部分项工程费。

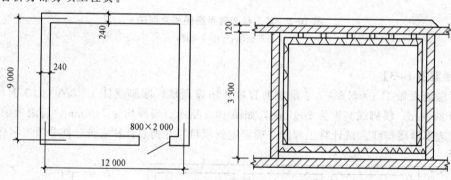

图10-4 某冷库平面图与剖面图

解：
(1)地面保温工程量=(9-0.24)×(12-0.24)=103.02(m²)
套用定额10-1-17，胶粘剂粘贴聚苯保温板(满粘)
单价(含税)=485.42元/10 m²
(2)顶棚保温工程量=(9-0.24)×(12-0.24)=103.02(m²)
套用定额10-1-33，胶粘剂满粘聚苯保温板
单价(含税)=522.31元/10 m²
(3)墙体保温工程量=[(12-0.24-0.05)+(9-0.24-0.05)]×2×(3.3-0.1-0.05)-0.8×1.9+[(2-0.1-0.05)×2+0.8]×(0.12+0.05)=127.89(m²)
套用定额10-1-47，胶粘剂粘贴聚苯保温板(满粘)
单价(含税)=444.28元/10 m²

(4) 列表计算省价分部分项工程费,见表 10-4。

表 10-4　应用案例 10-4 分部分项工程费

序号	定额编号	项目名称	单位	工程量	增值税(简易计税)/元 单价(含税)	合价
1	10—1—17	地面胶粘剂粘贴聚苯保温板(满粘)	10 m²	10.302	485.42	5 000.80
2	10—1—33	顶棚胶粘剂满粘聚苯保温板	10 m²	10.302	522.31	5 380.84
3	10—1—47	墙面胶粘剂粘贴聚苯保温板(满粘)	10 m²	13.046	444.28	5 796.08
		省价分部分项工程费合计	元			16 177.72

10.4　知识拓展

1. 定额套用注意问题

(1) 定额混凝土板上、立面聚氨酯发泡保温子目,均包括界面砂浆和防潮底漆,保温层厚度按厚 30 mm 编制。设计保温层厚度与定额不同时,按厚度每增减 10 mm 子目调整。

(2) 本部分定额立面胶粉聚苯颗粒粘贴保温板子目,包括界面砂浆和胶粉聚苯颗粒黏结层,黏结层厚度按厚 15 mm 编制。设计黏结层厚度与定额不同时,按厚度每增减 5 mm 子目调整。

(3) 定额立面胶粉聚苯颗粒保温子目,适用于《山东省建筑标准设计图集 居住建筑保温构造详图》(L06J113)F 体系胶粉聚苯颗粒作主保温层的情况。使用定额时,应注意与保护层中的胶粉聚苯颗粒保温找平层的区别。

(4) 定额中板材保温材料子目,设计板材厚度与定额不同时的换算,实际上是板材单价的换算,换算时,板材消耗量及其他均不变。

(5) 混凝土板上架空隔热,无论架空高度如何,均按设计架空隔热面积计算。

(6) 块料面层,在本部分定额中,均按平面铺砌编制,立面防腐时,按设计做法套用相应的定额,再乘以本部分说明中的系数即可。

(7) 本部分定额耐酸防腐整体面层、块料面层中相应做法的垫层、找平层,执行本定额其他章节相应项目。

(8) 定额清洗钢筋混凝土顶棚子目,可借用于除混凝土顶棚以外的、其他所有混凝土表面的清洗。

(9) 本部分相应子目中的砂浆按现场拌制考虑,若实际采用预拌砂浆,按总说明规定调整。

2. 定额材料消耗量取定

材料消耗量,包括材料的净用量和施工损耗量。其计算公式为

$$材料消耗量 = 材料净用量 \times (1 + 施工损耗率)$$

本部分使用的建筑材料,其施工损耗率见表 10-5。

表 10-5　建筑材料施工损耗率

材料名称	损耗率/%	材料名称	损耗率/%
各种砂浆(水泥、混合、石灰)	2.5	各种胶泥	5
混凝土(现浇)	1	瓷砖、地砖、缸砖	3

续表

材料名称	损耗率/%	材料名称	损耗率/%
沥青混凝土	1	大理石、花岗石、水磨石	1.5
混凝土预制块	1	矿棉板	5
加气混凝土块	2	泡沫玻璃、挤塑保温板	2
预制混凝土构件	1	珍珠岩制品、现浇	2
蒸压加气混凝土类砌块	5	各类油漆	2.5
矿渣	2	胶粘剂	4
炉渣	2	聚氨酯泡沫塑料	2
水、电	0	螺栓、螺钉(各种规格)	2

小 结

通过本任务的学习，要求学生掌握以下内容：

(1)掌握混凝土板上保温的定额说明及工程量计算规则。其中，沥青珍珠岩块、憎水珍珠岩块、加气混凝土块、泡沫混凝土块、沥青矿渣棉毡、珍珠岩粉、现浇水泥珍珠岩、现浇陶粒混凝土、干铺炉渣、石灰炉(矿)渣、炉(矿)渣混凝土11项计量单位为m^3，其余均为m^2。

(2)掌握混凝土板上架空隔热的定额说明及工程量计算规则。

(3)掌握顶棚保温的定额说明及工程量计算规则。其中除顶棚上铺装矿渣棉计量单位为m^3外，其余均为m^2。

(4)掌握立面保温的定额说明及工程量计算规则。其中除沥青矿渣棉、矿棉渣两项计量单位为m^3外，其余均为m^2。

(5)掌握防腐工程中整体面层、块料面层、耐酸防腐涂料的定额说明及工程量计算规则。

习 题

1. 某工程防水保温平屋面如图10-5所示，图中尺寸为轴线间尺寸，墙厚为240 mm，屋面做法如下：混凝土板上1∶3水泥砂浆找平20 mm厚，沥青隔汽层一度，1∶8现浇水泥珍珠岩最薄处60 mm厚，1∶3水泥砂浆找平20 mm厚，玛琋脂玻璃纤维布(二布三油)防水，试计算保温工程量，并计算省价分部分项工程费。

2. 有一带屋面小气窗的四坡水英红瓦屋面，聚氨酯发泡保温，厚度为30 mm，尺寸及坡度如图10-6所示，试计算其屋面保温工程量，并计算省价分部分项工程费。

3. 某工程女儿墙厚240 mm，屋面卷材在女儿墙处卷起250 mm，如图10-7所示为其屋顶平面图，图中尺寸为轴线间尺寸，屋面做法如下：

(1)SBS改性沥青卷材二层；

(2)20 mm厚1∶3水泥砂浆找平层；

(3)1:8现浇水泥珍珠岩找坡,最薄处 40 mm 厚;
(4)40 mm 厚聚氨酯发泡保温层;
(5)现浇钢筋混凝土屋面板。
试计算其屋面保温工程量,并计算省价分部分项工程费。

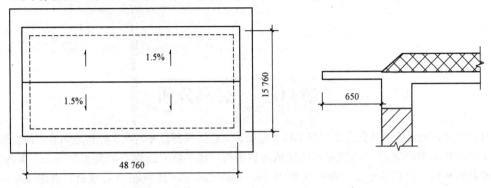

图 10-5 某工程屋顶平面图

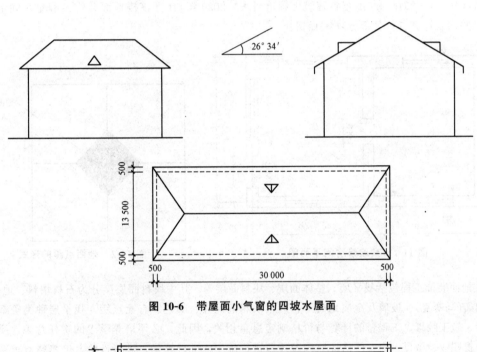

图 10-6 带屋面小气窗的四坡水屋面

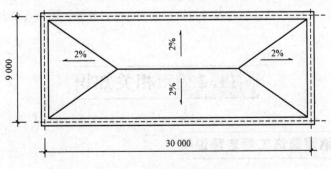

图 10-7 某工程屋顶平面图

任务 11　楼地面装饰工程

11.1　实例分析

某造价咨询公司造价师张某接到某工程楼地面装饰造价编制任务，该工程楼地面装饰简况如下：

某建筑物平面图如图 11-1 所示。房间地面做法为：找平层 C20 细石混凝土 30 mm；面层为水泥砂浆粘贴规格块料点缀地面，规格块料为 500 mm×500 mm 浅色花岗岩地面，点缀 100 mm×100 mm 深色花岗岩（地面点缀的形式如图 11-2 所示）。张某现需要结合《山东省建筑工程消耗量定额》(SD 01—31—2016)和《山东省建筑工程价目表》(2020 年)计算该楼地面装饰工程量，确定定额项目，并列表计算省价分部分项工程费。

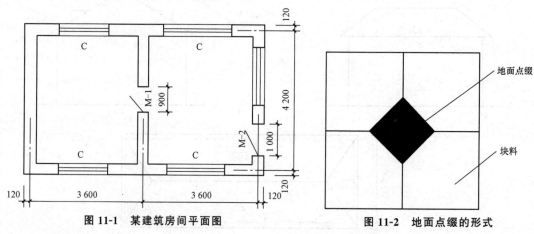

图 11-1　某建筑房间平面图　　　　图 11-2　地面点缀的形式

楼地面装饰工程包括找平层、整体面层、块料面层等。其中块料面层又分为石材块料、地板砖、陶瓷锦砖（马赛克）、玻璃及金属地砖等，规格块料的尺寸、颜色、有无点缀、找平层种类等都与施工质量、施工效果、工程量的计算与价格确定息息相关，因此，必须培养学生的责任意识、质量意识、敬畏职业、敬畏生命，严格按照国家规范进行施工、进行算量、进行计价，培养精益求精的工匠精神。

11.2　相关知识

11.2.1　楼地面装饰工程定额说明

(1)本部分定额包括找平层、整体面层、块料面层、其他面层及其他项目五节。

注：①本部分适用于一般工业与民用建筑的新建、扩建和改建工程及新装饰工程中的楼地面分部工程。

②"找平层"小节各子目适用于设计楼地面及屋面建筑做法中的水平方向的找平层,其中的细石混凝土找平层子目仅适用于设计或实际施工厚度≤60 mm 的情况,厚度>60 mm 时,按本定额"第二章 混凝土垫层"子目执行。

③"整体面层"小节各子目适用于面层材料本身无防水要求的楼地面,面层材料本身有防水要求的楼地面以及与本节材料相同的屋面保护层应按消耗量定额"第九章 屋面及防水工程"相关子目执行。

④"块料面层"小节中,石材块料面层下的"点缀""拼图案(成品)""图案周边异形块料铺贴另加工料""石材楼梯现场加工"子目也同样适用于地板砖面层。

(2)本部分中的水泥砂浆、混凝土的配合比,当设计、施工选用配合比与定额取定不同时,可以换算,其他不变。

注:①本部分与砂浆相关的定额项目均按现拌砂浆考虑。
②本部分细石混凝土按商品混凝土考虑,其相应定额子目不包含混凝土搅拌用工。
③轻集料混凝土填充层执行"第二章 地基处理与边坡支护工程"相应子目。
④水泥砂浆在填充材料上找平按 20 mm 取定。在计算砂浆时综合考虑了水泥砂浆压入填充材料内 5 mm。

(3)本部分中水泥自流平、环氧自流平、耐磨地坪、塑胶地面材料可随设计施工要求或所选材料生产厂家要求的配比及用量进行调整。

自流平

(4)整体面层、块料面层中,楼地面项目不包括踢脚板(线);楼梯项目不包括踢脚板(线)、楼梯梁侧面、牵边;台阶不包括侧面、牵边,设计有要求时,按本部分及本定额"第十二章 墙柱面装饰与隔断、幕墙工程""第十三章 顶棚工程"相应定额项目计算。

(5)预制块料及仿石块料铺贴,套用相应石材块料定额项目。

注:仿石材块料不是指面层作仿石材处理的各种陶瓷砖,而是指新技术下通体作仿石材处理的块料以及混合天然石材粉末经二次加工而成的人造石材。

(6)石材块料各项目的工作内容均不包括开槽、开孔、倒角、磨异形边等特殊加工内容。

踢脚线

(7)石材块料楼地面面层分色子目,按不同颜色、不同规格的规则块料拼简单图案编制。其工程量应分别计算,均执行相应分色项目。

注:设计块料面层中有不同种类、材质的材料,应分别计算工程量,并套用相应定额项目。

(8)镶贴石材按单块面积≤0.6 m² 编制。石材单块面积>0.64 m² 的,砂浆贴项目每 10 m² 增加用工 0.09 工日,胶粘剂粘贴项目每 10 m² 增加用工 0.104 工日。

(9)石材块料楼地面面层点缀项目,其点缀块料按规格块料现场加工考虑。单块镶拼面积≤0.015 m² 的块料适用于此定额。如点缀块料为加工成品,需扣除定额内的"石料切割锯片"及"石料切割机",人工乘以系数 0.40。被点缀的主体块料如为现场加工,应按其加工边线长度加套"石材楼梯现场加工"项目。

点缀

(10)块料面层拼图案(成品)项目,其图案石材定额按成品考虑。图案外边线以内周边异形块料如为现场加工,套用相应块料面层铺贴项目,并加套"图案周边异形块料铺贴另加工料"项目。

(11)楼地面铺贴石材块料、地板砖等,遇异形房间需现场切割时(按经过批准的排版方案),被切割的异形块料加套"图案周边异形块料铺贴另加工料"项目。

(12)异形块料现场加工导致块料损耗超出定额损耗的,应根据现场实际情况计算损耗率,超出部分并入相应块料面层铺贴项目内。

块料面层拼图案

(13)楼地面铺贴石材块料、地板砖等,因施工验收规范、材料纹饰等限制导致裁板方向、宽度有特定要求(按经过批准的排版方案),致使其块料损耗超出定额损耗的,应根据现场实际情况计算损耗率,超出部分并入相应块料面层铺贴项目内。

(14)本定额中的"石材串边""串边砖"指块料楼地面中镶贴颜色或材质与大面积楼地面不同且宽度≤200 mm的石材或地板砖线条;定额中的"过门石""过门砖"指门洞口处镶贴颜色或材质与大面积楼地面不同的单独石材或地板砖块料,如图11-3所示。

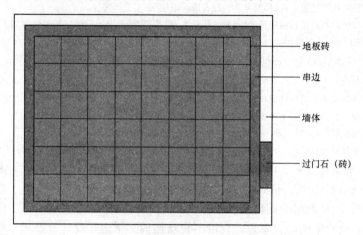

图11-3 过门石(砖)、串边示意

(15)除铺缸砖(勾缝)项目,其他块料楼地面项目,定额均按密缝编制。若设计缝宽与定额不同,其块料和勾缝砂浆的用量可以调整,其他不变。

(16)本定额中的"零星项目"适用于楼梯和台阶的牵边、侧面、池槽、蹲台等项目,以及面积≤0.5 m²且定额未列项的工程。

(17)镶贴块料面层的结合层厚度与定额取定不符时,水泥砂浆结合层按"11-1-3 水泥砂浆每增减 5 mm"进行调整,干硬性水泥砂浆按"11-3-73 干硬性水泥砂浆每增减 5 mm"进行调整。

(18)木楼地面小节中,无论实木还是复合地板面层,均按人工净面编制,如采用机械净面,人工乘以系数 0.87。

(19)实木踢脚板项目,定额按踢脚板固定在垫块上编制。若设计要求做基层板,另按本定额"第十二章 墙、柱饰面与幕墙、隔断工程"中的相应基层板项目计算。

注:本定额按踢脚板固定在垫块上编制,且踢脚板背面及垫块上考虑满涂防腐油。如实际铺钉时不使用垫块及防腐油,可从该项定额中扣除。

(20)楼地面铺地毯,定额按矩形房间编制。若遇异形房间,设计允许接缝时,人工乘以系数 1.10,其他不变;设计不允许接缝时,人工乘以系数 1.20,地毯损耗率根据现场裁剪情况据实测定。

(21)"木龙骨单向铺间距 400 mm(带横撑)"项目,如龙骨不铺设垫块,每 10 m² 调减人工 0.214 9 工日,调减板方材 0.002 9 m³,调减射钉 88 个。该项定额子目按《建筑工程做法》(L13J1 地 301、楼 301)编制,如设计龙骨规格及间距与其不符,可调整定额龙骨材料含量,其余不变。

踏脚板

11.2.2 楼地面装饰工程工程量计算规则

(1)楼地面找平层和整体面层均按设计图示尺寸以面积计算。计算时应扣除凸出地面构筑物、设备基础、室内铁道、室内地沟等所占面积,不扣除间壁墙及≤0.3 m²的柱、垛、附墙烟囱及孔洞所占面积,门洞、空圈、暖气包槽、壁龛的开口部分也不增加(间壁墙指墙厚≤120 mm的墙)。

(2)楼、地面块料面层,按设计图示尺寸以面积计算。门洞、空圈、暖气包槽和壁龛的开口部分并入相应的工程量内。

(3)木楼地面、地毯等其他面层,按设计图示尺寸以面积计算。门洞、空圈、暖气包槽和壁龛的开口部分并入相应的工程量内。

(4)楼梯面层按设计图示尺寸以楼梯(包括踏步、休息平台及≤500 mm 宽的楼梯井)水平投影面积计算。楼梯与楼地面相连时,算至梯口梁内侧边沿;无梯口梁者,算至最上一层踏步边沿加 300 mm。

通常情况下,当楼梯井宽度≤500 mm 时:

楼梯工程量=楼梯间净宽×(休息平台宽+踏步宽×步数)×(楼层数-1)

楼梯工程量

注:楼梯工程量计算按照楼梯间的水平投影面积计算,踏步顶面的工程量已包含在定额消耗量内;楼梯面层工程量还应包含楼面最后一个踏步宽度;无论楼梯面层为整体面层还是块料面层,均按该规则计算。

(5)旋转、弧形楼梯的装饰,其踏步按水平投影面积计算,执行楼梯的相应子目,人工乘以系数 1.20;其侧面按展开面积计算,执行零星项目的相应子目。

(6)台阶面层按设计图示尺寸以台阶(包括最上层踏步边沿加 300 m)水平投影面积计算。

台阶工程量

(7)串边(砖)、过门石(砖)按设计图示尺寸以面积计算。

(8)块料零星项目按设计图示尺寸以面积计算。

(9)踢脚线按长度计算工程量。水泥砂浆踢脚线计算长度时,不扣除门洞口的长度,洞口侧壁也不增加。

(10)踢脚板按设计图示尺寸以面积计算。

(11)地面点缀按点缀数量以"10 个"为单位计算。计算地面铺贴面积时,不扣除点缀所占面积。

(12)块料面层拼图案(成品)项目,图案按实际尺寸以面积计算。图案周边异形块料铺贴另加工料项目,按图案外边线以内周边异形块料实贴面积计算。图案外边线是指成品图案所影响的周围规格块料的最大范围。

块料面层拼图案

(13)楼梯石材现场加工,按实际切割长度计算。

(14)防滑条、地面分格嵌条按设计尺寸以长度计算。

(15)楼地面面层割缝按实际割缝长度计算。

(16)石材底面刷养护液按石材底面及四个侧面面积之和计算。

(17)楼地面酸洗、打蜡等基(面)层处理项目,按实际处理基(面)层面积计算,楼梯台阶酸洗、打蜡项目,按楼梯、台阶的计算规则计算。

11.3 任务实施

【应用案例 11-1】

某建筑物平面图如图 11-1 所示。房间地面做法为:找平层 C20 细石混凝土 30 mm;面层为水泥砂浆粘贴规格块料点缀地面,规格块料为 500 mm×500 mm 浅色花岗岩地面,点缀 100 mm×100 mm 深色花岗岩(地面点缀的形式如图 11-2 所示,点缀块料按现场加工考虑)。试计算该楼地面装饰工程量,确定定额项目,并列表计算省价分部分项工程费。

解:

(1)找平层应按照主墙间的净面积计算。

找平层工程量=(3.6−0.24)×(4.2−0.24)×2=26.61(m²)

套用定额11−1−4,细石混凝土找平层40 mm厚

单价(含税)=297.44 元/10 m²

再套用定额11−1−5(换),细石混凝土每增减5 mm厚(共减10 mm)

单价(含税)=34.81 元/10 m²

(2)花岗岩属于块料面层,按实铺实贴面积计算,不扣除点缀所占面积。

花岗岩地面=26.61+0.9×0.24+1.0×0.12=26.95(m²)

套用定额11−3−1,楼地面,水泥砂浆,不分色,花岗石

单价(含税)=2 222.05 元/10 m²

(3)地面点缀按点缀数量计算。

点缀数量=$\left(\dfrac{3.6−0.24}{0.5}−1\right)×\left(\dfrac{4.2−0.24}{0.5}−1\right)×2=(7−1)×(8−1)×2=84$(个)(括号内数值取整计算)

套用定额11−3−7,楼地面,点缀,花岗石

单价(含税)=222.12 元/10 个

(4)列表计算省价分部分项工程费,见表11-1。

表11-1 应用案例11-1分部分项工程费

序号	定额编号	项目名称	单位	工程量	增值税(简易计税)/元 单价(含税)	合价
1	11−1−4	细石混凝土找平层40 mm厚	10 m²	2.661	297.44	791.49
2	11−1−5(换)	细石混凝土每增减5 mm厚(共减10 mm)	10 m²	−5.322	34.81	−185.26
3	11−3−1	楼地面,水泥砂浆,不分色,花岗石	10 m²	2.695	2 222.05	5 988.42
4	11−3−7	楼地面,点缀,花岗石	10 个	8.4	222.12	1 865.81
		省价分部分项工程费合计	元			8 460.46

【应用案例11-2】

某商店平面图如图11-4所示,地面做法:C20细石混凝土找平层60厚,环氧自流平涂料地面(底涂一道、中涂砂浆、腻子层、面涂一道、面层打蜡)。试计算地面工程量,确定定额项目,并列表计算省价分部分项工程费。

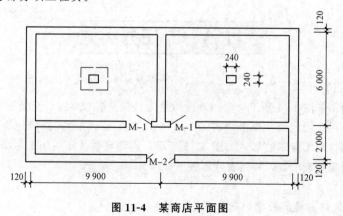

图11-4 某商店平面图

解：

环氧自流平涂料地面为整体面层做法，找平层和整体面层均按照主墙间的净面积计算，不扣除柱所占面积，也不增加门洞的开口面积。

(1) 找平层工程量 $=(9.9-0.24)\times(6-0.24)\times 2+(9.9\times 2-0.24)\times(2-0.24)=145.71(m^2)$

套用定额 11—1—4，细石混凝土找平层厚 40 mm

单价(含税) $=297.44$ 元$/10\ m^2$

再套用定额 11—1—5(换)，细石混凝土找平层每增减 5 mm(共增 20 mm)

单价(含税) $=34.81$ 元$/10\ m^2$

(2) 环氧自流平涂料地面工程量 $=145.71\ m^2$

套用定额 11—2—12，环氧自流平涂料，底涂一道

单价(含税) $=243.10$ 元$/10\ m^2$

套用定额 11—2—13，环氧自流平涂料，中涂砂浆

单价(含税) $=334.67$ 元$/10\ m^2$

套用定额 11—2—14，环氧自流平涂料，腻子层

单价(含税) $=88.75$ 元$/10\ m^2$

套用定额 11—2—15，环氧自流平涂料，面涂一道

单价(含税) $=489.48$ 元$/10\ m^2$

套用定额 11—5—13，自流平面层打蜡

单价(含税) $=33.97$ 元$/10\ m^2$

(3) 列表计算省价分部分项工程费，见表 11-2。

表 11-2 应用案例 11-2 分部分项工程费

序号	定额编号	项目名称	单位	工程量	增值税(简易计税)/元 单价(含税)	合价
1	9—1—4	细石混凝土找平层厚 40 mm	10 m²	14.571	297.44	4 334.00
2	9—1—5(换)	细石混凝土找平层每增减 5 mm(共增 20 mm)	10 m²	58.284	34.81	2 028.87
3	11—2—12	环氧自流平涂料，底涂一道	10 m²	14.571	243.10	3 542.21
4	11—2—13	环氧自流平涂料，中涂砂浆	10 m²	14.571	334.67	4 876.48
5	11—2—14	环氧自流平涂料，腻子层	10 m²	14.571	88.75	1 293.18
6	11—2—15	环氧自流平涂料，面涂一道	10 m²	14.571	489.48	7 132.21
7	11—5—13	自流平面层打蜡	10 m²	14.571	33.97	494.98
		省价分部分项工程费合计	元			23 701.93

11.4 知识拓展

【应用案例 11-3】

某六层三个单元砖混住宅，平行双跑楼梯如图 11-5 所示，楼梯面层为水泥砂浆粘贴花岗石板。试计算工程量，确定定额项目，并计算省价分部分项工程费。

解：

楼梯面层以水平投影面积计算。

花岗石楼梯工程量＝(2.7－0.24)×3.78×3×(6－1)＝2.46×3.78×3×5＝139.48(m²)
套用定额 11－3－41 楼梯砂浆粘贴
单价(含税)＝2 257.60 元/10 m²
省价分部分项工程费＝139.48/10 ×2 257.60＝31 489.00(元)

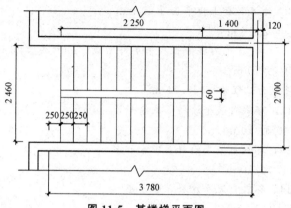

图 11-5　某楼梯平面图

【应用案例 11-4】

某建筑物出入口处的台阶如图 11-6 所示。已知台阶踏步宽度 B 为 300 mm，踏步高度为 150 mm，台阶长度 L 为 4 500 mm，宽度 A 为 2 400 mm。台阶面层为 1∶3 干硬性水泥砂浆粘贴麻面花岗石。试计算工程量，确定定额项目，并计算省价分部分项工程费。

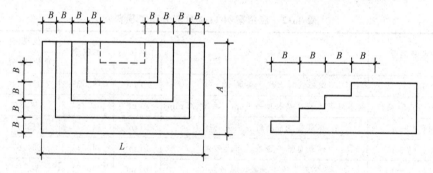

图 11-6　三面台阶面层

解：

台阶工程量＝$L×A-(L-8×B)×(A-4B)$＝4.5×2.4－(4.5－8×0.3)×(2.4－4×0.3)＝8.28(m²)
套用定额 11－3－44
单价(含税)＝2 259.25 元/10 m²
省价分部分项工程费＝8.28/10×2 259.25＝1 870.66(元)

【应用案例 11-5】

某装饰工程二楼小会客厅的楼面装修设计如图 11-7 所示。地面主体面层为规格 1 000 mm×1 000 mm 的灰白色抛釉地板砖；地板砖外圈用黑色大理石串边，串边宽度为 200 mm；灰白色砖交界处用深色砖点缀，点缀尺寸为 100 mm×100 mm 的方形及等腰边长为 100 mm 的三角形；房间中部铺贴圆形图案成品石材拼图，图案半径为 1 250 mm。房间墙体为加气混凝土砌块墙，墙厚为 200 mm，墙面抹混合砂浆 15 mm，北侧墙体设两扇 900 mm 宽的门，门下贴深色石材过门石。试计算工程量，确定定额项目，并列表计算省价分部分项工程费。

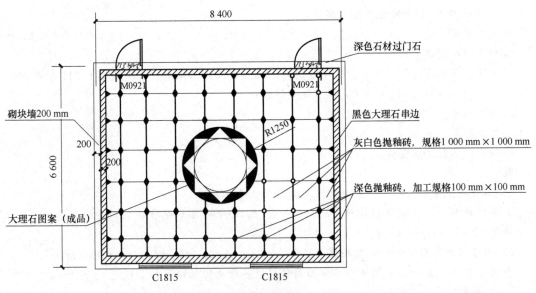

图 11-7 楼面装饰设计示意

分析：

(1)为确保地面铺贴的对称和美观，且满足当地验收规范中地砖宽度不得小于半砖的要求，甲、乙双方共同通过该会客厅楼面排版方案，具体尺寸如图 11-8 所示(图中标注尺寸为块料尺寸，不含缝宽)。根据工程实际情况，施工时保留地砖缝宽 1 mm；点缀块料为工厂切割加工成设计规格，点缀周边主体地板砖边线为现场切割，图案周边异形地板砖为现场切割加工。因选用的灰白色地砖纹饰无明显走向特征，施工方承诺排版图中小于半砖尺寸的砖采用半砖切割。

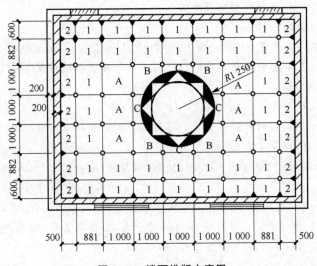

图 11-8 楼面排版方案图

(2)设计说明。

1)该工程圆形石材图案、黑色大理石串边及深色石材过门石的石材厚度均为 20 mm，设计铺贴做法选用图集 L13J1 中楼 204。

①20 mm 厚大理石(花岗石)板，稀水泥浆或彩色水泥浆擦缝；

②30 mm 厚 1∶3 干硬性水泥砂浆；
③素水泥浆一道；
④现浇钢筋混凝土楼板。
2)主体面层地板砖及点缀地板砖厚度均为 12 mm，设计铺贴做法选用图集 L13J1 中楼 201。
①8～10 mm 厚地砖铺实拍平，稀水泥浆擦缝；
②20 mm 厚 1∶3 干硬性水泥砂浆；
③素水泥浆一道；
④现浇钢筋混凝土楼板。

解：

(1)石材拼图案(成品)工程量＝$3.14 \times 1.25^2 = 4.906(m^2)$

套用定额 11－3－8，石材块料楼地面拼图案(成品)干硬性水泥砂浆

单价(含税)＝4 618.55 元/10 m²

(2)图案周边异形块料铺贴工程量＝$(3+0.002) \times (3+0.002) - 4.906 = 4.106(m^2)$

套用定额 11－3－9，石材块料楼地面图案周边异形块料铺贴另加工料

单价(含税)＝582.07 元/10 m²

(3)深色地砖点缀(方形)工程量＝44 个

套用定额 11－3－7(换)，石材块料楼地面点缀

单价(换，含税)＝$222.12 - 77.28 \times 0.6 - 0.039\ 2 \times 73$(石料切割锯片)$- 0.188 \times 53.36$(石料切割机)$= 162.86$(元/10 个)

(4)深色地砖点缀(三角形)工程量＝28 个

套用定额 11－3－7(换)，石材块料楼地面点缀

单价(换，含税)＝162.86 元/10 个

(5)灰色地板砖因点缀产生的现场加工边线工程量＝$0.1 \times 4 \times 44 + 0.1 \times 2 \times 28 = 23.2(m)$

套用定额 11－3－26，石材楼梯现场加工

单价(含税)＝139.92 元/10 m

(6)黑色大理石串边工程量＝$(8.2 - 0.2 + 6.4 - 0.2) \times 2 \times 0.2 = 5.68(m^2)$

套用定额 11－3－14，石材块料，串边、过门石，干硬性水泥砂浆

单价(含税)＝2 418.88 元/10 m²

(7)深色石材过门石工程量＝$0.9 \times 0.2 \times 2 = 0.36(m^2)$

套用定额 11－3－14，石材块料，串边、过门石，干硬性水泥砂浆

单价(含税)＝2 418.88 元/10 m²

(8)灰白色抛釉地板砖(1 000 mm×1 000 mm)工程量＝$(8.4 - 0.2 - 0.4) \times (6.6 - 0.2 - 0.4) - 4.906 = 41.894(m^2)$

套用定额 11－3－38(换)，地板砖楼地面干硬性水泥砂浆(周长≤4 000 mm)

单价(换，含税)＝原单价＋(材料实际消耗量－定额消耗量)×地板砖单价(1 000 mm×1 000 mm)

单价＝$2\ 183.21 + (12.8 - 11) \times 150.00 = 2\ 453.21$(元/10 m²)

(9)灰白色抛釉地板砖结合层调整工程量＝41.894 m²

套用定额 11－3－73 结合层调整干硬性水泥砂浆，每增减 5 mm(调增 18 mm)

单价(含税)＝38.67 元/10 m²

(10)列表计算省价分部分项工程费，见表 11-3。

表 11-3　应用案例 11-5 分部分项工程费

序号	定额编号	定额名称	单位	工程量	增值税(简易计税)/元 单价(含税)	增值税(简易计税)/元 合价	备注
1	11-3-8	石材块料，楼地面，拼图案(成品)干硬性水泥砂浆	10 m²	0.490 6	4 618.55	2 265.86	
2	11-3-9	石材块料，楼地面，图案周边异形块料铺贴另加工料	10 m²	0.418 9	582.07	243.83	
3	11-3-7(换)	石材块料，楼地面，点缀	10 个	4.4	162.86	716.58	方形，按加工成品调整定额人材机
4	11-3-7(换)	石材块料，楼地面，点缀	10 个	2.8	162.86	456.01	三角形，按加工成品调整定额人材机
5	11-3-26	石材楼梯现场加工	10 m	2.32	139.92	324.61	
6	11-3-14	石材块料，串边、过门石，干硬性水泥砂浆	10 m²	0.568	2 418.88	1 373.92	黑色大理石串边
7	11-3-14	石材块料，串边、过门石，干硬性水泥砂浆	10 m²	0.036	2 418.88	87.08	深色石材过门石
8	11-3-38(换)	地板砖，楼地面，干硬性水泥砂浆(周长≤4 000 mm)	10 m²	4.189 4	2 453.21	10 277.48	调整地板砖材料定额消耗量为12.8 m²
9	11-3-73(换)	结合层调整，干硬性水泥砂浆每增减 5 mm(调增 18 mm)	10 m²	16.757 6	38.67	648.02	
		省价分部分项工程费合计	元			16 393.39	

地板砖调整

材料消耗量

主要材料损耗率的取定详见表 11-4。

表 11-4　主要材料损耗率取定表

材料名称	损耗率/%	材料名称	损耗率/%
细石混凝土	1.0	地板砖	2.0~10.0
水泥砂浆	2.5	缸砖	3.0

续表

材料名称	损耗率/%	材料名称	损耗率/%
自流平水泥	2.0	陶瓷锦砖（马赛克）	2.0~4.0
素水泥浆	1.0	木龙骨	6.00
水泥	2.0	成品木地板	4.0
白水泥	3.0	地毯	3.0
石材块料	2.0	活动地板	5.0

楼地面石材块料按加工半成品石材编制，定额材料损耗里已包含零星切割下料损耗，地板砖、陶瓷马赛克、缸砖、成品木地板等面层材料的损耗量也已包括一定的切割下料损耗。使用本定额时，如遇本部分说明中特殊规定的情况或甲、乙双方共同约定的其他特殊情况，致使该部分面层材料的下料损耗需调整的，则按需调整的下料损耗率与表 11-5 中的材料损耗率合并调整定额中的材料损耗。

表 11-5　部分面层材料损耗率（不含下料损耗）取定表

材料名称	损耗率/%	材料名称	损耗率/%
石材块料	1.5	地板砖	1.5
缸砖	2.0	陶瓷锦砖（马赛克）	1.5
成品木地板	2.0		

小　结

通过本任务的学习，要求学生掌握以下内容：

(1) 掌握找平层、整体面层的定额说明及工程量计算规则，能够正确套用定额项目。

(2) 掌握块料面层的定额说明及工程量计算规则，能够正确套用定额项目。其中，块料面层包括石材块料、地板砖、缸砖、陶瓷锦砖（马赛克）、玻璃及金属地砖、方整石板、结合层调整等项目。

(3) 掌握其他面层的定额说明及工程量计算规则，能够正确套用定额项目。其中，其他面层包括木楼地面、地毯及配件、活动地板、橡塑面层等项目。

(4) 掌握定额消耗量调整及系数调整的计算方法。

习　题

1. 某会议室楼地面设计为大理石拼花图案，图案为圆形，直径为 2 400 mm，图案外边线为 3.2 m×3.2 m，如图 11-9 所示。大理石块料尺寸为 800 mm×800 mm，1∶2.5 水泥砂浆粘贴。试计算地面工程量，确定定额项目，并计算省价分部分项工程费。

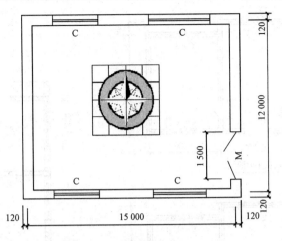

图 11-9 某会议室地面平面图

2. 某工程平面图与剖面图如图 11-10 所示。图中砖墙厚 240 mm，门窗框厚 80 mm，居墙中。建筑物层高为 2 900 mm。M—1：1.8 m×2.4 m；M—2：0.9 m×2.1 m；C—1：1.5 m×1.8 m；窗台离楼地面高为 900 mm。装饰做法：地面做法为细石混凝土找平层 40 mm 厚，水泥砂浆铺缸砖地面(不勾缝)；内墙面为 1∶2 水泥砂浆打底，1∶3 石灰砂浆找平，抹面厚度共 20 mm；内墙裙做法为 1∶3 水泥砂浆打底 18 mm，1∶2.5 水泥砂浆面层 5 mm，试计算地面工程量，确定定额项目，并计算省价分部分项工程费。

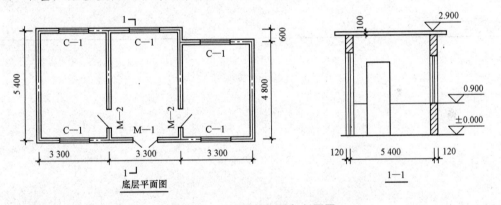

图 11-10 某工程平面图与剖面图

3. 某三层建筑平面图与 1—1 剖面图如图 11-11 所示。已知：

(1)砖墙厚为 240 mm，轴线居中，门窗框厚度为 80 mm。

(2)M—1：1 200 mm×2 400 mm；M—2：900 mm×2 000 mm；C—1：1 500 mm×1 800 mm；窗台离楼地面高为 900 mm。

(3)装饰做法：一层地面为粘贴 500 mm×500 mm 全瓷地面砖，瓷砖踢脚板，高为 200 mm，二、三层楼面为细石混凝土楼地面 40 mm 厚，水泥砂浆踢脚线高为 150 mm；内墙面为混合砂浆抹面，刮腻子涂刷乳胶漆；外墙面粘贴米色 200 mm×300 mm 外墙砖。

试计算一、二层地面及踢脚板(线)工程量，确定定额项目，并计算省价分部分项工程费。

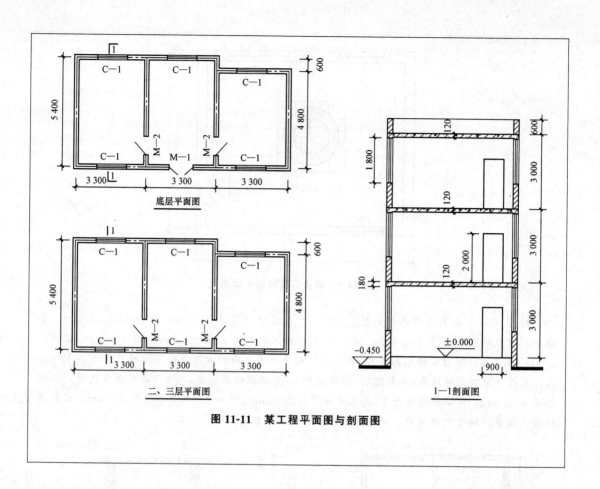

图 11-11 某工程平面图与剖面图

任务12　墙、柱面装饰与隔断、幕墙工程

12.1　实例分析

某造价咨询公司造价师张某接到某工程墙面装饰造价编制任务,该工程墙面装饰简况如下:

某工程平面图和剖面图如图12-1所示,砖砌体,内墙面抹混合砂浆,1∶1∶6水泥石灰抹灰砂浆打底10 mm厚,1∶0.5∶3水泥石灰抹灰砂浆面层6 mm厚;内墙裙抹水泥砂浆,1∶3水泥抹灰砂浆打底9 mm厚,1∶2水泥抹灰砂浆面层6 mm厚;门M:1 000 mm×2 700 mm,共3个;窗C:1 500 mm×1 800 mm,共4个。张某现需要结合《山东省建筑工程消耗量定额》(SD 01—31—2016)和《山东省建筑工程价目表》(2020年)计算该墙面抹灰工程量,确定定额项目,并列表计算省价分部分项工程费。

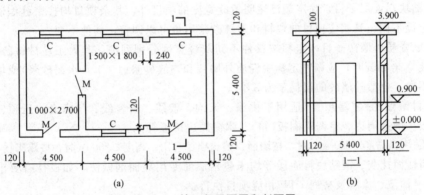

图 12-1　某工程平面图和剖面图
(a)平面图;(b)剖面图

墙、柱面装饰工程包括墙、柱面抹灰,镶贴块料面层,墙、柱饰面等。其中,块料面层又分为石材、块料面层、陶瓷锦砖(马赛克)、瓷砖(釉面砖)、全瓷墙面砖等,规格块料的尺寸、颜色、打底抹灰等都与施工质量、施工效果、工程量的计算与价格确定息息相关,因此,必须培养责任意识、质量意识、敬畏职业、敬畏生命,严格按照国家规范进行施工、进行算量、进行计价,培养精益求精的工匠精神。

12.2　相关知识

12.2.1　墙、柱面装饰与隔断、幕墙工程定额说明

(1)本部分定额包括墙、柱面抹灰,镶贴块料面层,墙、柱饰面,隔断,幕墙,墙、柱面吸声五节。

(2)凡注明砂浆种类、配合比、饰面材料型号规格的,设计与定额不同时,可按设计规定调整,其他不变。

(3)如设计要求在水泥砂浆中掺防水粉等外加剂时,可按设计比例增加外加剂,其他工料不变。

(4)圆弧形、锯齿形等不规则的墙面抹灰、镶贴块料、饰面,按相应项目人工乘以系数1.15,如图12-2所示。

(5)墙面抹灰的工程量,扣除零星项目抹灰面积,不扣除各种装饰线条所占面积。

装饰线条抹灰,适用于门窗套、挑檐、腰线、压顶、遮阳板、楼梯边梁、宣传栏边框、空调机搁板(箱)、飘窗周边挑板等展开宽度≤300 mm 的竖、横线条抹灰。以上部位展开宽度>300 mm 时,按图示尺寸以展开面积并入零星项目抹灰计算。

零星项目抹灰,适用于各种壁柜、暖气壁龛、池槽、花台、过人洞、屋面烟气道、附墙烟道垃圾道孔洞内侧、空调机搁板(箱)、飘窗周边挑板等抹灰,以及面积≤1m² 的窗间墙、独立区域等小面积抹灰。

图 12-2 圆弧形墙面镶贴块料

(6)镶贴块料面层子目,除定额已注明留缝宽度的项目外,其余项目均按密缝编制。若设计缝宽度与定额不同,其相应项目的块料和勾缝砂浆用量可以调整,其他不变。

(7)粘贴瓷质外墙砖子目,定额按三种不同灰缝宽度分别列项,其人工、材料已综合考虑。如灰缝宽度>20 mm 时,应调整定额中瓷质外墙砖和勾缝砂浆(1:1.5水泥砂浆)或填缝剂的用量,其他不变。瓷质外墙砖的损耗率为3%。

(8)块料镶贴的"零星项目"适用于挑檐、天沟、腰线、窗台线、门窗套、压顶、栏板、扶手、遮阳板、雨篷周边、空调机搁板(箱)、飘窗周边挑板等。

(9)镶贴块料高度>300 mm 时,按墙面、墙裙项目套用;高度≤300 m 时,按踢脚线项目套用。

(10)墙柱面抹灰、镶贴块料面层等均未包括墙面专用界面剂做法,如设计有要求,按定额"第十四章 油漆、涂料及裱糊工程"相应项目执行。

(11)粘贴块料面层子目,定额中的砂浆种类、配合比、厚度与定额不同时,允许调整,砂浆损耗率为2.5%。

(12)挂贴块料面层子目,定额中包括块料面层的灌缝砂浆(均为50 mm 厚),其砂浆种类、配合比可按定额相应规定换算;其厚度设计与定额不同时,调整砂浆用量,其他不变。

(13)饰面面层子目,除另有注明外,均不包含木龙骨、基层。

(14)墙、柱饰面中的软包子目是综合项目,包括龙骨、基层、面层等内容,设计不同时材料可以换算。

(15)墙、柱饰面中的龙骨、基层、面层均未包括刷防火涂料。如设计有要求,按本定额"第十四章 油漆、涂料及裱糊工程"相应项目执行。

(16)木龙骨基层项目中龙骨是按双向计算的,设计为单向时,人工、材料、机械消耗量乘以系数0.55。

(17)基层板上钉铺造型层,定额按不满铺考虑。若在基层板上满铺板,可套用造型层相应项目,人工消耗量乘以系数0.85。

(18)墙、柱饰面面层的材料不同时,单块面积≤0.03 m² 的面层材料应单独计算,且不扣除其所占饰面面层的面积。

(19)幕墙所用的龙骨,设计与定额不同时允许换算,人工用量不变。

(20)点支式全玻璃幕墙不包括承载受力结构。

12.2.2 墙、柱面装饰与隔断、幕墙工程工程量计算规则

(1)内墙抹灰工程量按以下规则计算:
1)按设计图示尺寸以面积计算。计算时应扣除门窗洞口和空圈所占的面积,不扣除踢脚板(线)、挂镜线、单个面积≤0.3 m^2 的孔洞以及墙与构件交接处的面积,洞侧壁和顶面不增加面积。墙垛和附墙烟囱侧壁面积与内墙抹灰工程量合并计算。
2)内墙面抹灰的长度,以主墙间的图示净长尺寸计算。其高度确定如下:
①无墙裙的,其高度按室内地面或楼面至顶棚底面之间的距离计算。
②有墙裙的,其高度按墙裙顶至顶棚底面之间的距离计算。
3)内墙裙抹灰面积按内墙净长乘以高度计算(扣除或不扣除内容同内墙抹灰)。
4)柱抹灰按设计断面周长乘以柱抹灰高度以面积计算。
(2)外墙抹灰工程量按以下规则计算:
1)外墙抹灰面积,按设计外墙抹灰的设计图示尺寸以面积计算。计算时应扣除门窗洞口、外墙裙和单个面积>0.3 m^2 孔洞所占面积,洞口侧壁面积不另增加。附墙垛凸出外墙面增加的抹灰面积并入外墙面工程量内计算。
2)外墙裙抹灰面积按其设计长度乘以高度计算(扣除或不扣除内容同外墙抹灰)。
3)墙面勾缝按设计勾缝墙面的设计图示尺寸以面积计算。不扣除门窗洞口、门窗套、腰线等零星抹灰所占的面积,附墙柱和门窗洞口侧面的勾缝面积也不增加。独立柱、房上烟囱勾缝,按设计图示尺寸以面积计算。
(3)墙、柱面块料面层工程量按设计图示尺寸以面积计算。
(4)墙、柱饰面、隔断、幕墙工程量按以下规则计算:
1)墙、柱饰面龙骨按图示尺寸长度乘以高度,以面积计算。定额龙骨按附墙、附柱考虑,若遇其他情况,按下列规定乘以系数:
①设计龙骨外挑时,其相应定额项目乘以系数 1.15。
②设计木龙骨包圆柱,其相应定额项目乘以系数 1.18。
③设计金属龙骨包圆柱,其相应定额项目乘以系数 1.20。
2)墙饰面基层板、造型层、饰面面层按设计图示墙净长乘以净高以面积计算,扣除门窗洞口及单个面积>0.3 m^2 的孔洞所占面积。
3)柱饰面基层板、造型层、饰面面层按设计图示饰面外围尺寸以面积计算。柱帽、柱墩并入相应柱饰面工程量内。
4)隔断、间壁按设计图示框外围尺寸以面积计算,不扣除≤0.3 m^2 的孔洞所占面积。
5)幕墙面积按设计图示框外尺寸以外围面积计算。全玻璃幕墙的玻璃肋并入幕墙面积内,点支式全玻璃幕墙钢结构桁架另行计算,圆弧形玻璃幕墙材料的煨弯费用另行计算。
(5)墙面吸声子目,按设计图示尺寸以面积计算。

12.3 任务实施

【应用案例 12-1】
某工程平面图和剖面图如图 12-1 所示,砖砌体,内墙面 1∶1∶6 水泥石灰抹灰砂浆打底 10 mm 厚,1∶0.5∶3 水泥石灰抹灰砂浆面层 6 mm 厚,门 M:1 000 mm×2 700 mm,共 3 个;

窗C：1 500 mm×1 800 mm，共4个。试计算该墙面抹灰工程量，确定定额项目，并列表计算省价分部分项工程费。

解：

(1) 内墙面抹灰工程量=[(4.50×3－0.24×2＋0.12×2)×2＋(5.40－0.24)×4]×(3.90－0.10－0.90)－1.00×(2.70－0.90)×4－1.50×1.80×4＝118.76(m²)

套用定额12－1－9，砖墙抹混合砂浆[厚(9＋6)mm]

单价(含税)＝261.15元/10 m²

套用定额12－1－17，混合砂浆抹灰层每增减1 mm(增1 mm)

单价(含税)＝11.46元/10 m²

(2) 内墙裙工程量=[(4.50×3－0.24×2＋0.12×2)×2＋(5.40－0.24)×4－1.00×4]×0.90＝38.84(m²)

套用定额12－1－3，砖墙裙抹水泥砂浆[厚(9＋6)mm]

单价(含税)＝291.03元/10 m²

(3) 列表计算省价分部分项工程费，见表12-1。

表12-1 应用案例12-1分部分项工程费

序号	定额编号	项目名称	单位	工程量	增值税(简易计税)/元	
					单价(含税)	合价
1	12－1－9	砖墙抹混合砂浆[厚(9＋6)mm]	10 m²	11.876	261.15	3 101.42
2	12－1－17	混合砂浆抹灰层每增减1 mm(增1 mm)	10 m²	11.876	11.46	136.10
3	12－1－3	砖墙裙抹水泥砂浆[厚(9＋6)mm]	10 m²	3.884	291.03	1 130.36
		省价分部分项工程费合计	元			4 367.88

【应用案例12-2】

某变电室，外墙面尺寸如图12-3所示。M：1 500 mm×2 000 mm；C—1：1 500 mm×1 500 mm；C—2：1 200 mm×800 mm；门窗侧面宽度为100 mm，外墙水泥砂浆粘贴规格为194 mm×94 mm瓷质外墙砖，灰缝为5 mm，墙砖表面需进行酸洗、打蜡。试计算工程量，确定定额项目，并列表计算省价分部分项工程费。

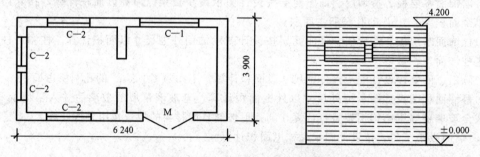

图12-3 某工程平面图与立面图

解：

(1) 外墙面砖工程量=(6.24＋3.90)×2×4.20－(1.50×2.00)－(1.50×1.50)－(1.20×0.80)×4＋[1.50＋2.00×2＋1.50×4＋(1.20＋0.80)×2×4]×0.10＝78.84(m²)

套用定额12－2－39，水泥砂浆粘贴(规格)194 mm×94 mm，灰缝宽度≤5 mm瓷质外墙砖

单价(含税)＝1 225.29元/10 m²

(2)块料面层酸洗、打蜡工程量=78.84 m²

套用定额12-2-51

单价(含税)=142.50 元/10 m²

(3)墙面砖45°角对缝工程量=4.2×4+(1.50+2.00×2)+1.50×4+(1.20+0.80)×2×4
=44.3(m)

套用定额12-2-52

单价(含税)=198.75 元/10 m

(4)列表计算省价分部分项工程费,见表12-2。

表12-2 应用案例12-2分部分项工程费

序号	定额编号	项目名称	单位	工程量	增值税(简易计税)/元	
					单价(含税)	合价
1	12-2-39	水泥砂浆粘贴(规格)194 mm×94 mm,灰缝宽度≤5 mm瓷质外墙砖	10 m²	7.884	1 225.29	9 660.19
2	12-2-51	块料面层酸洗、打蜡	10 m²	7.884	142.50	1 123.47
3	12-2-52	墙面砖45°角对缝	10 m	4.43	198.75	880.46
		省价分部分项工程费合计	元			11 664.12

【应用案例12-3】

某工程木龙骨,密度板基层,镜面不锈钢柱面尺寸如图12-4所示,共4根,龙骨断面尺寸为30 mm×40 mm,间距为250 mm。试计算工程量,确定定额项目,并列表计算省价分部分项工程费。

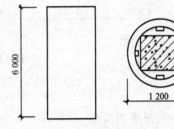

图12-4 某工程柱子立面图与装饰断面图

解:

(1)木龙骨现场制作安装工程量=1.20×π×6.00×4×1.18=106.76(m²)

设计木龙骨包圆柱,其相应定额项目乘以系数1.18。

木龙骨断面=3×4=12(cm²)

套用定额12-3-2,木龙骨,平均中距≤300 mm,断面≤13 cm²

单价(含税)=488.92 元/10 m²

(2)木龙骨上钉基层板工程量=1.20×π×6.00×4=90.48(m²)

套用定额12-3-34,木龙骨上铺钉密度板

单价(含税)=380.40 元/10 m²

(3)圆柱镜面不锈钢面工程量=1.20×π×6.00×4=90.48(m²)

套用定额12-3-55,镜面不锈钢钢板,柱(梁)面

单价(含税)=2 513.91 元/10 m²

(4)列表计算省价分部分项工程费,见表12-3。

表12-3 应用案例12-3分部分项工程费

序号	定额编号	项目名称	单位	工程量	增值税(简易计税)/元	
					单价(含税)	合价
1	12-3-2	木龙骨,平均中距≤300 mm,断面≤13 cm²	10 m²	10.676	488.92	5 219.71

续表

序号	定额编号	项目名称	单位	工程量	增值税(简易计税)/元	
					单价(含税)	合价
2	12-3-34	木龙骨上铺钉密度板	10 m²	9.048	380.40	3 441.86
3	12-3-55	镜面不锈钢钢板,柱(梁)面	10 m²	9.048	2 513.91	22 745.86
		省价分部分项工程费合计	元			31 407.43

【应用案例 12-4】

如图 12-5 所示,间壁墙采用轻钢龙骨双面镶嵌石膏板,门洞口尺寸为 900 mm×2 000 mm,柱面粘贴车边镜面玻璃 δ6,装饰断面尺寸为 400 mm×400 mm。试计算工程量,确定定额项目,并列表计算省价分部分项工程费。

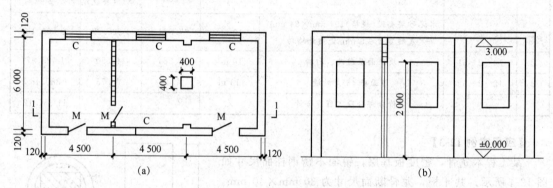

图 12-5 某工程平面图与剖面图

解:

(1)间壁墙工程量=[(6.00-0.24)×3-0.9×2]×1.15=17.80(m²)

套用定额 12-3-28,间壁墙轻钢龙骨安装

单价(含税)=335.73 元/10 m²

(2)间壁墙双面石膏板工程量=[(6.00-0.24)×3-0.9×2]×2=15.48×2=30.96(m²)

套用定额 12-3-36,轻钢龙骨安装石膏板

单价(含税)=286.23 元/10 m²

(3)柱面工程量=0.40×4×3=4.80(m²)

套用定额 12-3-48,柱面粘贴镜面玻璃

单价(含税)=1 131.70 元/10 m²

(4)列表计算省价分部分项工程费,见表 12-4。

表 12-4 应用案例 12-4 分部分项工程费

序号	定额编号	项目名称	单位	工程量	增值税(简易计税)/元	
					单价(含税)	合价
1	12-3-28	间壁墙轻钢龙骨安装	10 m²	1.78	335.73	597.60
2	12-3-36	轻钢龙骨安装石膏板	10 m²	3.096	286.23	886.17
3	12-3-48	柱面粘贴镜面玻璃	10 m²	0.48	1 131.70	543.22
		省价分部分项工程费合计	元			2 026.99

12.4 知识拓展

【应用案例 12-5】

某装饰工程如图 12-6～图 12-9 所示。房间外墙厚度为 240 mm，轴线间尺寸为 12 000 mm×18 000 mm，800 mm×800 mm 独立柱 4 根，门窗占位面积为 80 m²，柱垛展开面积为 11 m²，吊顶高度为 3 750 mm。做法：地面 20 mm 厚 1∶3 水泥砂浆找平，20 mm 厚 1∶2 干硬性水泥砂浆粘贴 800 mm×800 mm 玻化砖，木质成品踢脚线，高度为 150 mm，墙体混合砂浆抹灰厚度为 20 mm，抹灰面满刮成品腻子两遍，面罩乳胶漆两遍，顶棚轻钢龙骨石膏板面刮成品腻子两遍，面罩乳胶漆两遍，柱面挂贴 30 mm 厚花岗石板，花岗石板和柱结构面之间空隙填灌 50 mm 厚的 1∶3 水泥砂浆。试根据以上背景资料计算该工程墙面抹灰、花岗石柱面工程量，确定定额项目，并列表计算省价分部分项工程费。

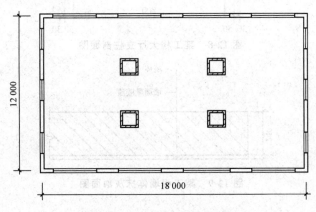

图 12-6 某工程大厅平面示意

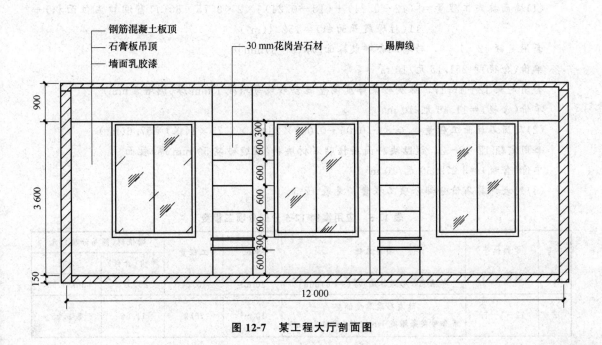

图 12-7 某工程大厅剖面图

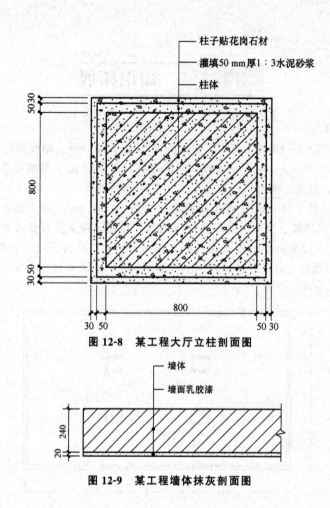

图 12-8 某工程大厅立柱剖面图

图 12-9 某工程墙体抹灰剖面图

解：

(1) 墙面抹灰工程量 = [(12-0.24)+(18-0.24)]×2×3.75-80(门窗洞口占位面积)+ 11(柱垛展开面积) = 152.4(m²)

套用定额 12-1-9，砖墙混合砂浆抹面[厚(9+6)mm]

单价(含税) = 261.15 元/10 m²

套用定额 12-1-17，抹灰砂浆厚度调整混合砂浆每增减 1 mm 厚(调增 5 mm)

单价(含税) = 11.46 元/10 m²

(2) 花岗石柱面工程量 = [0.8+(0.05+0.03)×2]×4×3.75×4(根) = 57.6(m²)

套用定额 12-2-2，镶贴块料面层挂贴石材块料(灌缝砂浆 50 mm 厚)柱面

单价(含税) = 3 272.59 元/10 m²

(3) 列表计算省价分部分项工程费，见表 12-5。

表 12-5 应用案例 12-5 分部分项工程费

序号	定额编号	项目名称	单位	工程量	增值税(简易计税)/元	
					单价(含税)	合价
1	12-1-9	砖墙混合砂浆抹面[厚(9+6)mm]	10 m²	15.24	261.15	3 979.93
2	12-1-17	抹灰砂浆厚度调整混合砂浆每增减 1 mm 厚(调增 5 mm)	10 m²	76.2	11.46	873.25

续表

序号	定额编号	项目名称	单位	工程量	增值税(简易计税)/元 单价(含税)	增值税(简易计税)/元 合价
3	12-2-2	镶贴块料面层挂贴石材块料(灌缝砂浆 50 mm 厚)柱面	10 m²	5.76	3 272.59	18 850.12
		省价分部分项工程费合计	元			23 703.30

注:定额材料消耗量取定:

定额中材料包括主要材料、辅助材料和零星材料,均按品种、规格逐一列出数量。定额中的材料损耗量包括从工地仓库或现场集中堆放点至现场加工地点或操作地点以及加工地点至安装地点的运输损耗、堆放损耗、操作损耗。定额材料消耗量的确定,按 95 定额计算底稿,以设计文件可读数量另加损耗率计算而成。

主要材料损耗率的取定见表 12-6。

表 12-6 主要材料损耗率取定表

材料名称	损耗率/%	材料名称	损耗率/%
轻钢龙骨	6	板方材	5
铝合金龙骨	6	装饰木夹板 1 220×2 440×3	5
铝方管龙骨	6	防火胶板	5
型钢	6	车边镜面玻璃	5
石材块料	1.5	皮革	15
拼碎石材料	1.5	丝绒	15
建筑文化石	1.5	镜面不锈钢钢板	5
圆弧面石材块料	2	铝单板	2
贴墙蘑菇石	2	铝塑板	5
瓷砖 152×152	3	钢化中空玻璃	3
瓷砖 200×300	3	纸面石膏板	6
全瓷墙面砖 300×450	4	九夹板	5
全瓷墙面砖 300×600	5	密度板	5
全瓷墙面砖 1 000×800	5	细木工板	5
腰线砖 100×300	1	柚木皮	5
陶瓷锦砖(马赛克)	2	亚克力板	5
瓷质外墙砖	3	木质吸声板	5

小 结

通过本任务的学习,要求学生掌握以下内容:

(1)掌握墙、柱面抹灰(麻刀灰、水泥砂浆、混合砂浆、砖石墙面勾缝、假面砖等)的定额说明及工程量计算规则,并能正确套用定额项目。

(2) 掌握镶贴块料面层[石材块料面层、陶瓷锦砖(马赛克)、瓷砖、全瓷墙面砖、瓷质外墙砖等]的定额说明及工程量计算规则，并能正确套用定额项目。

(3) 掌握墙、柱饰面(墙柱面龙骨、墙柱饰面等)的定额说明及工程量计算规则，并能正确套用定额项目。

(4) 掌握隔断、幕墙、墙柱面吸声等的定额说明及工程量计算规则，并能正确套用定额项目。

习 题

1. 某工程平面图与剖面图如图 12-10 所示。图中砖墙厚为 240 mm，门窗框厚为 80 mm，居墙中。建筑物层高为 2 900 mm。M—1：1.8 m×2.4 m；M—2：0.9 m×2.1 m；C—1：1.5 m×1.8 m；窗台离楼地面高为 900 mm。装饰做法：地面做法为细石混凝土找平层 40 mm 厚，水泥砂浆铺缸砖地面(不勾缝)；内墙面为 1∶2 水泥砂浆打底，1∶3 石灰砂浆找平，抹面厚度共 20 mm；内墙裙做法为 1∶3 水泥砂浆打底 18 mm，1∶2.5 水泥砂浆面层 5 mm。试计算内墙面、内墙裙工程量，确定定额项目，并计算省价分部分项工程费。

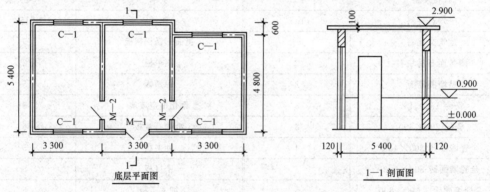

图 12-10 某工程平面图与剖面图

2. 某三层建筑平面图和 1—1 剖面图如图 11-11 所示。已知：

(1) 砖墙厚为 240 mm，轴线居中，门窗框厚度为 80 mm。

(2) M—1：1 200 mm×2 400 mm；M—2：900 mm×2 000 mm；C—1：1 500 mm×1 800 mm；窗台离楼地面高为 900 mm。

(3) 装饰做法：一层地面为粘贴 500 mm×500 mm 全瓷地面砖，瓷砖踢脚板，高为 200 mm，二、三层楼面为细石混凝土楼地面 40 mm 厚，水泥砂浆踢脚线高为 150 mm；内墙面为混合砂浆抹面，刮腻子涂刷乳胶漆；外墙面粘贴米色 200 mm×300 mm 外墙砖。

试计算一层内墙抹灰及外墙面砖工程量，确定定额项目，并计算省价分部分项工程费。

任务 13　顶棚工程

13.1　实例分析

某造价咨询公司造价师张某接到某工程顶棚抹灰造价编制任务，该工程顶棚做法简况如下：

某工程现浇井字梁顶棚如图 13-1 所示，水泥砂浆顶棚（厚度 5 mm＋3 mm）。张某现需要结合《山东省建筑工程消耗量定额》(SD 01—31—2016)和《山东省建筑工程价目表》(2020 年)计算该顶棚抹灰工程量，确定定额项目，并计算省价分部分项工程费。

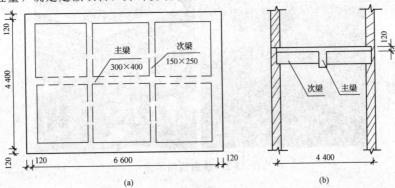

图 13-1　某井字梁顶棚平面图与剖面图
(a)平面图；(b)剖面图

对于顶棚工程，"水立方"是世界上最大的膜结构工程，建筑外围采用世界上最先进的环保节能 ETFE（四氟乙烯）膜材料。它是一个 177 m×177 m，高 31 m 的方形建筑。看起来形状很随意的建筑立面遵循严格的几何规则，立面上的不同形状有 11 种。内层和外层都安装有充气的枕头，梦幻般的蓝色来自外面那个气枕的第一层薄膜结构，因为弯曲的表面反射阳光，使整个建筑的表面看起来像是阳光下晶莹的水滴。"水立方"的建设采用了世界上先进的技术和材料，工程师们在建设过程中的工匠精神和不断创新的精神铸就了一座北京奥运会的标志性建筑。正如二十大报告提出：培育创新文化，弘扬科学家精神，涵养优良学风，营造创新氛围。培养造就大批德才兼备的高素质人才，是国家和民族长远发展大计。功以才成，业由才广。

13.2　相关知识

13.2.1　顶棚工程定额说明

(1)本部分定额包括顶棚抹灰、顶棚龙骨、顶棚饰面、雨篷四节。
(2)本部分中凡注明砂浆种类、配合比、饰面材料型号规格的，设计规定

顶棚

与定额不同时，可以按设计规定换算，其他不变。

（3）顶棚划分为平面顶棚、跌级顶棚和艺术造型顶棚。艺术造型顶棚包括藻井顶棚、吊挂式顶棚、阶梯形顶棚、锯齿形顶棚。

（4）本部分顶棚龙骨是按平面顶棚、跌级顶棚、艺术造型顶棚龙骨设置项目。按照常用材料及规格编制，设计规定与定额不同时，可以换算，其他不变。若龙骨需要进行处理（如煨弯曲线等），其加工费另行计算。材料的损耗率分别为：木龙骨5%，轻钢龙骨6%，铝合金龙骨6%。

注：艺术造型顶棚龙骨设置了一个项目，藻井顶棚、吊挂式顶棚、阶梯形顶棚、锯齿形顶棚龙骨都执行该子目，设计规定的材料及其规格与定额不同时，可以换算，其他不变。

（5）顶棚木龙骨子目，区分单层结构和双层结构。单层结构是指双向木龙骨形成的龙骨网片，直接由吊杆引上、与吊点固定的情况；双层结构是指双向木龙骨形成的龙骨网片，首先固定在单向设置的主木龙骨上，再由主木龙骨与吊杆连接、引上、与吊点固定的情况。

注：顶棚木龙骨用量可按实际用量调整，人工、机械用量不变，吊筋的型号、用量不同时可以调整。

（6）非艺术造型顶棚中，顶棚面层在同一标高者为平面顶棚，顶棚面层不在同一标高者为跌级顶棚，如图13-2所示。跌级顶棚基层、面层按平面定额项目人工乘以系数1.10，其他不变。

图13-2　跌级顶棚示意

1）跌级顶棚与平面顶棚的划分。

①房间内全部吊顶、局部向下跌落，最大跌落线向外、最小跌落线向里每边各加0.60 m，两条0.60 m线范围内的吊顶，为跌级吊顶顶棚，其余为平面吊顶顶棚，如图13-3所示。

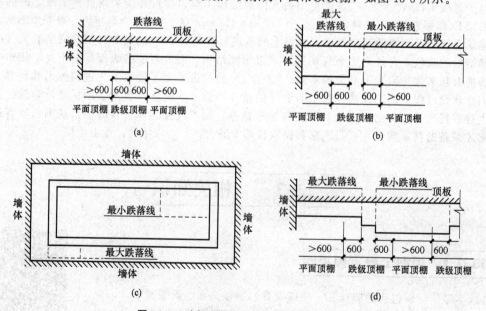

图13-3　跌级顶棚与平面顶棚的划分（一）

②若最大跌落线向外、距墙边≤1.2 m，最大跌落线以外的全部吊顶为跌级吊顶顶棚，如图 13-4 所示。

③若最小跌落线任意两对边之间的距离≤1.8 m，最小跌落线以内的全部吊顶为跌级吊顶顶棚，如图 13-5 所示。

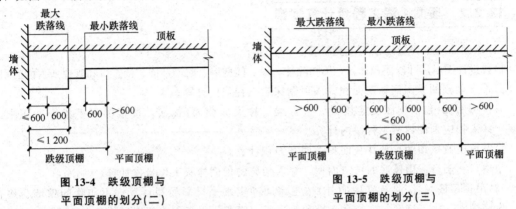

图 13-4 跌级顶棚与平面顶棚的划分（二）

图 13-5 跌级顶棚与平面顶棚的划分（三）

④若房间内局部为板底抹灰顶棚、局部向下跌落，两条 0.6 m 线范围内的抹灰顶棚，不得计算为吊顶顶棚；吊顶顶棚与抹灰顶棚只有一个跌级时，该吊顶顶棚的龙骨则为平面顶棚龙骨，该吊顶顶棚的饰面按跌级顶棚饰面计算，如图 13-6 所示。

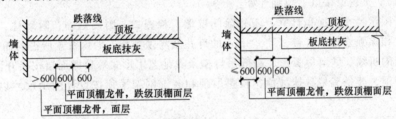

图 13-6 跌级顶棚与平面顶棚的划分（四）

2）跌级顶棚与艺术造型顶棚的划分。顶棚面层不在同一标高时，高差≤400 mm 且跌级≤三级的一般直线形平面顶棚按跌级顶棚相应项目执行；高差＞400 mm 或跌级＞三级以及圆弧形、拱形等造型顶棚，按吊顶顶棚中的艺术造型顶棚相应项目执行。

(7)艺术造型顶棚基层、面层按平面定额项目人工乘以系数 1.30，其他不变。

(8)轻钢龙骨、铝合金龙骨定额按双层结构编制，如采用单层结构，人工乘以系数 0.85。

(9)平面顶棚和跌级顶棚指一般直线形顶棚，不包括灯光槽的制作安装。艺术造型顶棚定额中已包括灯光槽的制作安装。

(10)圆形、弧形等不规则的软膜吊顶，人工乘以系数 1.10。

注：软膜吊顶项目是按照矩形膜顶编制的，如果遇圆形、弧形等不规则的软膜吊顶，人工乘以系数 1.10。

(11)点支式雨篷的型钢、爪件的规格、数量是按常用做法考虑的，设计规定与定额不同时，可以按设计规定换算，其他不变。斜拉杆费用另计。

注：定额中铝塑板面层粘贴在基层板上这个子目，是一种面层的装饰，是面层的单项项目，龙骨需单独计算；点支式雨篷子目是一个综合项目，使用时按设计图示尺寸水平投影面积计算出工程量直接套用。

(12)顶棚饰面中喷刷涂料，龙骨、基层、面层防火处理执行本定额"第十四章 油漆、涂料及裱糊工程"相应项目。

(13)顶棚检查孔的工料已包含在项目内，面层材料不同时，另增加材料，其他不变。

(14)定额内除另有注明者外,均未包括压条、收边、装饰线(板),设计有要求时,执行本定额"第十五章 其他装饰工程"相应定额子目。

(15)顶棚装饰面开挖灯孔,按每开 10 个灯孔用工 1.0 工日计算。

13.2.2 顶棚工程工程量计算规则

(1)顶棚抹灰工程量按以下规则计算:

1)按设计图示尺寸以面积计算,不扣除柱、垛、间壁墙、附墙烟囱、检查口和管道所占的面积。

2)带梁顶棚的梁两侧抹灰面积并入顶棚抹灰工程量内计算。

3)楼梯底面(包括侧面及连接梁、平台梁、斜梁的侧面)抹灰,按楼梯水平投影面积乘以 1.37,并入相应顶棚抹灰工程量内计算。

4)有坡度及拱顶的顶棚抹灰面积按展开面积计算。

5)檐口、阳台、雨篷底的抹灰面积,并入相应的顶棚抹灰工程量内计算。

(2)吊顶顶棚龙骨(除特殊说明外)按主墙间净空水平投影面积计算;不扣除间壁墙、检查口、附墙烟囱、柱、灯孔、窗帘盒、垛和管道所占面积,由于上述原因所增加的工料也不增加;顶棚中的折线、跌落、高低吊顶槽等面积不展开计算。

注:"按主墙间净空水平投影面积计算",这里主墙是指建筑物结构设计已有的承重墙和功能性隔断墙。应区别于装饰设计的间壁墙(或功能性轻质墙)。

(3)顶棚饰面工程量按以下规则计算:

1)按设计图示尺寸以面积计算,不扣除间壁墙、检查口、附墙烟囱、附墙柱、垛和管道所占面积,但应扣除独立柱、灯带、$>0.3 \text{ m}^2$ 的灯孔及与顶棚相连的窗帘盒所占的面积。

2)顶棚中的折线、跌落等弧形、高低吊灯槽及其他艺术形式等顶棚面层按展开面积计算。

3)格栅吊顶、藤条造型悬挂吊顶、软膜吊顶和装饰网架吊顶按设计图示尺寸以水平投影面积计算。

4)吊筒吊顶按最大外围水平投影尺寸,以外接矩形面积计算。

5)送风口、回风口及成品检修口按设计图示数量计算。

(4)雨篷工程量按设计图示尺寸以水平投影面积计算。

13.3 任务实施

【应用案例 13-1】

某工程现浇井字梁顶棚如图 13-1 所示,水泥砂浆顶棚(厚度 5 mm+3 mm),试计算该顶棚抹灰工程量,确定定额项目,并计算省价分部分项工程费。

解:

顶棚抹灰工程量=$(6.60-0.24)\times(4.40-0.24)+(0.40-0.12)\times 6.36\times 2+(0.25-0.12)\times$
$3.86\times 2\times 2-(0.25-0.12)\times 0.15\times 4=31.95(\text{m}^2)$

套用定额 13-1-2,混凝土面顶棚抹水泥砂浆

单价(含税)=247.11 元/10 m²

省价分部分项工程费=31.95/10×247.11=789.52(元)

【应用案例 13-2】

某预制钢筋混凝土板底吊不上人型装配式 U 形轻钢顶棚龙骨,网格尺寸为 450 mm×450 mm,

龙骨上铺钉密度板基层,面层粘贴铝塑板,尺寸如图 13-7 所示,试计算顶棚工程量,确定定额项目,并列表计算省价分部分项工程费。

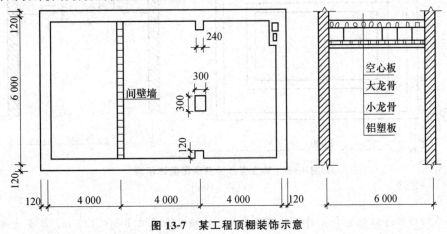

图 13-7 某工程顶棚装饰示意

解:
(1)轻钢龙骨工程量=(12-0.24)×(6-0.24)=67.74(m²)
套用定额 13-2-9,不上人型装配式 U 形轻钢顶棚龙骨,网格尺寸为 450 mm×450 mm
单价(含税)=515.90 元/10 m²
(2)基层板工程量=(12-0.24)×(6-0.24)-0.30×0.30=67.65(m²)
套用定额 13-3-5,轻钢龙骨上铺钉密度基层板
单价(含税)=330.38 元/10 m²
(3)铝塑板面层工程量=(12-0.24)×(6-0.24)-0.30×0.30=67.65(m²)
套用定额 13-3-26,顶棚金属面层铝塑板贴在基层板上
单价(含税)=1 274.38 元/10 m²
(4)列表计算省价分部分项工程费,见表 13-1。

表 13-1 应用案例 13-2 分部分项工程费

序号	定额编号	项目名称	单位	工程量	增值税(简易计税)/元	
					单价(含税)	合价
1	13-2-9	不上人型装配式 U 形轻钢顶棚龙骨	10 m²	6.774	515.90	3 494.71
2	13-3-5	轻钢龙骨上铺钉密度基层板	10 m²	6.765	330.38	2 235.02
3	13-3-26	顶棚金属面层铝塑板贴在基层板上	10 m²	6.765	1 274.38	8 621.18
		省价分部分项工程费合计	元			14 350.91

13.4 知识拓展

【应用案例 13-3】

某办公室顶棚如图 13-8 所示。吊顶做法为板底吊不上人型装配式 U 形轻钢龙骨,网格尺寸为 450 mm×450 mm,龙骨上固定方形铝扣板,跌级高差均为 200 mm。试计算顶棚工程量,确定定额项目,并计算省价分部分项工程费。

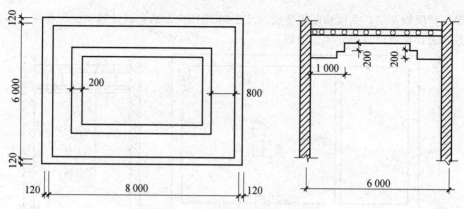

图 13-8 某工程办公室顶棚装饰示意

解：

根据吊顶顶棚等级的划分，最大跌落线向外、距墙边距离 0.8 m＜1.2 m，故最大跌落线以外的全部吊顶为跌级吊顶顶棚。

(1) 龙骨工程量。

平面吊顶顶棚龙骨工程量 = (8.00−0.24−1×2−0.6×2)×(6.00−0.24−1×2−0.6×2)
　　　　　　　　　　　 = 11.67(m²)

套用定额 13−2−9，不上人型装配式 U 形轻钢顶棚龙骨，网格尺寸为 450 mm×450 mm，平面单价(含税)=515.90 元/10 m²

跌级顶棚龙骨工程量 = (8.00−0.24)×(6.00−0.24)−11.67 = 33.03(m²)

套用定额 13−2−11，不上人型装配式 U 形轻钢顶棚龙骨，网格尺寸为 450 mm×450 mm，跌级单价(含税)=705.59 元/10 m²

(2) 面层工程量。

方形铝扣板面层工程量(平面) = 11.67 m²

套用定额 13−3−24，顶棚金属面层方形铝扣板
单价(含税) = 1 308.75 元/10 m²

方形铝扣板面层工程量(跌级) = 33.03 m²

套用定额 13−3−24(换)，顶棚金属面层方形铝扣板人工乘以系数 1.10
单价(含税) = 1 308.75+306.36×0.1 = 1 339.39(元/10 m²)

(3) 列表计算省价分部分项工程费，见表 13-2。

材料消耗量

表 13-2 应用案例 13-3 分部分项工程费

序号	定额编号	项目名称	单位	工程量	增值税(简易计税)/元	
					单价(含税)	合价
1	13−2−9	不上人型装配式 U 形轻钢顶棚龙骨，网格尺寸 450 mm×450 mm，平面	10 m²	1.167	515.90	602.06
2	13−2−11	不上人型装配式 U 形轻钢顶棚龙骨，网格尺寸 450 mm×450 mm，跌级	10 m²	3.303	705.59	2 330.56
3	13−3−24	顶棚金属面层，方形铝扣板(平面)	10 m²	1.167	1 308.75	1 527.31
4	13−3−24(换)	顶棚金属面层，方形铝扣板(跌级)	10 m²	3.303	1 339.39	4 424.01
		省价分部分项工程费合计	元			8 883.94

小 结

通过本任务的学习,要求学生掌握以下内容:

(1)掌握顶棚抹灰(麻刀灰、水泥砂浆、混合砂浆)的定额说明及工程量计算规则,并能正确套用定额项目。

(2)掌握顶棚龙骨(木龙骨、轻钢龙骨、铝合金龙骨、艺术造型顶棚龙骨、其他顶棚龙骨)的定额说明及工程量计算规则,并能正确套用定额项目。

(3)掌握顶棚饰面(基层、造型层、饰面层、金属面层、其他饰面、其他顶棚吊顶等)的定额说明及工程量计算规则,并能正确套用定额项目。

(4)掌握跌级顶棚与平面顶棚的划分界限。

习 题

1. 某装饰工程如图13-9、图13-10所示,房间外墙厚度为240 mm,轴线间尺寸为12 000 mm×18 000 mm,800 mm×800 mm独立柱4根,门窗占位面积为80 m²,柱跺展开面积为11 m²,吊顶高度为3 600 mm(窗帘盒占位面积为7 m²)。做法:地面20 mm厚1∶3水泥砂浆找平,20 mm厚1∶2干硬性水泥砂浆粘贴800 mm×800 mm玻化砖,木质成品踢脚线,高度为150 mm,墙体混合砂浆抹灰厚度20 mm,抹灰面满刮成品腻子两遍,面罩乳胶漆两遍,顶棚轻钢龙骨450 mm×450 mm不上人型石膏板面刮成品腻子两遍,面罩乳胶漆两遍。试计算该顶棚工程的龙骨和面层工程量,确定定额项目,并计算省价分部分项工程费。

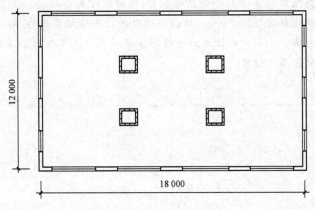

图13-9 某工程大厅平面示意

2. 某六层住宅楼,卫生间顶棚全部采用双层方木顶棚龙骨,PVC扣板面层。每个卫生间主墙间净面积为5.60 m²,其中顶吸式排气扇尺寸为350 mm×350 mm,共有卫生间36间。试计算顶棚工程量,确定定额项目,并计算省价分部分项工程费。

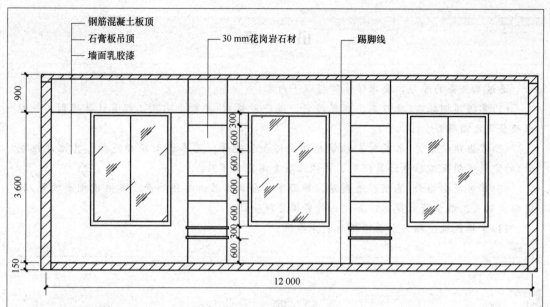

图 13-10 某工程大厅剖面图

3. 某三层建筑平面图和 1—1 剖面图如图 11-11 所示。已知：

(1)砖墙厚为 240 mm，轴线居中，门窗框厚度为 80 mm。

(2)M—1：1 200 mm×2 400 mm；M—2：900 mm×2 000 mm；C—1：1 500 mm×1 800 mm；窗台离楼地面高为 900 mm；

(3)装饰做法：一层地面为粘贴 500 mm×500 mm 全瓷地面砖，瓷砖踢脚板，高 200 mm，二、三层楼面为现浇水磨石面层，水泥砂浆踢脚线高为 150 mm；内墙面为混合砂浆抹面，刮腻子涂刷乳胶漆；外墙面粘贴米色 200 mm×300 mm 外墙砖。

假设三层房间为装配式 T 形铝合金顶棚龙骨(网格尺寸为 600 mm×600 mm 平面)，硅钙板吊顶，吊顶距地面高度为 2 800 mm；墙面满贴壁纸；木墙裙高度为 900 mm，做法为细木工板基层，榉木板贴面，手刷硝基清漆六遍磨退出亮。试计算吊顶顶棚工程量，确定定额项目，并计算省价分部分项工程费。

任务14 油漆、涂料及裱糊工程

14.1 实例分析

某造价咨询公司造价师张某接到某工程油漆、涂料造价编制任务,该工程做法简况如下:

某工程平面图与剖面图如图 14-1 所示,地面刷过氯乙烯涂料,三合板木墙裙上润油粉,刷硝基清漆六遍,墙面、顶棚刷乳胶漆三遍(光面)。张某现需要结合《山东省建筑工程消耗量定额》(SD 01—31—2016)和《山东省建筑工程价目表》(2020 年)计算该工程油漆、涂料工程量,确定定额项目,并计算省价分部分项工程费。

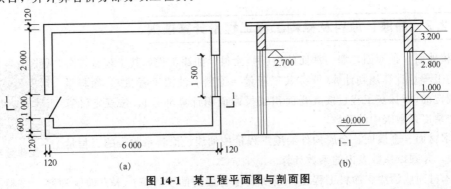

图 14-1 某工程平面图与剖面图
(a)平面图;(b)剖面图

目前美日等发达国家低污染涂料所占比重达 65%~70%,德国则高达 80%,而我国尚不足 50%。造成雾霾天气的主要污染源 PM2.5 的一个重要来源是 VOC(挥发性有机化合物),涂料涂装行业 VOC 排放量约占 VOC 总排放量的 1/5,是造成雾霾的祸首之一,所以环境友好型涂料的发展是必然趋势。未来几年,国家鼓励环境友好型、资源节约型涂料的生产,践行着"环保与绿色同行"的理念,坚决打好污染防治攻坚战、推动生态文明建设迈上新台阶。正如二十大报告提出:建设现代化产业体系。推进新型工业化,加快建设制造强国、质量强国、航天强国、交通强国、网络强国、数字中国。推动战略性新兴产业融合集群发展,构建新一代信息技术、人工智能、生物技术、新能源、新材料、高端装备、绿色环保等一批新的增长引擎。

14.2 相关知识

14.2.1 油漆、涂料及裱糊工程定额说明

(1)本部分定额包括木材面油漆,金属面油漆,抹灰面油漆、涂料,基层处理和裱糊五节。

(2)本部分项目中刷油漆、涂料采用手工操作,喷涂采用机械操作,实际操作方法不同时,不作调整。

聚酯漆等

(3)本定额中油漆项目已综合考虑高光、半亚光、亚光等因素;如油漆种类不同,换算油漆种类,用量不变。

(4)定额已综合考虑了在同一平面上的分色及门窗内外分色。油漆中深浅各种不同的颜色已综合在定额子目中,不另调整。如需做美术图案者另行计算。

(5)本部分规定的喷、涂、刷遍数与设计要求不同时,按每增一遍定额子目调整。

(6)墙面、墙裙、顶棚及其他饰面上的装饰线油漆与附着面的油漆种类相同,装饰线油漆不单独计算。

(7)抹灰面涂料项目中均未包括刮腻子内容,刮腻子按基层处理相应子目单独套用。

(8)木踢脚板油漆,若与木地板油漆相同,并入地板工程量内计算,其工程量计算方法和系数不变。油漆种类不同时,按踢脚线的计算规则计算工程量,套用其他木材面油漆项目。

装饰线油漆

(9)墙、柱面真石漆项目不包括分隔嵌缝,当设计要求做分隔缝时,按本定额"第十二章墙、柱面装饰与隔断、幕墙工程"相应项目计算。

14.2.2 油漆、涂料及裱糊工程工程量计算规则

(1)楼地面,顶棚面,墙、柱面的喷(刷)涂料、油漆工程,其工程量按各自抹灰的工程量计算规则计算(即抹灰工程量=涂料、油漆工程量)。涂料系数中有规定的(即抹灰工程量按展开面积或投影面积计算部分),按规定计算工程量并乘以系数表中的系数。

工作量系数

(2)木材面、金属面、金属构件油漆工程量按油漆、涂料系数表的工程量计算方法,并乘以系数表内的系数计算。

(3)木材面刷油漆、涂料工程量,按所刷木材面的面积计算;木方面刷油漆、涂料工程量,按木方所附墙、板面的投影面积计算。

(4)基层处理工程量,按其面层的工程量计算,套用基层处理子目。

(5)裱糊项目工程量,按设计图示尺寸以面积计算。

(6)木材面油漆、涂料工程量系数见表14-1~表14-6。

表14-1 单层木门工程量系数表

项目名称	系数	工程量计算方法
单层木门	1.00	按设计图示洞口尺寸以面积计算
双层(一板一纱)木门	1.36	
单层全玻门	0.83	
木百叶门	1.25	
厂库木门	1.10	
无框装饰门、成品门	1.10	按设计图示门窗面积计算

表14-2 单层木窗工程量系数表

项目名称	系数	工程量计算方法
单层玻璃窗	1.00	按设计图示洞口尺寸以面积计算
单层组合窗	0.83	
双层(一玻一纱)木窗	1.36	
木百叶窗	1.50	

表 14-3 墙面墙裙工程量系数表

项目名称	系数	工程量计算方法
无造型墙面墙裙	1.00	按设计图示尺寸以面积计算
有造型墙面墙裙	1.25	

表 14-4 木扶手工程量系数表

项目名称	系数	工程量计算方法
木扶手	1.00	按设计图示尺寸以长度计算
木门框	0.88	
明式窗帘盒	2.04	
封檐板、博风板	1.74	
挂衣板	0.52	
挂镜线	0.35	
木线条 宽度 50 mm 内	0.20	
木线条 宽度 100 mm 内	0.35	
木线条 宽度 200 mm 内	0.45	

表 14-5 其他木材面工程量系数表

项目名称	系数	工程量计算方法
装饰木夹板、胶合板及其他木材面顶棚	1.00	按设计图示尺寸以面积计算
木方格吊顶顶棚	1.20	
吸声板墙面、顶棚面	0.87	
窗台板、门窗套、踢脚线、暗式窗帘盒	1.00	
暖气罩	1.28	
木间壁、木隔断	1.90	按设计图示尺寸以单面外围面积计算
玻璃间壁露明墙筋	1.65	
木栅栏、木栏杆(带扶手)	1.82	
木屋架	1.79	跨度(长)×中高×1/2
屋面板(带檩条)	1.11	按设计图示尺寸以面积计算
柜类、货架	1.00	按设计图示尺寸以油漆部分展开面积计算
零星木装饰	1.10	

表 14-6 木地板工程量系数表

项目名称	系数	工程量计算方法
木地板	1.00	按设计图示尺寸以面积计算。空洞、空圈、暖气包槽、壁龛的开口部分并入相应工程量内
木楼梯(不包括底面)	2.30	按设计图示尺寸以水平投影面积计算,不扣除宽度<300 mm 的楼梯井

(7)金属面油漆工程量系数见表 14-7、表 14-8。

表 14-7 单层钢门窗工程量系数表

项目名称	系数	工程量计算方法
单层钢门窗	1.00	按设计图示洞口尺寸以面积计算
双层(一玻一纱)钢门窗	1.48	
满钢门或包铁皮门	1.63	
钢折叠门	2.30	
厂库房平开、推拉门	1.70	
钢丝网大门	0.81	
间壁	1.85	
平板屋面	0.74	按设计图示尺寸以面积计算
瓦垄板屋面	0.89	
排水、伸缩缝盖板	0.78	展开面积
吸气罩	1.63	水平投影面积

表 14-8 其他金属面工程量系数表

项目名称	系数	工程量计算方法
钢屋架、天窗架、挡风架、屋架梁、支撑、檩条	1.00	按设计图示尺寸以质量计算
墙架(空腹式)	0.50	
墙架(格板式)	0.82	
钢柱、吊车梁、花式梁柱、空花构件	0.63	
操作台、走台、制动梁、钢梁车挡	0.71	
钢栅栏门、栏杆、窗栅	1.71	
钢爬梯	1.18	
轻型屋架	1.42	
踏步式钢扶梯	1.05	
零星构件	1.32	

(8)抹灰面油漆、涂料工程量系数见表 14-9。

表 14-9 抹灰面工程量系数表

项目名称	系数	工程量计算方法
槽形底板、混凝土折板	1.30	按设计图示尺寸以投影面积计算
有梁板底	1.10	
密肋、井字梁板底	1.50	
混凝土楼梯板底	1.37	水平投影面积

注:①硝基清漆子目是按五遍成活考虑,每遍成活按规程要求包括两遍刷油、一遍磨退。
②其他木材面工程量系数表中的"零星木装饰"项目指油漆工程量系数表中未列项目。
③金属面、金属构件防火涂料是按照薄型钢结构防火涂料,涂刷厚度 5.5 mm 耐火极限 1.0 h,涂刷厚度 3 mm 耐火时间 0.5 h 设置;涂料密度按照 500 kg/m³ 计算,防火涂料损耗按 10% 计算;当设计与定额取定的涂料密度、涂刷厚度不同时,定额中的防火涂料消耗量可调整。

14.3 任务实施

【应用案例 14-1】

某工程平面图与剖面图如图 14-1 所示,门窗框厚度为 80 mm,居中,地面刷过氯乙烯涂料,三合板木墙裙上润油粉,刷硝基清漆六遍,墙面、顶棚刷乳胶漆三遍(光面)。试计算该工程油漆、涂料工程量,确定定额项目,并列表计算省价分部分项工程费。

解:

(1)地面刷涂料工程量 $=(6.00-0.24)\times(3.60-0.24)=19.35(m^2)$

套用定额 14-3-39,地面刷过氯乙烯涂料

单价(含税)$=376.15$ 元/10 m²

(2)墙裙刷硝基清漆工程量 $=[(6.00-0.24+3.60-0.24)\times 2-1.00+0.08\times 2]\times 1.00\times 1.00(系数)=17.40(m^2)$

套用定额 14-1-98,墙裙刷硝基清漆五遍

单价(含税)$=632.56$ 元/10 m²

套用定额 14-1-103,墙裙刷硝基清漆每增一遍(共增一遍)

单价(含税)$=74.20$ 元/10 m²

(3)顶棚刷乳胶漆工程量 $=5.76\times 3.36=19.35(m^2)$

套用定额 14-3-9,顶棚刷乳胶漆两遍

单价(含税)$=110.05$ 元/10 m²

套用定额 14-3-13,顶棚刷乳胶漆每增一遍(共增一遍)

单价(含税)$=48.79$ 元/10 m²

(4)墙面刷乳胶漆工程量 $=(5.76+3.36)\times 2\times 2.20-1.00\times(2.70-1.00)-1.50\times 1.80$
$=35.73(m^2)$

套用定额 14-3-7,墙面刷乳胶漆两遍(光面)

单价(含税)$=95.38$ 元/10 m²

套用定额 14-3-11,墙面刷乳胶漆每增一遍(共增一遍)

单价(含税)$=43.54$ 元/10 m²

(5)列表计算省价分部分项工程费,见表 14-10。

表 14-10 应用案例 14-1 分部分项工程费

序号	定额编号	项目名称	单位	工程量	增值税(简易计税)/元 单价(含税)	合价
1	14-3-39	地面刷过氯乙烯涂料	10 m²	1.935	376.15	727.85
2	14-1-98	墙裙刷硝基清漆五遍	10 m²	1.74	632.56	1 100.65
3	14-1-103	墙裙刷硝基清漆每增一遍(共增一遍)	10 m²	1.74	74.20	129.11
4	14-3-9	顶棚刷乳胶漆两遍	10 m²	1.935	110.05	212.95
5	14-3-13	顶棚刷乳胶漆每增一遍(共增一遍)	10 m²	1.935	48.79	94.41
6	14-3-7	墙面刷乳胶漆两遍(光面)	10 m²	3.573	95.38	340.79
7	14-3-11	墙面刷乳胶漆每增一遍(共增一遍)	10 m²	3.573	43.54	155.57
		省价分部分项工程费合计	元			2 761.33

【应用案例 14-2】

假设应用案例 14-1 中的建筑物墙面、顶棚粘贴壁纸(不对花墙纸)。试计算工程量,确定定额项目,并计算省价分部分项工程费。

解:

(1)顶棚工程量=19.35 m²

套用定额 14—5—4,顶棚贴装饰壁纸,不对花墙纸

单价(含税)=365.03 元/10 m²

省价分部分项工程费=19.35/10×365.03=706.33(元)

(2)墙面壁纸工程量按照实贴面积计算,所以应在上题墙裙和墙面乳胶漆工程量的基础上增加门窗洞口侧壁面积。

墙面壁纸工程量=(17.40+35.73)+0.08×[(1.5+1.8)×2+(1.0+1.7×2)]=54.01(m²)

套用定额 14—5—1,墙面贴装饰墙纸,不对花墙纸

单价(含税)=323.63 元/10 m²

省价分部分项工程费=54.01/10×323.63=1 747.93(元)

14.4 知识拓展

【应用案例 14-3】

某装饰工程如图 13-9、图 13-10 所示,外墙厚度为 240 mm,轴线间尺寸为 12 000 mm×18 000 mm,800 mm×800 mm 独立柱 4 根,门窗占位面积为 80 m²,柱垛展开面积为 11 m²,吊顶高度为 3 750 mm。做法:地面 20 mm 厚 1∶3 水泥砂浆找平,20 mm 厚 1∶2 干硬性水泥砂浆粘贴 800 mm×800 mm 玻化砖,木质成品踢脚线,高度为 150 mm,墙体混合砂浆抹灰厚度为 20 mm,抹灰面满刮成品腻子两遍,面罩乳胶漆两遍,顶棚轻钢龙骨石膏板面刮成品腻子两遍,面罩乳胶漆两遍,柱面挂贴 30 mm 厚花岗石板,花岗石板和柱结构面之间空隙填灌 50 mm 厚的 1∶3 水泥砂浆。试计算该工程墙面涂料工程量,确定定额项目,并计算省价分部分项工程费。

解:

(1)墙面满刮腻子工程量=(12−0.24+18−0.24)×2×3.75−80(门窗洞口占位面积)+
11(柱垛展开面积)=152.40(m²)

套用定额 14—4—9,满刮成品腻子两遍内墙抹灰面

单价(含税)=188.82 元/10 m²

省价分部分项工程费=152.40/10×188.82=2 877.62(元)

(2)墙面刷乳胶漆两遍工程量=墙面满刮腻子工程量=152.4 m² 套用定额 14—3—7,室内乳胶漆两遍,墙、柱面,光面单价(含税)=95.38 元/10 m²

省价分部分项工程费=152.40/10×95.38=1 453.59(元)

【应用案例 14-4】

某工程单层全玻璃门,洞口尺寸如图 14-2 所示,共 20 樘,油漆为底油一遍、调和漆三遍,试计算工程量,确定定额项目,并计算省价分部分项工程费。

解:

油漆工程量=1.50×2.40×20×0.83(系数)
=59.76(m²)

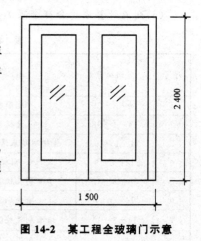

图 14-2 某工程全玻璃门示意

套用定额 14—1—1，调和漆，刷底油一遍、调和漆两遍，单层木门
单价(含税)＝381.59 元/10 m²
省价分部分项工程费＝59.76/10×381.59
　　　　　　　　　＝2 280.38(元)

套用定额 14—1—21，调和漆每增一遍，单层木门
单价(含税)＝120.90 元/10 m²
省价分部分项工程费＝59.76/10×120.90＝722.50(元)

小　结

通过本任务的学习，要求学生掌握以下内容：

(1)掌握木材面油漆(调和漆、磁漆、醇酸清漆、聚酯漆、聚氨酯漆、硝基清漆、木地板油漆、防火涂料及其他)的定额说明及工程量计算规则，并能正确套用定额项目。

(2)掌握金属面油漆(调和漆、醇酸磁漆、过氯乙烯漆、氟碳漆、防火涂料、其他油漆)的定额说明及工程量计算规则，并能正确套用定额项目。

(3)掌握抹灰面油漆、涂料的定额说明及工程量计算规则，并能正确套用定额项目。

(4)掌握基层处理、裱糊的定额说明及工程量计算规则，并能正确套用定额项目。

(5)掌握油漆、涂料工程量系数调整方法。

习　题

1. 某装饰工程如图 13-9、图 13-10 所示，房间外墙厚度为 240 mm，轴线间尺寸为 12 000 mm×18 000 mm，800 mm×800 mm 独立柱 4 根，门窗占位面积为 80 m²。柱踩展开面积 11 m²，吊顶高度 3 600 mm(窗帘盒占位面积 7 m²)。做法：地面 20 mm 厚 1∶3 水泥砂浆找平，20 mm 厚 1∶2 干硬性水泥砂浆粘贴 800 mm×800 mm 玻化砖，木质成品踢脚线，高度为 150 mm，墙体混合砂浆抹灰厚度为 20 mm，抹灰面满刮成品腻子两遍，面罩乳胶漆两遍，顶棚轻钢龙骨 450 mm×450 mm 不上人型石膏板面刮成品腻子两遍，面罩乳胶漆两遍。试计算顶棚油漆、涂料工程量，确定定额项目，并计算省价分部分项工程费。

2. 某三层建筑平面图与 1—1 剖面图如图 11-11 所示。已知：

(1)砖墙厚 240 mm，轴线居中，门窗框厚 80 mm。

(2)M—1：1 200 mm×2 400 mm；M—2：900 mm×2 000 mm；C—1：1 500 mm×1 800 mm；窗台离楼地面高为 900 mm。

(3)装饰做法：一层地面为粘贴 500 mm×500 mm 全瓷地面砖，瓷砖踢脚板，高为 200 mm，二、三层楼面为现浇水磨石面层，水泥砂浆踢脚线高 150 mm；内墙面为混合砂浆抹面，刮腻子涂刷乳胶漆；外墙面粘贴米色 200 mm×300 mm 外墙砖。

假设三层房间为装配式 T 形铝合金顶棚龙骨(网格尺寸 600 mm×600 mm 平面)，硅钙板吊顶，吊顶距地面高度为 2 800 mm；墙面满贴壁纸；木墙裙高度为 900 mm，做法为细木工板基层，榉木板贴面，手刷硝基清漆六遍磨退出亮。试计算油漆、涂料及裱糊工程量，确定定额项目，并计算省价分部分项工程费。

任务 15　其他装饰工程

15.1　实例分析

某造价咨询公司造价师张某接到某工程门窗套及贴脸造价编制任务,该工程做法简况如下:

某宾馆客房共 60 间,客房门洞为 60 樘,门洞尺寸为 900 mm×2 100 mm,门贴脸做法:内外钉贴细木工板门套及贴脸(木龙骨),装饰木夹板贴面,如图 15-1 所示。张某现需要结合《山东省建筑工程消耗量定额》(SD 01—31—2016)和《山东省建筑工程价目表》(2020 年)计算该工程门套及贴脸工程量,确定定额项目,并计算省价分部分项工程费。

世界技能大赛被誉为"世界技能奥林匹克",其竞技水平代表了世界职业技能领域的最高水平。在第 45 届世界技能大赛中,来自广州市建筑工程职业学校的陈子烽获得砌筑项目冠军。学生应培养"弘扬工匠精神,技能成就梦想"的信念,教师要培育出越来越多的行业优秀人才和大国工匠,实现中华民族伟大复兴。

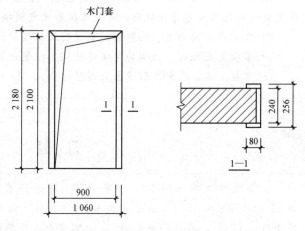

图 15-1　某工程门洞口装饰示意

正如二十大报告提出:加快建设国家战略人才力量,努力培养造就更多大师、战略科学家、一流科技领军人才和创新团队、青年科技人才、卓越工程师、大国工匠、高技能人才。

15.2　相关知识

15.2.1　其他装饰工程定额说明

(1)本部分定额包括柜类、货架,装饰线条,栏杆、栏板、扶手,暖气罩,浴厕配件,招牌、灯箱,美术字,零星木装饰,工艺门扇九节。

(2)本部分定额中的成品安装项目,实际使用的材料品种、规格与定额不同时,可以换算,但人工、机械的消耗量不变。

(3)本部分定额中除铁件已包括刷防锈漆一遍外,均不包括油漆。油漆按本定额"第十四章 油漆、涂料及裱糊工程"相关子目执行。

注:本部分所有子目,均不包括油漆和防火涂料,实际发生时,按定额"第十四章 油漆、涂料及裱糊工程"相关子目执行。

(4)本部分定额项目中均未包括收口线、封边条、线条边框的工料,使用时另行计算线条用量,套用本部分"装饰线"相应子目。

注:木线,在木装修工程中普遍应用。基层、造型层使用的各种夹板、密度板、细木工板等,其板边、板头均不得直接外露,均应以相应规格的木线收口或封边,使用时结合实际计算用量,避免遗漏。

(5)本部分定额中除有注明外,龙骨均按木龙骨考虑,如实际采用细木工板、多层板等做龙骨,均执行定额不得调整。木龙骨(装修材)的用量、钢龙骨(角钢)的规格和用量,设计与定额不同时,可以调整,其他不变。

(6)本部分定额中玻璃均按成品加工玻璃考虑,并计入安装时的损耗。

注:成品加工玻璃,即已按设计尺寸切割并完成了加工(如磨边、车边、钻孔等工序)的玻璃。成品加工玻璃的安装损耗,不包括由原箱玻璃切割为规格玻璃的配置损耗和由规格玻璃制作为成品加工玻璃的制作损耗。

(7)柜类、货架。

1)木橱、壁橱、吊橱(柜)定额按骨架制安、骨架围板、隔板制安、橱柜贴面层、抽屉、门扇龙骨及门扇安装、玻璃柜及五金件安装分别列项,使用时分别套用相应定额。

橱柜等说明

2)橱柜骨架中的木龙骨用量,设计与定额不同时可以换算,但人工、机械消耗量不变。

(8)装饰线条。

1)装饰线条均按成品安装编制。

2)装饰线条按直线安装编制,如安装圆弧形或其他图案者,按以下规定计算:

顶棚面安装圆弧装饰线条,人工乘以系数1.40;墙面安装圆弧装饰线条,人工乘以系数1.20;装饰线条做艺术图案,人工乘以系数1.60。

(9)栏板、栏杆、扶手为综合项。不锈钢栏杆中不锈钢管材、法兰用量,设计与定额不同时可以换算,但人工、机械消耗量不变。

装饰线

注:①原木楼梯制安项目未在本节考虑。其中栏杆按图集计算含量,现场材料用量不同时可以进行换算。

②成品栏杆安装项目区分直形、弧形、半玻栏板分别列项,用于这类成品栏杆的现场安装。

(10)暖气罩按基层、造型层和面层分别列项,使用时分别套用相应定额。

注:暖气罩,定额按基层(含木龙骨)、面层、散热口三部分,各部分区别不同材料种类,分别设置项目。散热口安装子目中,暖气罩散热口为成品;暖气罩如需用成品木线收口封边,以及暖气罩上的其他木线,均应另套本部分"装饰线"相应子目。

(11)卫生间配套。

1)大理石洗漱台的台面及裙边与挡水板分别列项,台面及裙边子目中包含了成品钢支架安装用工。洗漱台面按成品考虑。

2)卫生间配件按成品安装编制。

3)卫生间镜面玻璃子目设计与定额不同时可以换算。

注:卫生间镜面玻璃子目:15—5—12~15子目,按带防水卷材、胶合板、板方材,如果现场为成品,按成品价计入,扣除不用的材料用量。

(12)招牌、灯箱。

1)招牌、灯箱分为一般形式及复杂形式。一般形式是指矩形,表面平整无凹凸造型;复杂形式是指异形或表面有凹凸造型的情况。

2)招牌内的灯饰不包括在定额内。

注：招牌、灯箱，定额按龙骨、基层、面层三个层次，各层次区别不同材料种类，分别设置项目。

(13)美术字。

1)美术字不分字体，定额均按成品安装编制。

2)外文或拼音美术字个数，以中文意译的单字计算。

3)材质适用范围：泡沫塑料有机玻璃字，适用于泡沫塑料、硬塑料、有机玻璃、镜面玻璃等材料制作的字；金属字适用于铝铜材、不锈钢、金、银等材料制作的字。

(14)零星木装饰。

1)门窗口套、窗台板及窗帘盒是按基层、造型层和面层分别列项，使用时分别套用相应定额。

门窗套等

2)门窗口套安装按成品编制。

(15)工艺门扇。

1)工艺门扇，定额按无框玻璃门扇、造型夹板门扇制作、成品门扇安装、门扇工艺镶嵌和门扇五金配件安装，分别设置项目。

注：软包项目用于工艺门扇中的局部软包。

2)无框玻璃门扇，定额按开启扇、固定扇两种扇型，以及不同用途的门扇配件，分别设置项目。无框玻璃门扇安装定额中，玻璃按成品玻璃，定额中的损耗为安装损耗。

3)不锈钢、塑铝板包门框子目为综合子目。包门框子目中，已综合了角钢架制安、基层板、面层板的全部施工工序。木龙骨、角钢架的规格和用量，设计与定额不同时，可以调整，人工、机械消耗量不变。

4)造型夹板门扇制作，定额按木骨架、基层板、面层装饰板并区别材料种类，分别设置项目。局部板材用作造型层时，套用15-9-13～15-9-15基层项目相应子目，人工增加10%。

注：造型夹板门扇制作定额中，未包括门扇的实木封边木线，发生时，应另套本部分"装饰线"相应子目。夹板门扇木龙骨，不分扇的形式，按扇面积计算；基层、面层，按设计面积计算。

5)成品门扇安装，适用于成品进场门扇的安装，也适用于现场完成制作门扇的安装。定额木门扇安装子目中，每扇按3个合页编制，如与实际不同，合页用量可以调整，每增减10个合页，增减0.25工日。

6)门扇工艺镶嵌，定额按不同的镶嵌内容，分别设置项目。

注：门扇上镶嵌子目中，均未包括工艺镶嵌周边固定用的封边木线条，发生时，应另套本部分"装饰线"相应子目。

7)门扇五金配件安装，定额按不同用途的成品配件，分别设置项目。普通执手锁安装执行"15-9-23"子目。

15.2.2 其他装饰工程工程量计算规则

(1)橱柜木龙骨项目按橱柜龙骨的实际面积计算。基层板、造型层板及饰面板按实际尺寸以面积计算。抽屉按抽屉正面面板尺寸以面积计算。橱柜五金件以"个"为单位按数量计算。橱柜成品门扇安装按扇面尺寸以面积计算。

(2)装饰线条应区分材质及规格，按设计图示尺寸以长度计算。

注：①欧式装饰线条区分檐口板、腰线板、山花浮雕、门窗头拱形雕刻分别套用。
②砂浆粘贴石材装饰线条项目，水泥砂浆按30mm厚计算。欧式装饰线主要用于GRC建筑构件的安装。

(3)栏板、栏杆、扶手，按长度计算。楼梯斜长部分的栏板、栏杆、扶手，按平台梁与连接梁外沿之间的水平投影长度，乘以系数1.15计算。

(4)暖气罩各层按设计尺寸以面积计算，与壁柜相连时，暖气罩算至壁柜隔板外侧，壁柜套用橱柜相应子目，散热口按其框外围面积单独计算。

(5)大理石洗漱台的台面及裙边按展开尺寸以面积计算，不扣除开孔的面积；挡水板按设计面积计算。

(6)招牌、灯箱的木龙骨按正立面投影尺寸以面积计算，型钢龙骨质量以"t"计算。基层及面层按设计尺寸以面积计算。

(7)美术字安装，按字的最大外围矩形面积以"个"为单位，按数量计算。

(8)门窗套及贴脸基层、造型层及面层的工程量均按设计图示展开尺寸以面积计算。

(9)窗台板按设计图示展开尺寸以面积计算；设计未注明尺寸时，按窗宽两边共加100 mm计算长度(有贴脸的按贴脸外边线间宽度)，凸出墙面的宽度按50 mm计算。

(10)百叶窗帘、网扣帘按设计成活后展开尺寸以面积计算，设计未注明尺寸时，按洞口面积计算；窗帘、遮光帘均按展开尺寸以长度计算。窗帘轨、杆按延长米以长度计算。

(11)明式窗帘盒按设计图示尺寸以长度计算，与顶棚相连的暗式窗帘盒，基层板(龙骨)、面层板按展开尺寸以面积计算。

(12)柱脚、柱帽以"个"为单位按数量计算，墙、柱石材面开孔以"个"为单位按数量计算。

(13)工艺门扇。

1)玻璃门按设计图示洞口尺寸以面积计算，门窗配件按数量计算。不锈钢、塑铝板包门框按框饰面尺寸以面积计算。

2)夹板门门扇木龙骨不分扇的形式，以扇面积计算；基层及面层按设计尺寸以面积计算。扇安装按扇以"个"为单位，按数量计算。门扇上镶嵌按镶嵌的外围尺寸以面积计算。

3)门扇五金配件安装，以"个"为单位按数量计算。

15.3 任务实施

【应用案例15-1】

某宾馆客房共60间，客房门洞60樘，门洞尺寸为900 mm×2 100 mm，门贴脸做法：内外钉贴细木工板门套及贴脸(木龙骨)，装饰木夹板贴面，如图15-1所示。试计算该工程门套及贴脸工程量，确定定额项目，并计算省价分部分项工程费。

解：

(1)基层工程量 = $0.24 \times (2.1 \times 2 + 0.9) \times 60 + 0.08 \times (2.18 \times 2 + 0.9) \times 2 \times 60 = 123.94 (m^2)$

套用定额15－8－5，门窗套及贴脸，基层，木龙骨，细木工板

单价(含税) = 1 223.81元/10 m²

省价分部分项工程费 = $123.94/10 \times 1\ 223.81 = 15\ 167.90$(元)

(2)面层工程量 = 基层工程量 = 123.94 m²

套用定额15－8－8，门窗套及贴脸，面层，装饰木夹板

单价(含税) = 403.05元/10 m²

省价分部分项工程费 = $123.94/10 \times 403.05 = 4\ 995.40$(元)

【应用案例15-2】

某工程平墙式暖气罩尺寸如图15-2所示，九夹板基层，装饰木夹板面层，机制木花格散热口，共18个，试计算工程量，确定定额项目，并计算省价分部分项工程费。

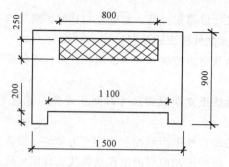

图 15-2 某工程平墙式暖气罩

解：

(1)基层工程量＝(1.5×0.9－1.10×0.20－0.80×0.25)×18＝16.74(m²)

套用定额 15—4—2，九夹板基层

单价(含税)＝1 035.53 元/10 m²

省价分部分项工程费＝16.74/10×1 035.53＝1 733.48(元)

(2)面层工程量＝(1.5×0.9－1.10×0.20－0.80×0.25)×18＝16.74(m²)

套用定额 15—4—4，粘贴装饰木夹板面层

单价(含税)＝404.85 元/10 m²

省价分部分项工程费＝16.74/10×404.85＝677.72(元)

(3)散热口安装工程量＝0.80×0.25×18＝3.60(m²)

套用定额 15—4—7，机制木花格

单价(含税)＝974.74 元/10 m²

省价分部分项工程费＝3.60/10×974.74＝350.91(元)

15.4　知识拓展

【应用案例 15-3】

某工程卫生间洗漱台如图 15-3 所示，采用双孔"中国黑"大理石台面板，台面尺寸为 2 200 mm×550 mm；裙边、挡水板均为黑色大理石板，宽度为 250 mm，通长设置；墙面设置无框车边玻璃镜，单面镜子尺寸为 1 800 mm×900 mm，共两面镜子。试计算工程量，确定定额项目，并列表计算省价分部分项工程费。

图 15-3 某工程卫生间洗漱台

解:

(1)卫生间洗漱台面工程量=2.2×0.55=1.21(m²)

洗漱台裙边工程量=(2.2+0.55×2)×0.25=0.825(m²)

台面及裙边工程量合计=1.21+0.825=2.035(m²)

套用定额15-5-1,大理石洗漱台,台面及裙边

单价(含税)=6 426.08元/10 m²

(2)洗漱台挡水板工程量=2.2×0.25=0.55(m²)

套用定额15-5-2,大理石洗漱台,挡水板

单价(含税)=2 409.83元/10 m²

(3)无框镜子工程量=(1.8×0.9)×2=3.24(m²)

套用定额15-5-15,卫生间镜面,大于1 m²无框

单价(含税)=1 847.48元/10 m²

(4)列表计算省价分部分项工程费,见表15-1。

表15-1 应用案例15-3分部分项工程费

序号	定额编号	项目名称	单位	工程量	增值税(简易计税)/元	
					单价(含税)	合价
1	15-5-1	大理石洗漱台,台面及裙边	10 m²	0.203 5	6 426.08	1 307.71
2	15-5-2	大理石洗漱台,挡水板	10 m²	0.055	2 409.83	132.54
3	15-5-15	卫生间镜面,大于1 m²无框	10 m²	0.324	1 847.48	598.58
		省价分部分项工程费合计	元			2 038.83

【应用案例15-4】

某工程檐口上方设招牌,长度为28 m,高度为1.5 m,一般木结构龙骨,九夹板基层,塑铝板面层,上嵌8个0.5 m×0.5 m泡沫塑料有机玻璃面大字。试计算工程量,确定定额项目,并列表计算省价分部分项工程费。

解:

(1)美术字工程量=8个

套用定额15-7-6,泡沫塑料,有机玻璃字≤0.5 m²其他面

单价(含税)=3 186.67元/10个

(2)招牌龙骨工程量=28×1.5=42(m²)

套用定额15-6-1,一般木结构龙骨

单价(含税)=1 133.78元/10 m²

(3)基层工程量=42 m²

套用定额15-6-6,木龙骨九夹板基层

单价(含税)=391.88元/10 m²

(4)面层工程量=42 m²

套用定额15-6-12,塑铝板面层

单价(含税)=1 233.15元/10 m²

(5)列表计算省价分部分项工程费,见表15-2。

材料消耗量

表 15-2　应用案例 15-4 分部分项工程费

序号	定额编号	项目名称	单位	工程量	增值税(简易计税)/元	
					单价(含税)	合价
1	15—7—6	泡沫塑料,有机玻璃字≤0.5 m²,其他面	10 个	0.8	3 186.67	2 549.34
2	15—6—1	一般木结构龙骨	10 m²	4.2	1 133.78	4 761.88
3	15—6—6	木龙骨九夹板基层	10 m²	4.2	391.88	1 645.90
4	15—6—12	塑铝板面层	10 m²	4.2	1 233.15	5 179.23
		省价分部分项工程费合计	元			14 136.35

小　结

通过本任务的学习,要求学生掌握以下内容:
(1)掌握柜类、货架的定额说明及工程量计算规则,并能正确套用定额项目。
(2)掌握装饰线条、扶手、栏杆、栏板的定额说明及工程量计算规则,并能正确套用定额项目。
(3)掌握暖气罩、浴厕配件的定额说明及工程量计算规则,并能正确套用定额项目。
(4)掌握招牌、灯箱、美术字的定额说明及工程量计算规则,并能正确套用定额项目。
(5)掌握零星木装饰、工艺门扇的定额说明及工程量计算规则,并能正确套用定额项目。

习　题

1. 某工程檐口上方设招牌,长度为 18 m,高度为 2 m,复杂木结构龙骨,细木工板基层,不锈钢钢板面层,上嵌 10 个 0.5 m×0.5 m 金属大字,试计算工程量,确定定额项目,并列表计算省价分部分项工程费。

2. 某工程木橱柜 20 m²,基层板上贴装饰木夹板面层,橱柜安装合页 8 个、插销 2 个、橱门拉手 4 个、衣柜挂衣杆 4 个,试计算工程量,确定定额项目,并列表计算省价分部分项工程费。

任务 16 构筑物及其他工程

16.1 实例分析

某造价咨询公司造价师张某接到某工程室外构筑物造价编制任务,该工程做法简况如下:

某宿舍楼铺设室外排水管道,管路系统中有检查井(成品)15 座,钢筋混凝土化粪池 3 座(2 号,无地下水)。张某现需要结合《山东省建筑工程消耗量定额》(SD 01—31—2016)和《山东省建筑工程价目表》(2020 年)计算检查井、化粪池工程量,确定定额项目,并计算省价分部分项工程费。

在北京冬奥会中,不吐烟圈的工业冷却塔刷屏海内外,拥有百年历史的首钢老工业园区在绿色、环保的大环境下,对冷却塔进行改造,从工业建筑变身为奥运会赛场上的风景线,既节省拆除成本,又实现"变废为宝"。这是冬奥历史上第一座与工业遗产再利用直接结合的竞赛场馆,也是世界上首座永久性保留和使用的滑雪大跳台,更是奥运史上低碳环保方面的典范,学生应养成"低碳环保"的社会责任感。正如二十大报告提出:加快发展方式绿色转型。推动经济社会发展绿色化、低碳化是实现高质量发展的关键环节。积极稳妥推进碳达峰碳中和。推动能源清洁低碳高效利用,推进工业、建筑、交通等领域清洁低碳转型。

16.2 相关知识

16.2.1 构筑物及其他工程定额说明

(1)本部分定额包括烟囱,水塔,储水(油)池、储仓,检查井、化粪池及其他,场区道路,构筑物综合项目六节。

注:本部分定额中各种砖、砂浆及混凝土均按常用规格及强度等级列出,若设计与定额不同,均可换算材料及配比,但定额中的消耗总量不变。

(2)本部分包括构筑物单项及综合项目定额。综合项目是按照山东省住房和城乡建设厅发布的标准图集《13 系列建筑标准设计图集—建筑专业》《13 系列建筑标准设计图集—给排水专业》《建筑给水与排水设备安装图集》(L03S001—002)的标准做法编制的,使用时对应标准图号直接套用,不再调整。设计文件与标准图做法不同时,套用单项定额。

(3)本部分定额中,构筑物单项定额凡涉及土方、钢筋、混凝土、砂浆、模板、脚手架、垂直运输机械及超高增加等相关内容,实际发生时按照消耗量定额相应章节规定计算。

(4)砖烟囱筒身不分矩形、圆形,均按筒身高度执行相应子目。

(5)烟囱内衬项目也适用于烟道内衬。

(6)砖水箱内外壁,按定额实砌砖墙的相应规定计算。

(7)毛石混凝土是按毛石占混凝土体积 20% 计算。如设计要求不同,可以换算。

单项定额说明

16.2.2 构筑物及其他工程工程量计算规则

1. 烟囱

(1)烟囱基础。基础与筒身的划分以基础大放脚为分界,大放脚以下为基础,以上为筒身,工程量按设计图示尺寸以体积计算。

注:①16-1-4 混凝土基础是指钢筋混凝土基础,钢筋的绑扎用工及材料按相关章节项目套用。

②本部分定额中没有设置水塔的基础项目,烟囱的基础项目也适用于水塔的基础。

(2)烟囱筒身。

1)圆形、方形筒身均按图示筒壁平均中心线周长乘以厚度并扣除筒身>0.3 m² 孔洞、钢筋混凝土圈梁、过梁等体积以体积计算,其筒壁周长不同时可按下式分段计算:

$$V = \sum (H \times C \times \pi D)$$

式中 V——筒身体积;

H——每段筒身垂直高度;

C——每段筒壁厚度;

D——每段筒壁中心线的平均直径。

2)砖烟囱筒身原浆勾缝和烟囱帽抹灰已包括在定额内,不另行计算。如设计要求加浆勾缝,套用勾缝定额,原浆勾缝所含工料不予扣除。

注:砖烟囱筒身不分矩形、圆形,按筒身高度套用相应项目。圆形筒身以标准砖为准,顶砖砌筑包括砍砖;耐火砖以使用定型砖为准。

3)囱身全高≤20 m,垂直运输以人力吊运为准,如使用机械者,运输时间定额乘以系数 0.75,即人工消耗量减去 2.4 工日/10 m³;囱身全高>20 m,垂直运输以机械为准。

4)烟囱的混凝土集灰斗(包括分隔墙、水平隔墙、梁、柱)、轻质混凝土填充砌块以及混凝土地面,按消耗量定额有关章节规定计算,套用相应定额。

5)砖烟囱、烟道及其砖内衬,如设计要求采用楔形砖,其数量按设计规定计算,套用相应定额项目。

6)砖烟囱砌体内采用钢筋加固时,其钢筋用量按设计规定计算,套用相应定额。

(3)烟囱内衬及内表面涂刷隔绝层。

1)烟囱内衬,按不同内衬材料并扣除孔洞后,以图示实体积计算。

注:烟囱内衬也适用于烟道内衬。

2)填料按烟囱筒身与内衬之间的体积以体积计算,不扣除连接横砖(防沉带)的体积。

3)内衬伸入筒身的连接横砖已包括在内衬定额内,不另行计算。

4)为防止酸性凝液渗入内衬及筒身间,而在内衬上抹水泥砂浆排水坡的工料已包括在定额内,不单独计算。

5)烟囱内表面涂刷隔绝层,按筒身内壁并扣除各种孔洞后的面积以面积计算。

(4)烟道砌砖。

1)烟道与炉体的划分以第一道闸门为界,炉体内的烟道部分列入炉体工程量计算。

2)烟道中的混凝土构件,按相应定额项目计算。

3)混凝土烟道以体积计算(扣除各种孔洞所占体积),套用地沟定额(架空烟道除外)。

2. 水塔

(1)砖水塔。

1)水塔基础与塔身划分:以砖砌体的扩大部分顶面为界,以上为塔身,以下为基础。水塔基础工程量按设计尺寸以体积计算,套用烟囱基础的相应项目。

2)塔身以图示实砌体积计算,扣除门窗洞口、>0.3 m^2 孔洞和混凝土构件所占的体积,砖平拱璇及砖出檐等并入塔身体积内计算。

3)砖水箱内外壁,不分壁厚,均以图示实砌体积计算,套用相应的内外砖墙定额。

4)本定额内已包括原浆勾缝,如设计要求加浆勾缝,套用勾缝定额,原浆勾缝的工料不予扣除。

注:16—2—1砖水塔是指砖砌塔身内容,基础按烟囱基础有关项目套用。砖水箱内外壁套用实砌砖墙有关项目;若是混凝土水箱,则套用本部分定额有关项目。

(2)混凝土水塔。

1)混凝土水塔按设计图示尺寸以体积计算工程量,并扣除>0.3 m^2 孔洞所占体积。

2)筒身与槽底以槽底连接的圈梁底为界,以上为槽底,以下为筒身。

3)筒式塔身及依附于筒身的过梁、雨篷挑檐等并入筒身体积内计算,柱式塔身、柱、梁合并计算。

4)塔顶及槽底,塔顶包括顶板和圈梁,槽底包括底板挑出的斜壁板和圈梁等合并计算。

5)倒锥壳水塔中的水箱,定额按地面上浇筑编制。水箱的提升,另按定额有关章节的相应规定计算。

3. 储水(油)池、储仓

(1)储水(油)池、储仓、筒仓以体积计算。

(2)储水(油)池仅适用于容积在≤100 m^3 以下的项目。容积>100 m^3 的,池底按地面、池壁按墙、池盖按板相应项目计算。

(3)储仓,区分立壁、斜壁、底板、顶板,分别套用相应项目。基础、支撑漏斗的柱和柱之间的连系梁根据构成材料的不同,按消耗量定额有关章节规定计算,套用相应定额。

滑升钢模板

4. 检查井、化粪池及其他

(1)砖砌井(池)壁不分厚度均以体积计算,洞口上的砖平拱璇等并入砌体体积内计算。与井壁相连接的管道及其内径≤200 mm 的孔洞所占体积不予扣除。

(2)渗井是指上部浆砌、下部干砌的渗水井。干砌部分不分方形、圆形,均以体积计算。计算时不扣除渗水孔所占体积。浆砌部分套用砖砌井(池)壁定额。

(3)成品检查井、化粪池安装以"座"为单位计算。定额内考虑的是成品混凝土检查井、成品玻璃钢化粪池的安装,当主材材质不同时,可换算主材,其他不变。

(4)混凝土井(池)按实体积计算,与井壁相连接的管道及内径≤200 mm 孔洞所占体积不予扣除。

(5)井盖、雨水篦的安装以"套"为单位按数量计算,混凝土井圈的制作以体积计算,排水沟铸铁盖板的安装以长度计算。

检查井

5. 场区道路

(1)路面工程量按设计图示尺寸以面积计算,定额内已包括伸缩缝及嵌缝的工料,如机械割缝时执行本部分相关项目,路面项目中不再进行调整。

(2)沥青混凝土路面是根据山东省标准图集《13系列建筑标准设计图集》(建筑工程做法 L13J1)中所列做法按面积计算,如实际工程中沥青混凝土粒径与定额不同,可以体积换算。

(3)道路垫层按本定额"第二章 地基处理与边坡支护工程"的机械碾压相关项目计算。

场区道路定额

(4)铸铁围墙工程量按设计图示尺寸以长度计算,定额内已包括与柱或墙连接的预埋铁件的工料。

6. 构筑物综合项目

(1)构筑物综合项目中的井、池均根据山东省标准图集《13 系列建筑标准设计图集》(排水工程 L13S8)、《建筑给水与排水设备安装图集》(L03S001—002)以"座"为单位计算。

(2)散水、坡道均根据山东省标准图集《13 系列建筑标准设计图集》(室外工程 L13J9-1)以面积计算。

(3)台阶根据山东省标准图集《13 系列建筑标准设计图集》(室外工程 L13J9-1)按投影面积以面积计算。

(4)路沿根据山东省标准图集《13 系列建筑标准设计图集》(室外工程 L13J9-1)以长度计算。

(5)凡按省标图集设计和施工的构筑物综合项目,均执行定额项目,不得调整。若设计不采用标准图集,则按单项定额套用。

构筑物综合项目

16.3 任务实施

【应用案例 16-1】

某宿舍楼铺设室外排水管道,管路系统中有检查井(成品)15 座、钢筋混凝土化粪池 3 座(2 号,无地下水),试计算检查井、化粪池工程量,确定定额项目,并列表计算省价分部分项工程费。

解:

(1)检查井工程量=15 座

套用定额 16-4-3,成品检查井安装

单价(含税)=4 789.52 元/10 座

(2)化粪池工程量=3 座

套用定额 16-6-3,钢筋混凝土化粪池 2 号,无地下水

单价(含税)=16 056.50 元/座

(3)列表计算省价分部分项工程费,见表 16-1。

表 16-1 应用案例 16-1 分部分项工程费

序号	定额编号	项目名称	单位	工程量	增值税(简易计税)/元	
					单价(含税)	合价
1	16-4-3	成品检查井安装	10 座	1.5	4 789.52	7 184.28
2	16-6-3	钢筋混凝土化粪池 2 号,无地下水	座	3	16 056.50	48 169.50
		省价分部分项工程费合计	元			55 353.78

16.4 知识拓展

【应用案例 16-2】

某钢筋混凝土化粪池,尺寸如图 16-1 所示,钢筋混凝土池底、池壁、池盖均采用 C20 混凝

土,池盖留直径为 700 mm 的检查洞,并安装铸铁盖板。试计算池底、池壁、池盖及铸铁盖板工程量,确定定额项目,并列表计算省价分部分项工程费。

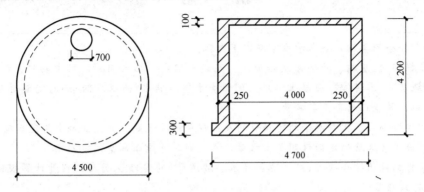

图 16-1 混凝土化粪池示意

解:

(1) 计算池底工程量 $=3.14\times(4.70/2)^2\times0.3=5.20(m^3)$

套用定额 16-4-6,混凝土井(池) 井(池)底

单价(含税)$=5\ 120.01$ 元/$10\ m^3$

(2) 计算池壁工程量 $=(4.00+0.25)\times 3.14\times 0.25\times(4.20-0.30-0.10)=12.68(m^3)$

套用定额 16-4-7,混凝土井(池) 井(池)壁

单价(含税)$=5\ 951.22$ 元/$10\ m^3$

(3) 计算池盖工程量 $=3.14\times(4.50^2-0.7^2)/4\times 0.10=1.55(m^3)$

套用定额 16-4-8,混凝土井(池) 井(池)顶

单价(含税)$=5\ 313.42$ 元/$10\ m^3$

(4) 计算铸铁盖板工程量 $=1$ 套

套用定额 16-4-10,铸铁盖板安装(带座)

单价(含税)$=2\ 249.04$ 元/$10\ m^3$

(5) 列表计算省价分部分项工程费,见表 16-2。

表 16-2 应用案例 16-2 分部分项工程费

序号	定额编号	项目名称	单位	工程量	增值税(简易计税)/元	
					单价(含税)	合价
1	16-4-6	混凝土井(池) 井(池)底	10 m³	0.52	5 120.01	2 662.41
2	16-4-7	混凝土井(池) 井(池)壁	10 m³	1.268	5 951.22	7 546.15
3	16-4-8	混凝土井(池) 井(池)顶	10 m³	0.155	5 313.42	823.58
4	16-4-10	铸铁盖板安装(带座)	10 套	0.1	2 249.04	224.90
-		省价分部分项工程费合计	元			11 257.04

小　结

通过本任务的学习，要求学生掌握以下内容：

(1)掌握烟囱(基础、砖烟囱及砖加工、混凝土烟囱、烟囱内衬、烟囱砌砖、烟囱/烟道内涂刷隔绝层)、水塔(砖/混凝土水塔、倒锥壳水塔、储水/油池、储仓)的定额说明及工程量计算规则，并能正确套用定额项目。

(2)掌握检查井、化粪池等的定额说明及工程量计算规则，并能正确套用定额项目。

(3)掌握场区道路的定额说明及工程量计算规则，并能正确套用定额项目。

(4)掌握构筑物综合项目(井、池、散水、坡道等)的定额说明及工程量计算规则，并能正确套用定额项目。

(5)掌握构筑物综合项目编制时所选用的标准图集。

习　题

1. 某砖砌烟囱，M5混合砂浆砌筑，筒身高为30 m，筒身范围可分为三段：

(1)下段高10 m，下口中心直径为2 m，上口中心直径为1.65 m，壁厚为250 mm；

(2)中段高10 m，下口中心直径为1.7 m，上口中心直径为1.4 m，壁厚为200 mm；

(3)上段高为10 m，下口中心直径为1.45 m，上口中心直径为1.1 m。

试计算该烟囱筒身工程量，并计算省价分部分项工程费。

2. 某小区铺设室外排水管道，管道净长度为120 m，陶土管公称直径DN300，水泥砂浆接口，管底铺设黄砂垫层，管道中设有检查井(成品)12座，钢筋混凝土化粪池(3号，无地下水)1座。试计算室外化粪池、检查井工作量，并计算省价分部分项工程费。

3. 某混凝土路面，路宽为8 m，长为150 m，路基地瓜石垫层厚为200 mm，M2.5混合砂浆灌缝，路面为C25混凝土整体路面，200 mm厚；砌筑预制混凝土路缘石90 m；散水长度为50 m，宽度为0.80 m，地瓜石垫层上浇筑C15混凝土，1:2.5水泥砂浆抹面。试计算垫层、路面、路缘石及散水工程量，并计算省价分部分项工程费。

4. 某工程室外配套项目示意如图16-2所示，其具体做法说明如下：

(1)室外排水管道A段为铸铁管，公称直径DN100，管道平均开挖深度为1 m；B段为陶土管，公称直径DN200，水泥砂浆接口，管道平均开挖深度为1.2 m，排水管道铺设砂基础(按现行省标做法)。

(2)成品检查井；钢筋混凝土化粪池(4号，无地下水)。

(3)散水、坡道按图集L13J9—1做法，散水：混凝土散水，3:7灰土垫层，1:2.5水泥砂浆抹面；坡道：带齿槽混凝土坡道，3:7灰土垫层，混凝土厚为120 mm，1:2水泥砂浆作齿槽。

(4)场区道路:3:7 灰土垫层 100 mm 厚,混凝土整体路面,随打随抹,强度等级为 C25,厚为 200 mm;道路两侧铺设料石路沿,砂垫层,铺设至散水边缘。

试计算该工程配套项目工程量,并计算省价分部分项工程费。

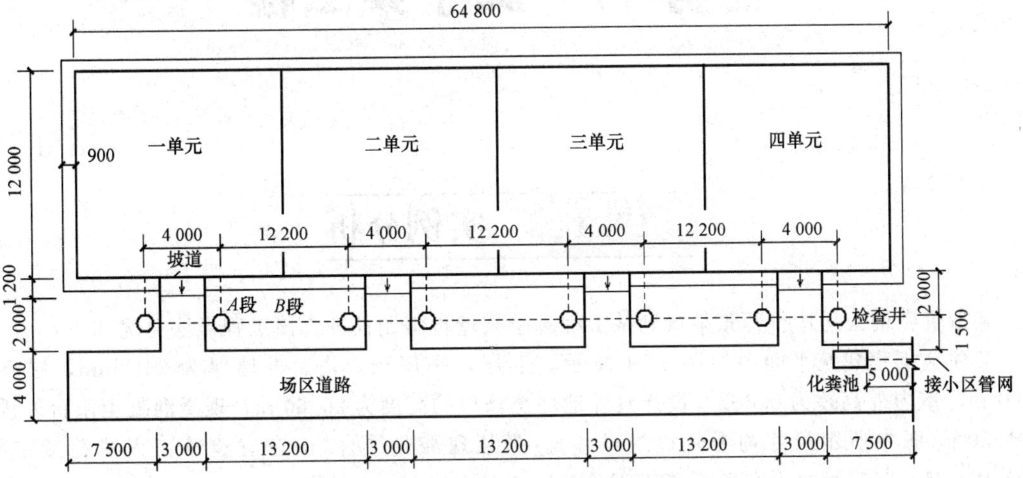

图 16-2 某工程室外配套项目示意

任务 17　脚手架工程

17.1　实例分析

某造价咨询公司造价师张某接到某工程脚手架造价编制任务，该工程做法简况如下：

某住宅工程建筑平面图如图 17-1 所示，七层，平屋顶，内、外墙厚为 240 mm，层高为 2.90 m，室内外高差为 0.3 m，设计室外地坪至檐口的高度为 20.60 m，现浇混凝土阳台外挑宽度 1.20 m(图中所示尺寸均为外边线尺寸)。张某现需要结合《山东省建筑工程消耗量定额》(SD 01—31—2016)和《山东省建筑工程价目表》(2020 年)计算外脚手架工程量，确定定额项目，并计算省价措施项目费。

2015 年云南省某市三角塘教职园在建大楼进行混凝土浇灌时脚手架发生垮塌，造成 8 死 7 伤、直接经济损失 1 100 余万元的重大安全事故。事故的原因主要是支撑架架体搭设不规范，支撑架的强度和稳定性等未经计算验证。安全无小事，事关人民生命财产安全，学生要培养精益求精的精神和勇于担当的责任心。正如二十大报告提出：坚持安全第一、预防为主，建立大安全大应急框架，完善公共安全体系，推动公共安全治理模式向事前预防转型。

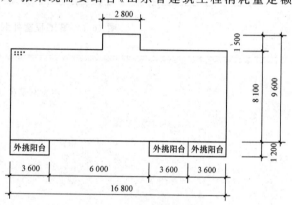

图 17-1　某建筑平面示意

17.2　相关知识

17.2.1　脚手架工程定额说明

(1)本部分定额包括外脚手架，里脚手架，满堂脚手架，悬空脚手架、挑脚手架、防护架，依附斜道，安全网，烟囱(水塔)脚手架，电梯井字架共八节。

1)脚手架按搭设材料分为木制、钢管式，按搭设形式及作用分为落地钢管式脚手架、型钢平台挑钢管式脚手架、烟囱脚手架和电梯井脚手架等，如图 17-2、图 17-3 所示。

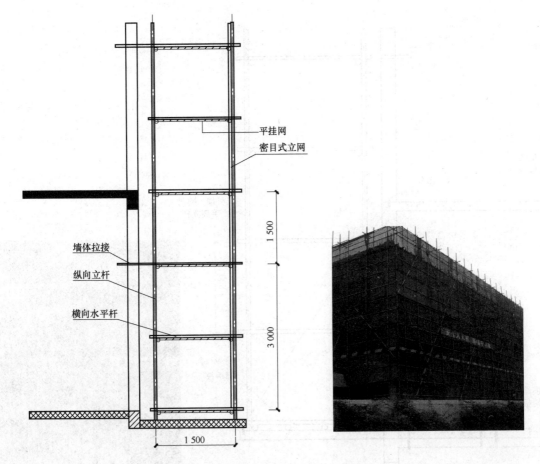

图 17-2 落地双排钢管外脚手架示意

2)在脚手架工作内容中,包括底层脚手架下的平土、挖坑,实际与定额不同时不得调整。

3)脚手架作业层铺设材料按木脚手板设置,实际使用不同材质时不得调整。

4)型钢平台外挑双排钢管脚手架子目,一般适用于自然地坪或高层建筑的低层屋面不能承受外脚手架荷载、不满足搭设落地脚手架条件或架体搭设高度>50 m 等情况。

上料平台等

5)外脚手架按直线型编制,若外脚手架呈弧形且直径≤20 m 时,按外脚手架相应项目人工乘以系数 1.30 计算。

(2)外脚手架。

1)现浇混凝土圈梁、过梁、楼梯、雨篷、阳台、挑檐中的梁和挑梁,各种现浇混凝土板、楼梯,不单独计算脚手架。

2)计算外脚手架的建筑物四周外围的现浇混凝土梁、框架梁、墙,不另计算脚手架。

外脚手架说明

3)砌筑高度≤10 m,执行单排脚手架子目;高度>10 m,或高度虽≤10 m 但外墙门窗及外墙装饰面积超过外墙表面积>60%(或外墙为现浇混凝土墙、轻质砌块墙)时,执行双排脚手架子目。

4)设计室内地坪至顶板下坪(或山墙高度 1/2 处)的高度>6 m 时,内墙(非轻质砌块墙)砌筑脚手架执行单排外脚手架子目;轻质砌块墙砌筑脚手架,执行双排外脚手架子目。

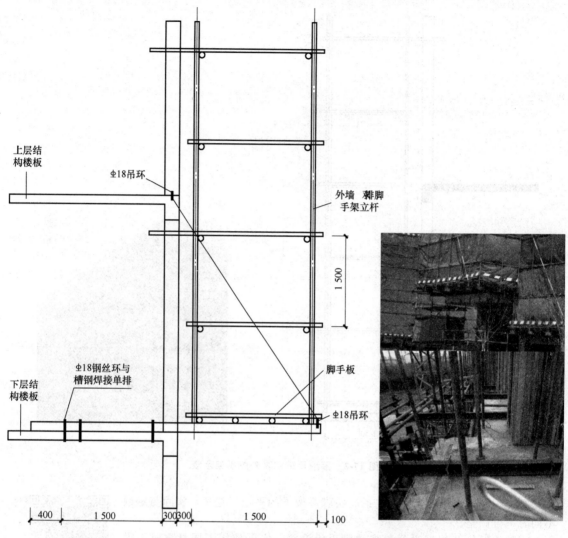

图 17-3 型钢平台外挑双排钢管外脚手架示意

5)外装饰工程的脚手架根据施工方案可执行外装饰电动提升式吊篮脚手架子目。

(3)里脚手架。

1)建筑物内墙脚手架,凡设计室内地坪至顶板下表面(或山墙高度1/2处)的高度≤3.6 m (非轻质砌块墙)时,执行单排里脚手架子目;3.6 m＜高度≤6 m时,执行双排里脚手架子目。不能在内墙上留脚手架洞的各种轻质砌块墙等,执行双排里脚手架子目。

2)石砌(带形)基础高度＞1 m,执行双排里脚手架子目;石砌(带形)基础高度＞3 m,执行双排外脚手架子目。边砌边回填时,不得计算脚手架。

(4)悬空脚手架、挑脚手架、防护架。水平防护架和垂直防护架,是指脚手架以外单独搭设的,用于车辆通行、人行通道、临街防护和施工与其他物体隔离等的防护。

(5)依附斜道。斜道是按依附斜道编制的。独立斜道,按依附斜道子目人工、材料、机械乘以系数1.80。

(6)烟囱(水塔)脚手架。

1)烟囱脚手架,综合了垂直运输架、斜道、缆风绳、地锚等内容。

2)水塔脚手架,按相应的烟囱脚手架人工乘以系数 1.11,其他不变。倒锥壳水塔脚手架,按烟囱脚手架相应子目乘以系数 1.30。

(7)电梯井脚手架的搭设高度是指电梯井底板上坪至顶板下坪(不包括建筑物顶层电梯机房)之间的高度。

17.2.2　脚手架工程工程量计算规则

(1)脚手架计取的起点高度:基础及石砌体高度>1 m,其他结构高度>1.2 m。

(2)计算内、外墙脚手架时,均不扣除门窗洞口、空圈洞口等所占的面积。

(3)外脚手架。

1)建筑物外脚手架,高度自设计室外地坪算至檐口(或女儿墙顶);同一建筑物有不同檐高时,按建筑物的不同檐高纵向分割,分别计算,并按各自的檐高执行相应子目。地下室外脚手架的高度按其底板上坪至地下室顶板上坪之间的高度计算。

外脚手架高度

2)按外墙外边线长度乘以高度以面积计算。凸出墙面宽度大于 240 mm 的墙垛、外挑阳台(板)等,按图示尺寸展开并入外墙长度内计算。

3)现浇混凝土独立基础,按柱脚手架规则计算(外围周长按最大底面周长),执行单排外脚手架子目。

4)混凝土带形基础、带形桩承台、满堂基础,按混凝土墙的规定计算脚手架,其中满堂基础脚手架长度按外形周长计算。

5)独立柱(现浇混凝土框架柱)按柱图示结构外围周长另加 3.6 m,乘以设计柱高以面积计算,执行单排外脚手架项目。

独立柱高

6)各种现浇混凝土独立柱、框架柱、砖柱、石柱等,均需单独计算脚手架。现浇混凝土构造柱,不单独计算脚手架。

7)现浇混凝土梁、墙,按设计室外地坪或楼板上表面至楼板底之间的高度,乘以梁、墙净长以面积计算,执行双排外脚手架子目。与混凝土墙同一轴线且同时浇筑的墙上梁不单独计取脚手架。

8)轻型框剪墙按墙规定计算,不扣除之间洞口所占面积,洞口上方梁不另计算脚手架。

9)现浇混凝土(室内)梁(单梁、连续梁、框架梁),按设计室外地坪或楼板上表面至楼板底之间的高度乘以梁净长,以面积计算,执行双排外脚手架子目。有梁板中的板下梁不计取脚手架。

混凝土梁等
脚手架高度

(4)里脚手架。

1)里脚手架按墙面垂直投影面积计算。

2)内墙面装饰,按装饰面执行里脚手架计算规则计算装饰工程脚手架。内墙面装饰高度≤3.6 m 时,按相应脚手架子目乘以系数 0.30 计算;高度>3.6 m 的内墙装饰,按双排里脚手架乘以系数 0.30 计算。按规定计算满堂脚手架后,室内墙面装饰工程,不再计内墙装饰脚手架。

内墙装饰脚手架

3)(砖砌)围墙脚手架,按室外自然地坪至围墙顶面的砌筑高度乘以长度,以面积计算。围墙脚手架,执行单排里脚手架相应子目。石砌围墙或厚>2 砖的砖围墙,增加一面双排里脚手架。

(5)满堂脚手架。

1)按室内净面积计算,不扣除柱、垛所占面积。

2)结构净高>3.6 m时,可计算满堂脚手架。

注:结构净高≤3.6 m时,不计算满堂脚手架。但经建设单位批准的施工组织设计明确需搭设满堂脚手架的可计算满堂脚手架。

3)当3.6 m<结构净高≤5.2 m时,计算基本层;结构净高≤3.6 m时,不计算满堂脚手架。

4)结构净高>5.2 m时,每增加1.2 m按增加一层计算,不足0.6 m的不计,如图17-4所示。

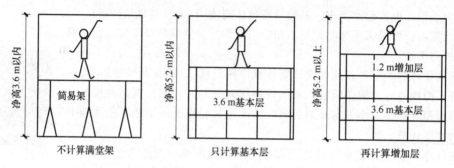

图 17-4 满堂脚手架计算示意

(6)悬空脚手架、挑脚手架、防护架。

1)悬空脚手架,按搭设水平投影面积计算。

2)挑脚手架,按搭设长度和层数以长度计算。

3)水平防护架,按实际铺板的水平投影面积计算;垂直防护架,按自然地坪至最上一层横杆之间的搭设高度乘以实际搭设长度,以面积计算。

注:①使用移动的悬空脚手架、挑脚手架,其工程量按使用过的部位尺寸计算。

②水平防护架和垂直防护架,是否搭设和搭设的部位、面积,应根据工程实际情况,按施工组织设计确定。

(7)依附斜道,按不同搭设高度以"座"计算,如图17-5所示。

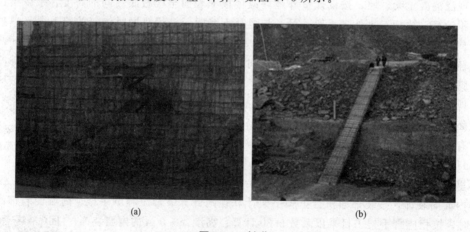

图 17-5 斜道

(a)依附斜道;(b)独立斜道

注:斜道的数量,根据施工组织设计确定。

(8)安全网。

1)平挂式安全网(脚手架外侧与建筑物外墙之间的安全网),按水平挂设的投影面积计算,执行立挂式安全网子目,如图17-6所示。

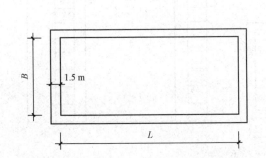
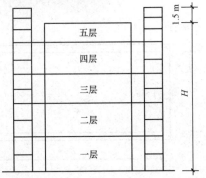

图17-6 平挂式安全网示意

2)立挂式安全网,按架网部分的实际长度乘以实际高度,以面积计算。

注:①平挂式安全网,水平设置于外脚手架的每一操作层(脚手板)下,网宽按1.5 m计算。
根据山东省工程建设标准《建筑施工现场管理标准》规定,距地面(设计室外地坪)3.2 m处设首层安全网,操作层下设随层安全网(按具体规定计算)。

平挂式安全网工程量=(外围周长×1.50+1.50×1.50×4)×(建筑物层数-1)

②立挂式安全网,沿脚手架外立杆内面垂直设置,且与平挂式安全网同时设置,网高按1.2 m计算。

3)挑出式安全网,按挑出的水平投影面积计算。

注:挑出式安全网,沿脚手架外立杆外挑,近立杆边沿较外边沿略低,斜网展开宽度按2.20 m计算。安全网的形式和数量,根据施工组织设计确定。

4)建筑物垂直封闭工程量,按封闭墙面的垂直投影面积计算。建筑物垂直封闭采用交替倒用时,工程量按倒用封闭过的垂直投影面积计算,执行定额子目时,封闭材料竹席、竹笆、密目网分别乘以系数0.50、0.33、0.33,如图17-7所示。

注:①垂直封闭,搭设在外脚手架的外立杆内面,呈闭合状态,是安全施工的必需措施,也是市容建设的实际需要。

②垂直封闭工程量=(外围周长+1.50×8)×(建筑物脚手架高度+1.5护栏高)。

③建筑物垂直封闭,根据施工组织设计确定。高出屋面的电梯间、水箱间,不计算垂直封闭。

(9)烟囱(水塔)脚手架,按不同搭设高度以"座"计算。

注:滑升钢模浇筑的钢筋混凝土烟囱、倒锥壳水塔支筒及筒仓,定额按无井架施工编制,定额内综合了操作平台。使用时,不再计算脚手架与竖井架。

(10)电梯井字架,按不同搭设高度以"座"计算。

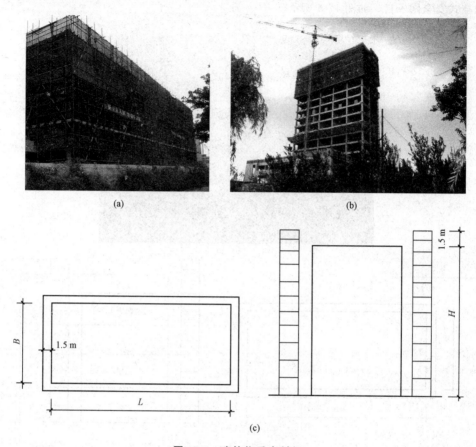

图 17-7 建筑物垂直封闭
(a)固定封闭；(b)交替倒用封闭；(c)垂直封闭计算示意

注：计算了电梯井字架的电梯井孔，其外侧的混凝土电梯井壁，不另计算脚手架。设备管道井，不适用电梯井字架子目。

(11)其他。

1)设备基础脚手架，按其外形周长乘以地坪至外形顶面边线之间的高度，以面积计算，执行双排脚手架子目。

2)砌筑储仓脚手架，不分单筒或储仓组，均按单筒外边线周长乘以设计室外地坪至储仓上口之间的高度，以面积计算，执行双排外脚手架子目。

3)储水(油)池脚手架，按外壁周长乘以室外地坪至池壁顶面之间的高度，以面积计算。储水(油)池距地坪高度>1.2 m时，执行双排外脚手架子目。

4)大型现浇混凝土储水(油)池、框架式设备基础的混凝土壁、柱、顶板梁等混凝土浇筑脚手架，按现浇混凝土墙、柱、梁的相应规定计算。

混凝土壁、顶板梁的高度，按池底上坪至池顶板下坪之间的高度计算；混凝土柱的高度，按池底上坪至池顶板上坪的高度计算。

脚手架补充说明

17.3 任务实施

【应用案例 17-1】

某住宅工程建筑平面图如图 17-1 所示,七层,平屋顶,内、外墙厚为 240 mm,层高为 2.90 m,室内外高差为 0.3 m,设计室外地坪至檐口的高度为 20.60 m,现浇混凝土阳台外挑宽度 1.20 m(图中所示尺寸均为外边线尺寸),采用双排钢管落地式脚手架,试计算外脚手架工程量,确定定额项目,并计算省价措施项目费。

解:

外边线长度=(16.8+9.6)×2+1.2×4=57.6(m)

外脚手架工程量=57.6×20.6=1 186.56(m²)

套用定额 17-1-10,24 m 以内双排钢管外脚手架

单价(含税)=273.80 元/10 m²

省价措施项目费=1 186.56/10×273.80=32 488.01(元)

【应用案例 17-2】

某工程平面示意如图 17-8 所示,内、外墙均为烧结普通砖墙 240 mm,层高为 2.9 m,混凝土楼板和阳台板厚均为 120 mm(图中所示尺寸均为轴线间尺寸),采用单排钢管脚手架,试计算实线所示部分砌体里脚手架工程量,确定定额项目,并计算省价措施项目费。

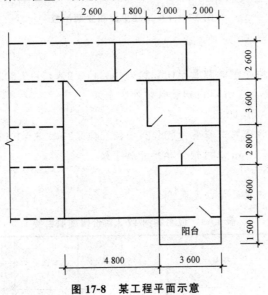

图 17-8 某工程平面示意

解:

里脚手架搭设长度=(4.6+2.8+3.6−0.24)+(4.6+2.8+3.6+2.6−0.24×2)+(2.6+1.8+2−0.24)+4−0.24+3.6−0.24+3.6−0.24=40.52(m)

里脚手架工程量=40.52×(2.9−0.12)=112.65(m²)

套用定额 17-2-5,3.6 m 以内钢管单排里脚手架

单价(含税)=72.57 元/10 m²

省价措施项目费=112.65/10×72.57=817.50(元)

注:阳台内侧(与房间之间)的外墙,应按里脚手架计算。

17.4 知识拓展

【应用案例17-3】

某工程平面和立面示意如图17-9所示(有挑出的外墙),根据施工组织设计要求,上部挑出部分采用双排钢管脚手架,下层缩入部分采用单排钢管脚手架,试计算外脚手架工程量,确定定额项目,并计算省价措施项目费。

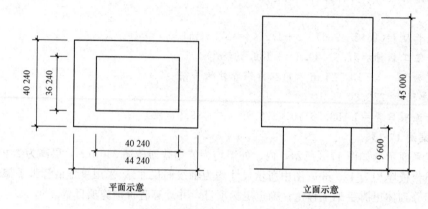

图17-9 某工程平面和立面示意

解:

(1)挑出外墙部分外脚手架工程量=(44.24+40.24)×2×45=7 603.20(m²)

套用定额17-1-12,50 m以内钢管双排外脚手架

单价(含税)=353.00元/10 m²

(2)下层缩入部分外脚手架工程量=(36.24+40.24)×2×9.6=1 468.42(m²)

套用定额17-1-8,10 m以内钢管单排外脚手架

单价(含税)=167.02元/10 m²

(3)列表计算省价措施项目费,见表17-1。

表17-1 应用案例17-3省价措施项目费

序号	定额编号	项目名称	单位	工程量	增值税(简易计税)/元	
					单价(含税)	合价
1	17-1-12	50 m以内钢管双排外脚手架	10 m²	760.32	353.00	268 392.96
2	17-1-8	10 m以内钢管单排外脚手架	10 m²	146.842	167.02	24 525.55
		省价措施项目费合计	元			292 918.51

【应用案例17-4】

某工程平面与立面示意如图17-10所示,该工程裙房8层(女儿墙高为2 m)、塔楼25层(女儿墙高为2 m),塔楼顶水箱间(烧结普通砖砌筑)一层。试计算其外脚手架工程量,确定定额项目,并列表计算省价措施项目费。

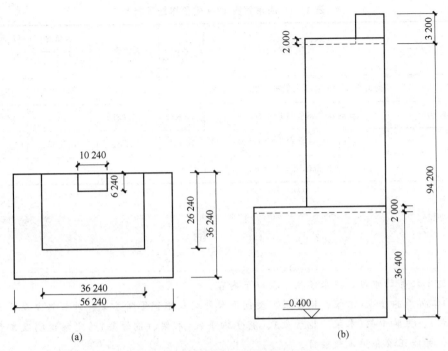

图 17-10 某工程平面与立面示意
(a)平面示意；(b)立面示意

解：
(1)计算塔楼外脚手架面积。
立面右侧工程量＝36.24×(94.20＋2.00)＝3 486.29(m²)
其余三面工程量＝(36.24＋26.24×2)×(94.20－36.40＋2.00)＝5 305.46(m²)
水箱间立面右侧工程量＝10.24×(3.20－2.00)＝12.29(m²)
工程量合计＝3 486.29＋5 305.46＋12.29＝8 804.04(m²)
凸出屋面的水箱间，执行定额时，不计入建筑物的总高度。
塔楼外脚手架高度＝94.20＋2.00＝96.20(m)
套用定额 17-1-17，型钢平台外挑双排钢管脚手架 100 m 内
单价(含税)＝887.92 元/10 m²
(2)裙房外脚手架工程量＝[(36.24＋56.24)×2－36.24]×(36.40＋2.00)＝5 710.85(m²)
裙房外脚手架高度＝36.40＋2.00＝38.40(m)
套用定额 17-1-12，双排外钢脚手架 50 m 内
单价(含税)＝353.00 元/10 m²
(3)高出屋面的水箱间，其脚手架按自身高度计算。
水箱间外脚手架工程量＝(10.24＋6.24×2)×3.2＝72.70(m²)
套用定额 17-1-6，单排外钢管脚手架 6 m 内
单价(含税)＝134.06 元/10 m²
(4)列表计算省价措施项目费，见表 17-2。

表17-2　应用案例17-4省价措施项目费

序号	定额编号	项目名称	单位	工程量	增值税(简易计税)/元	
					单价(含税)	合价
1	17—1—17	型钢平台外挑双排钢管脚手架 100 m 内	10 m²	880.404	887.92	781 728.32
2	17—1—12	50 m 以内钢管双排外脚手架	10 m²	571.085	353.00	201 593.01
3	17—1—6	6 m 以内钢管单排外脚手架	10 m²	7.27	134.06	974.62
		省价措施项目费合计	元			984 295.95

小　结

通过本任务的学习，要求学生掌握以下内容：

(1)掌握外脚手架(木架、钢管架、型钢平台外挑双排钢管脚手架、外装饰电动提升式吊篮脚手架)、里脚手架(木架、钢管架)、满堂脚手架(木架、钢管架)的定额说明及工程量计算规则，并能正确套用定额项目。

(2)掌握悬空脚手架(木架、钢管架)、挑脚手架(木架、钢管架)、钢管防护架(水平、垂直)、依附斜道(木、钢管)、安全网(立挂式、挑出式、建筑物垂直封闭)的定额说明及工程量计算规则，并能正确套用定额项目。

(3)掌握烟囱(水塔)脚手架、电梯井字架的定额说明及工程量计算规则，并能正确套用定额项目。

习　题

1.某工程平面和立面示意如图17-11所示，主楼为25层，裙楼为8层，女儿墙高为2 m，屋顶电梯间、水箱间为砖砌外墙。

(1)计算外脚手架工程量，确定定额项目，并计算省价措施项目费。

(2)编制标底(招标控制价)时计算依附斜道工程量，确定定额项目，并计算省价措施项目费。

(3)编制标底(招标控制价)时计算平挂式安全网工程量，确定定额项目，并计算省价措施项目费。

(4)编制标底(招标控制价)时计算密目网垂直封闭工程量，确定定额项目，并计算省价措施项目费。

2.某工程平面和立面示意如图17-12所示，有挑出的外墙，试计算外脚手架工程量，确定定额项目，并计算省价措施项目费。

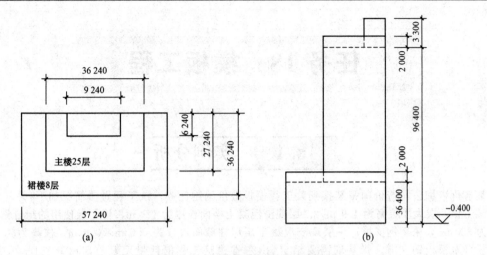

图 17-11　某工程平面和立面示意

(a)平面示意；(b)立面示意

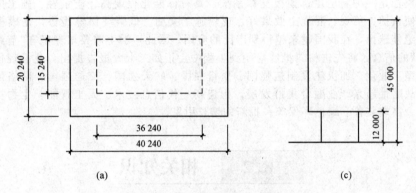

图 17-12　某工程平面和立面示意

(a)平面示意；(b)立面示意

3. 某工程建筑平面图如图 17-8 所示，采用钢管脚手架，试计算外脚手架工程量，确定定额项目，并计算省价措施项目费。

任务 18　模板工程

18.1　实例分析

某造价咨询公司造价师张某接到某工程模板造价编制任务,该工程做法简况如下:

某工程一层大厅层高为 4.9 m,二层现浇混凝土楼面板厚为 12 cm,楼面板使用的组合钢模板面积为 220 m^2,采用钢支撑;一层现浇混凝土矩形柱截面尺寸为 0.6 m×0.6 m,柱高为 4.9 m,使用复合木模板钢支撑。张某现需要结合《山东省建筑工程消耗量定额》(SD 01—31—2016)和《山东省建筑工程价目表》(2020 年)计算一层柱及二层楼面板的模板支撑超高工程量,确定定额项目,并计算省价措施项目费。

铝合金模板是一种新型建筑模板支撑系统,具有标准化程度高、质量轻、施工周期短、稳定性好、方便快捷、美观、混凝土效果好、现场施工文明、低碳环保等优势,是模板工程实现绿色施工的绝佳选择,在我国越来越得到广泛的应用。因此,学生需要培养坚守"节约能源共创美丽新世界"的信念,将先进材料推广应用到工程中。正如二十大报告提出:建设现代化产业体系。推进新型工业化,加快建设制造强国、质量强国、航天强国、交通强国、网络强国、数字中国。推动战略性新兴产业融合集群发展,构建新一代信息技术、人工智能、生物技术、新能源、新材料、高端装备、绿色环保等一批新的增长引擎。

18.2　相关知识

18.2.1　模板工程定额说明

(1)本部分定额包括现浇混凝土模板、现场预制混凝土模板、构筑物混凝土模板三节。定额按不同构件,分别以组合钢模板钢支撑、木支撑,复合木模板钢支撑、木支撑,木模板、木支撑编制。

注:本部分模板工程是按一般工业与民用建筑的混凝土模板考虑的。若遇特殊工程或特殊结构时[如体育场、馆的大跨度钢筋混凝土拱梁、观众看台、外挑看台、影(歌)剧院的楼层观众席等],可按审定的施工组织设计模板和支撑方案,另行计算。

(2)现浇混凝土模板。

1)现浇混凝土杯形基础的模板,执行现浇混凝土独立基础模板子目,定额人工乘以系数 1.13,其他不变。

2)现浇混凝土直形墙、电梯井壁等项目,如设计要求防水等特殊处理时,套用本部分有关子目后,增套消耗量定额"第五章　钢筋及混凝土工程"对拉螺栓增加子目,如图 18-1 所示。

3)现浇混凝土板的倾斜度≥15°时,其模板子目定额人工乘以系数 1.30。

4)现浇混凝土柱、梁、墙、板是按支模高度(地面支撑点至模底或支模顶)3.6 m 编制的,支模高度超过 3.6 m 时,另行计算模板支撑超高部分的工程量。轻型框剪墙的模板支撑超高,执行墙支撑超高子目。

5)对拉螺栓与钢、木支撑结合的现浇混凝土模板子目,定额按不同构件、不同模板材料和不同支撑工艺综合考虑,实际使用钢、木支撑的多少与定额不同时,不得调整。

图 18-1　地下室钢筋混凝土墙对拉螺栓示意

(3)现场预制混凝土模板。现场预制混凝土模板子目使用时,人工、材料、机械消耗量分别乘以 1.012(构件操作损耗系数)。施工单位报价时,可根据构件、现场等具体情况,自行确定操作损耗率;编制标底(招标控制价)时,执行以上系数。

(4)构筑物混凝土模板。

1)采用钢滑升模板施工的烟囱、水塔支筒及筒仓是按无井架施工编制的,定额内综合了操作平台,使用时不再计算脚手架及竖井架。

2)用钢滑升模板施工的烟囱、水塔,提升模板使用的钢爬杆用量是按一次摊销编制的,储仓是按两次摊销编制的,设计要求不同时,允许换算。

3)倒锥壳水塔塔身钢滑升模板项目,也适用于一般水塔塔身滑升模板工程。

4)烟囱钢滑升模板项目均已包括烟囱筒身、牛腿、烟道口,水塔钢滑升模板均已包括直筒、门窗洞口等模板用量。

(5)实际工程中复合木模板周转次数与定额不同时,可按实际周转次数,根据以下公式分别对子目材料中的复合木模板、锯成材消耗量进行计算调整。

1)复合木模板消耗量=模板一次使用量×(1+5%)×模板制作损耗系数÷周转次数。

2)锯成材消耗量=定额锯成材消耗量$-N_1+N_2$。

其中,N_1=模板一次使用量×(1+5%)×方木消耗系数÷定额模板周转次数;

N_2=模板一次使用量×(1+5%)×方木消耗系数÷实际周转次数。

3)上述公式中复合木模板制作损耗系数、方木消耗系数见表 18-1。

表 18-1　复合木模板制作损耗系数、方木消耗系数表

构件部位	基础	柱	构造柱	梁	墙	板
模板制作损耗系数	1.139 2	1.104 7	1.280 7	1.168 8	1.066 7	1.078 7
方木消耗系数	0.020 9	0.023 1	0.024 9	0.024 7	0.020 8	0.017 2

注:消耗量定额中复合木模板周转次数,基础部位按 1 次考虑,其他部位按 4 次考虑。

18.2.2　模板工程工程量计算规则

(1)现浇混凝土模板工程量,除另有规定外,按模板与混凝土的接触面积(扣除后浇带所占面积)计算。

1)基础按混凝土与模板接触面的面积计算。

①基础与基础相交时重叠的模板面积不扣除;直形基础端头的模板,也不增加。

②杯形基础模板面积按独立基础模板计算，杯口内的模板面积并入相应基础模板工程量内。

③现浇混凝土带形桩承台的模板，执行现浇混凝土带形基础（有梁式）模板子目。

④现浇混凝土带形基础模板，按基础展开高度乘以基础长度计算。外墙带形基础长度按外墙中心线长度计算，内墙带形基础长度按内墙基础净长度计算。

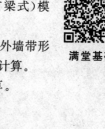

满堂基础模板

2）现浇混凝土柱模板，按柱四周展开宽度乘以柱高，以面积计算。

①柱、梁相交时，不扣除梁头所占柱模板面积。

②柱、板相交时，不扣除板厚所占柱模板面积，如图18-2所示。

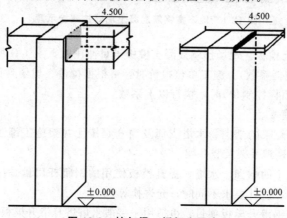

图18-2 柱与梁、板相交示意

3）构造柱模板，按混凝土外露宽度乘以柱高以面积计算；构造柱与砌体交错咬槎连接时，按混凝土外露面的最大宽度计算。构造柱与墙的接触面不计算模板面积。

4）现浇混凝土梁模板，按混凝土与模板的接触面积计算。

①矩形梁，支座处的模板不扣除，端头处的模板不增加，如图18-3(a)所示。

②梁、梁相交时，不扣除次梁梁头所占主梁模板面积。

③梁、板连接时，梁侧壁模板算至板下坪，如图18-3(b)所示。

④过梁与圈梁连接时，其过梁长度按洞口两端共加500 mm计算，如图18-3(c)所示。

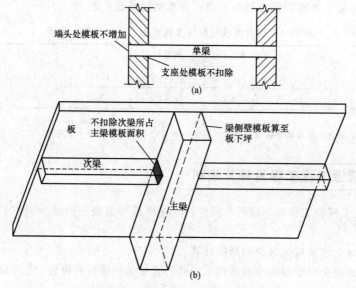

图18-3 现浇混凝土梁模板示意

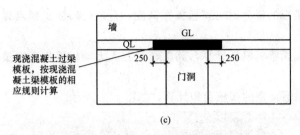

图 18-3 现浇混凝土梁模板示意(续)

5)现浇混凝土墙的模板,按混凝土与模板接触面积计算。

①现浇钢筋混凝土墙、板上单孔面积≤0.3 m² 的孔洞,不予扣除,洞侧壁模板也不增加;单孔面积>0.3 m² 时,应予扣除,洞侧壁模板面积并入墙、板模板工程量内计算。

②墙、柱连接时,柱侧壁按展开宽度,并入墙模板面积内计算。

③墙、梁相交时,不扣除梁头所占墙模板面积,如图 18-4 所示。

6)现浇钢筋混凝土框架结构分别按柱、梁、墙、板有关规定计算。轻型框剪墙子目已综合轻体框架中的梁、墙、柱内容,但不包括电梯井壁、矩形梁、挑梁,其工程量按混凝土与模板接触面面积计算。

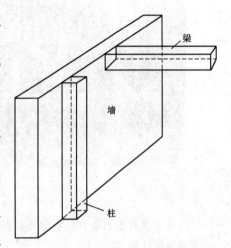

图 18-4 现浇混凝土墙与柱、梁相交模板示意

7)现浇混凝土板的模板,按混凝土与模板的接触面面积计算。

①伸入梁、墙内的板头,不计算模板面积,如图 18-5(a)所示。

②周边带翻檐的板(如卫生间混凝土防水带等),底板的板厚部分不计算模板面积;翻檐两侧的模板,按翻檐净高度,并入板的模板工程量内计算,如图 18-5(b)所示。

③板、柱相接时,板与柱接触面的面积≤0.3 m² 时,不予扣除;面积>0.3 m² 时,应予扣除,如图 18-5(c)所示。柱、墙相接时,柱与墙接触面的面积,应予扣除。

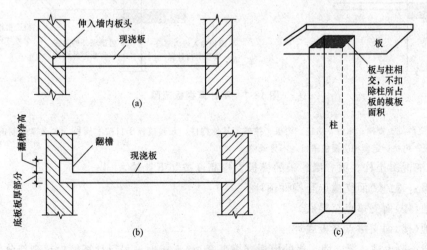

图 18-5 现浇混凝土板模板示意

④现浇混凝土有梁板的板下梁的模板支撑高度,自地(楼)面支撑点计算至板底,执行板的支撑高度超高子目。

⑤柱帽模板面积按无梁板模板计算,其工程量并入无梁板模板工程量中,模板支撑超高按板支撑超高计算。

8)后浇带按模板与后浇带的接触面积计算,如图18-6所示。

图18-6 后浇带示意

9)现浇混凝土斜板、折板模板,按平板模板计算;预制板板缝>40mm时的模板,按平板后浇带模板计算。

10)现浇钢筋混凝土雨篷、悬挑板、阳台板按图示外挑部分尺寸的水平投影面积计算。挑出墙外的牛腿梁及板边模板不另计算,如图18-7所示。现浇混凝土悬挑板的翻檐,其模板工程量按翻檐净高计算,执行"天沟、挑檐"子目;若翻檐高度>300mm,执行"栏板"子目。现浇混凝土天沟、挑檐按模板与混凝土接触面面积计算。

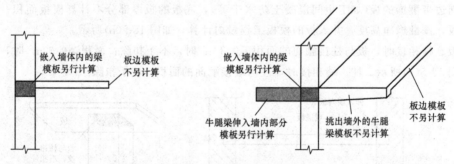

图18-7 不计算模板范围

注:现浇混凝土楼梯、阳台、雨篷、栏板、挑檐等其他构件,凡其模板子目按木模板、木支撑编制的,如实际使用复合木模板,仍执行定额相应模板子目,不另调整。

11)现浇混凝土柱、梁、墙、板的模板支撑高度按如下计算:

柱、墙:地(楼)面支撑点至构件顶坪。

梁:地(楼)面支撑点至梁底。

板:地(楼)面支撑点至板底坪。

①现浇混凝土柱、梁、墙、板的模板支撑高度>3.6m时,另行计算模板超高部分的工程量。

②梁、板(水平构件)模板支撑超高的工程量计算如下式:
$$超高次数=(支模高度-3.6)/1(遇小数进为1,不足1按1计算)$$
$$超高工程量(m^2)=超高构件的全部模板面积×超高次数$$
③柱、墙(竖直构件)模板支撑超高的工程量计算如下式:

超高次数分段计算:自高度>3.60 m,第一个1 m为超高1次,第二个1 m为超高2次,依次类推;不足1 m,按1 m计算。
$$超高工程量(m^2)=\sum(相应模板面积×超高次数)$$

④构造柱、圈梁、大钢模板墙,不计算模板支撑超高。

⑤墙、板后浇带的模板支撑超高,并入墙、板支撑超高工程量内计算。

12)现浇钢筋混凝土楼梯,按水平投影面积计算,不扣除宽度≤500 mm楼梯井所占面积。楼梯的踏步、踏步板、平台梁等侧面模板,不另计算,伸入墙内部分也不增加。

13)混凝土台阶(不包括梯带),按图示台阶尺寸的水平投影面积计算,台阶端头两侧不另计算模板面积。

14)小型构件是指单件体积≤0.1 m³ 的未列项目的构件。

现浇混凝土小型池槽按构件外围体积计算,不扣除池槽中间的空心部分。池槽内、外侧及底部的模板不另计算。

15)塑料模壳工程量,按板的轴线内包投影面积计算,如图18-8所示。

图18-8 塑料模壳示意

16)地下暗室模板拆除增加,按地下暗室内的现浇混凝土构件的模板面积计算。地下室设有室外地坪以上的洞口(不含地下室外墙出入口)、地上窗的,不再套用本子目。

17)对拉螺栓端头处理增加,按设计要求防水等特殊处理的现浇混凝土直形墙、电梯井壁(含不防水面)模板面积计算。

地下室暗模板

18)对拉螺栓堵眼增加,按相应构件混凝土模板面积计算。

19)现浇混凝土压顶模板,按压顶工程量以体积计算。

(2)现场预制混凝土构件模板工程量。

1)现场预制混凝土模板工程量,除注明者外均按混凝土实体体积计算。

2)预制桩按桩体积(不扣除桩尖虚体积部分)计算。

(3)构筑物混凝土模板工程量。

1)构筑物工程的水塔,储水(油)、化粪池,储仓的模板工程量按混凝土与模板的接触面积计算。

2)液压滑升钢模板施工的烟囱、倒锥壳水塔支筒、水箱、筒仓等均以混凝土体积计算。

3)倒锥壳水塔的水箱提升根据不同容积，按数量以"座"计算。

注：构筑物的混凝土模板工程量，定额单位为"m³"的，可直接使用按消耗量定额"第十六章 构筑物及其他工程"的规定计算出的构件体积；定额单位为"m²"的，按混凝土与模板的接触面积计算。定额未列项目，按建筑物相应构件模板子目计算。

18.3 任务实施

【应用案例 18-1】

某框架柱立面图与断面图如图 18-9 所示，现浇混凝土框架柱为 50 根，组合钢模板、钢支撑，试计算钢模板支撑工程量，确定定额项目，并计算省价措施项目费。

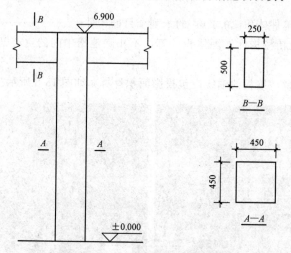

图 18-9 某框架柱立面图与断面图

解：

(1)现浇混凝土框架柱钢模板工程量＝0.45×4×6.90×50＝621.00(m²)

套用定额 18-1-34，矩形柱组合钢模板，钢支撑

单价(含税)＝593.78 元/10 m²

(2)超高次数：$n＝(6.9-3.6)/1＝3.3≈4$(次)

钢支撑超高工程量＝0.45×4×1×50×1＋0.45×4×1×50×2＋0.45×4×1×50×3＋0.45×4×0.3×50×4＝648.00(m²)

套用定额 18-1-48，柱支撑高度＞3.6 m 每增 1 m 钢支撑

单价(含税)＝41.70 元/10 m²

(3)列表计算省价措施项目费，见表 18-2。

表 18-2 应用案例 18-1 省价措施项目费

序号	定额编号	项目名称	单位	工程量	增值税(简易计税)/元	
					单价(含税)	合价
1	18-1-34	矩形柱组合钢模板，钢支撑	10 m²	62.10	593.78	36 873.74

续表

序号	定额编号	项目名称	单位	工程量	增值税(简易计税)/元 单价(含税)	合价
2	18-1-48	柱支撑高度>3.6 m 每增 1 m 钢支撑	10 m²	64.80	41.70	2 702.16
		省价措施项目费合计	元			39 575.90

【应用案例 18-2】

某工程一层大厅层高为 4.9 m，二层现浇混凝土楼面板厚为 12 cm，楼面板使用的组合钢模板面积为 220 m²，采用钢支撑；一层现浇混凝土矩形柱截面尺寸为 0.6 m×0.6 m，柱高为 4.9 m，使用复合木模板钢支撑。试计算一层柱及二层楼面板的模板支撑超高工程量，确定定额项目，并计算省价措施项目费。

解：

(1)计算柱模板支撑超高工程量。

模板支撑超高：4.9－3.6＝1.3(m)

第一个 1 m 的超高模板面积＝0.6×4×1＝2.4(m²)

第二个 1 m 的超高模板面积＝0.6×4×0.3＝0.72(m²)

一层柱的模板支撑超高工程量＝2.4×1+0.72×2＝3.84(m²)

套用定额 18-1-48，柱支撑高度>3.6 m 每增 1 m 钢支撑

单价(含税)＝41.70 元/10 m²

省价措施项目费＝3.84/10×41.70＝16.01(元)

(2)计算楼板模板支撑超高工程量。

模板支撑超高：4.9－0.12－3.6＝1.18(m)

超高次数＝1.18÷1＝1.18，超高次数不足 1 的部分按 1 计算，共取 2 次

二层楼面板的模板支撑超高工程量＝220×2＝440(m²)

套用定额 18-1-104，板支撑高度>3.6 m 每增 1 m 钢支撑

单价(含税)＝44.94 元/10 m²

省价措施项目费＝440/10×44.94＝1 977.36(元)

18.4 知识拓展

【应用案例 18-3】

某现浇混凝土梁，梁端有现浇梁垫，尺寸如图 18-10 所示，采用复合木模板钢支撑，试计算梁模板支撑工程量，确定定额项目，并列表计算省价措施项目费。

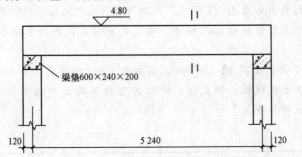

图 18-10 某现浇混凝土梁立面图与断面图

解：

(1) 梁模板工程量=(0.25+0.5×2)×(5.24+0.24)+0.60×0.20×4=7.33(m²)

套用定额18-1-56，矩形梁，复合木模板，对拉螺栓，钢支撑

单价(含税)=643.33元/10 m²

(2) 梁支撑超高次数：n=(4.8-0.5-3.6)/1=0.7≈1(次)

梁支撑超高工程量=7.33×1=7.33(m²)

套用定额18-1-70，梁支撑高度>3.6 m每增1 m钢支撑

单价(含税)=46.00元/10 m²

(3) 列表计算省价措施项目费，见表18-3。

混凝土模板
含量参考表

表18-3 应用案例18-3省价措施项目费

序号	定额编号	项目名称	单位	工程量	增值税(简易计税)/元 单价(含税)	合价
1	18-1-56	矩形梁，复合木模板，对拉螺栓，钢支撑	10 m²	0.733	643.33	471.56
2	18-1-70	梁支撑高度>3.6 m每增1 m钢支撑	10 m²	0.733	46.00	33.72
		省价措施项目费合计	元			505.28

小 结

通过本任务的学习，要求学生掌握以下内容：

(1) 掌握现浇混凝土模板(基础、柱、梁、墙、轻型框-剪墙、板、其他构件及后浇带等)的定额说明及工程量计算规则，并能正确套用定额项目。

(2) 掌握现场预制混凝土模板(桩、柱、梁、屋架、板、其他构件及地、胎模等)的定额说明及工程量计算规则，并能正确套用定额项目。

(3) 掌握构筑物混凝土模板[烟囱、水塔、倒锥壳水塔、储水(油)池、化粪池、储仓及筒仓等]的定额说明及工程量计算规则，并能正确套用定额项目。

习 题

1. 某有梁板结构平面图和剖面图如图18-11所示，板顶标高为6.300 m，模板采用组合钢模板钢支撑，试计算现浇混凝土有梁板模板工程量，确定定额项目，并计算省价措施项目费。

2. 某工程现浇混凝土平板平面图如图18-12所示，层高为3 m，板厚为100 mm，墙厚均为240 mm，如果模板采用组合钢模板、钢支撑，试计算现浇混凝土平板模板工程量，确定定额项目，并计算省价措施项目费。

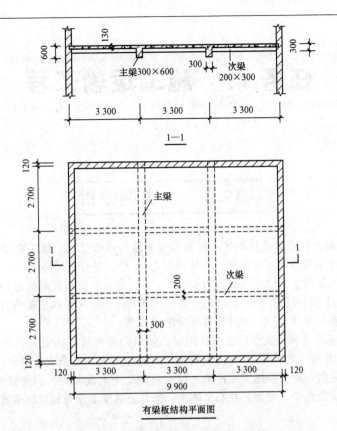

图 18-11 某有梁板结构平面图和剖面图

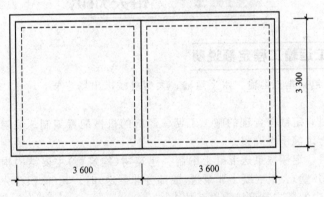

图 18-12 某工程现浇混凝土平板平面图

3. 某工程一层为钢筋混凝土墙体,层高为 4.5 m,现浇混凝土板厚为 120 mm,采用复合木模板,钢支撑,经计算一层钢筋混凝土模板工程量为 5 000 m²(其中超高面积为 1 000 m²),试计算复合木模板工程量,确定定额项目,并计算省价措施项目费。

任务 19　施工运输工程

19.1　实例分析

某造价咨询公司造价师张某接到某工程垂直运输造价编制任务,该工程做法简况如下:

某民用建筑工程为现浇混凝土结构,主楼部分为 20 层,檐口高度为 80 m,裙楼部分为 8 层,檐口高度为 36 m,9 层以上每层建筑面积为 650 m²,8 层部分每层建筑面积为 1 000 m²。张某现需要结合《山东省建筑工程消耗量定额》(SD 01—31—2016)和《山东省建筑工程价目表》(2020 年)计算垂直运输工程量,确定定额项目,并计算省价措施项目费。

2017 年 7 月,某市某项目发生一起塔式起重机倾斜倒塌事故,造成 7 人死亡、2 人重伤,直接经济损失 847.73 万元,正所谓:"人人讲安全,安全为人人。安全就是生命,责任重于泰山。"作为工程人,我们应时刻把安全施工放在第一位。正如二十大报告提出:坚持安全第一、预防为主,建立大安全大应急框架,完善公共安全体系,推动公共安全治理模式向事前预防转型。

19.2　相关知识

19.2.1　施工运输工程定额说明

(1)本部分定额包括垂直运输、水平运输、大型机械进出场三节。

(2)垂直运输。

1)垂直运输子目,定额按合理的施工工期、经济的机械配置编制。编制招标控制价时,执行定额不得调整。

2)垂直运输子目,定额按泵送混凝土编制。建筑物(构筑物)主要结构构件柱、梁、墙(电梯井壁)、板混凝土非泵送(或部分非泵送)时,其(体积百分比,下同)相应子目中的塔式起重机乘以系数 1.15。

泵送建筑面积

3)垂直运输子目,定额按预制构件采用塔式起重机安装编制。

①预制混凝土结构、钢结构的主要结构构件柱、梁(屋架)、墙、板采用(或部分采用)轮胎式起重机安装时,其相应子目中的塔式起重机全部扣除。

②其他建筑物的预制混凝土构件全部采用轮胎式起重机安装时,相应子目中的塔式起重机乘以系数 0.85。

轮胎机
安装建筑面积

4)垂直运输子目中的施工电梯(或卷扬机),是装饰工程类别为Ⅲ类时的台班使用量。装饰工程类别为Ⅱ类时,相应子目中的施工电梯(或卷扬机)乘以系数 1.20;装饰工程类别为Ⅰ类时,乘以系数 1.40。

5)现浇(预制)混凝土结构是指现浇(预制)混凝土柱、墙(电梯井壁)、梁(屋架)为主要承重构件，外墙全部或局部为砌体的结构形式。

注：现浇混凝土结构涵盖（但不限于）现浇混凝土框架、框、剪、框-筒、框支等结构形式。预制混凝土结构涵盖（但不限于）预制混凝土框架、排架等结构形式。

6）檐口高度3.6 m以内的建筑物，不计算垂直运输。

7）民用建筑垂直运输。

①民用建筑垂直运输，包括基础（无地下室）垂直运输、地下室（含基础）垂直运输、±0.000以上（区分为檐高≤20 m、檐高＞20 m）垂直运输等内容。

民用建筑垂直运输＝基础（无地下室）垂直运输＋±0.000以上垂直运输

或　　民用建筑垂直运输＝地下室（含基础）垂直运输＋±0.000以上垂直运输

②檐口高度是指设计室外地坪至檐口滴水（或屋面板板顶）的高度。只有楼梯间、电梯间、水箱间等凸出建筑物主体屋面时，其凸出部分高度不计入檐口高度。建筑物檐口高度超过定额相邻檐口高度＜2.20 m时，其超过部分忽略不计。

注：特殊情况下，建筑物檐口高度超过定额檐口高度的尺寸很小，如果不加以限制，就要执行上一档檐口高度的定额子目，特别是本部分子目步距扩展至20 m后，不合理的成分太大。为此，本部分增加了一条限制性说明：建筑物檐口高度超过定额相邻檐口高度＜2.20 m时，其超过部分忽略不计。

③民用建筑±0.000垂直运输，定额按层高≤3.60 m编制。层高超过3.60 m，每超过1 m，相应垂直运输子目乘以系数1.15（连超连乘）。

④民用建筑檐高＞20 m垂直运输子目，定额按现浇混凝土结构的一般民用建筑编制。装饰工程类别为Ⅰ类的特殊公共建筑，相应子目中的塔式起重机乘以系数1.35。预制混凝土结构的一般民用建筑，相应子目中的塔式起重机乘以系数0.95。

8）工业厂房垂直运输。

①工业厂房是指直接从事物质生产的生产厂房或生产车间。工业建筑中，为物质生产配套和服务的食堂、宿舍、医疗、卫生及管理用房等独立建筑物，按民用建筑垂直运输相应子目另行计算。

②工业厂房垂直运输子目，按整体工程编制，包括基础和上部结构。工业厂房有地下室时，地下室按民用建筑相应子目另行计算。

③工业厂房垂直运输子目，按一类工业厂房编制。二类工业厂房，相应子目中的塔式起重机乘以系数1.20；工业仓库，乘以系数0.75。

a. 一类工业厂房是指机加工、五金、一般纺织（粗纺、制条、洗毛等）、电子、服装等生产车间，以及无特殊要求的装配车间。

b. 二类工业厂房是指设备基础及工艺要求较复杂、建筑设备或建筑标准较高的生产车间，如铸造、锻造、电镀、酸碱、仪表、手表、电视、医药、食品等生产车间。

9）钢结构工程垂直运输。钢结构工程垂直运输子目，按钢结构工程基础以上工程内容编制。钢结构工程的基础或地下室，按民用建筑相应子目另行计算。

10）零星工程垂直运输。

①超深基础垂直运输增加子目，适用于基础（含垫层）深度大于3 m的情况。建筑物（构筑物）基础深度，无地下室时，自设计室外地坪算起；有地下室时，自地下室底层设计室内地坪算起。

②其他零星工程垂直运输子目（如砌体、混凝土、金属构件、门窗、装修面层）是指能够计算建筑面积（含1/2面积）之空间的外装饰层（含屋面顶坪）范围以外的零星工程所需要的垂直运输，如装饰性阳台、不能计算建筑面积的雨篷、屋面顶坪以上的装饰性花架、水箱、风机和冷却塔配套基础、信号收发柱塔等。

注：凸出建筑物外墙的室外台阶、坡道、腰线、遮阳板、空调机搁板、不能计算建筑面积的飘窗、挑檐、屋顶女儿墙、排烟气道口等建筑物功能必需的小型构配件，不能按零星工程另行计算垂直运输。

11) 建筑物分部工程垂直运输。

①建筑物分部工程垂直运输,包括主体工程垂直运输、外装修工程垂直运输、内装修工程垂直运输,适用于建设单位将工程分别发包给至少两个施工单位施工的情况。

②建筑物分部工程垂直运输,执行整体工程垂直运输相应子目,并乘以表19-1规定的系数。

表19-1 分部工程垂直运输系数表

机械名称	整体工程垂直运输	分部工程垂直运输		
		主体工程垂直运输	外装修工程垂直运输	内装修工程垂直运输
综合工日	1	1	0	0
对讲机	1	1	0	0
塔式起重机	1	1	0	0
清水泵	1	0.70	0.12	0.43
施工电梯或卷扬机	1	0.70	0.28	0.27

③主体工程垂直运输,除表19-1规定的系数外,适用整体工程垂直运输的其他所有规定。

④外装修工程垂直运输。建设单位单独发包外装修工程(镶贴或干挂各类板材、设置各类幕墙)且外装修施工单位自设垂直运输机械时,计算外装修工程垂直运输。外装修工程垂直运输,按外装修高度(设计室外地坪至外装修顶面的高度)执行整体工程垂直运输相应檐口高度子目,并乘以表19-1规定的系数。

⑤内装修工程垂直运输。建设单位单独发包内装修工程且内装修施工单位自设垂直运输机械时,计算内装修工程垂直运输。内装修工程垂直运输,根据内装修施工所在最高楼层,按表19-2对应子目的垂直运输机械乘以表19-1规定的系数。

表19-2 单独内装修工程垂直运输对照表

定额号	檐高/m(≤)	内装修最高层	定额号	檐高/m(≤)	内装修最高层
相应子目	20	1~6	19-1-30	180	49~54
19-1-23	40	7~12	19-1-31	200	55~60
19-1-24	60	13~18	19-1-32	220	61~66
19-1-25	80	19~24	19-1-33	240	67~72
19-1-26	100	25~30	19-1-34	260	73~78
19-1-27	120	31~36	19-1-35	280	79~84
19-1-28	140	37~42	19-1-36	300	85~90
19-1-29	160	43~48			

12)构筑物垂直运输。

①构筑物高度是指设计室外地坪至构筑物结构顶面的高度。

②混凝土清水池是指位于建筑物之外的独立构筑物。建筑面积外边线以内的各种水池,应合并于建筑物并按其相应规定一并计算,不适用本子目。

③混凝土清水池,定额设置了≤500 t、1 000 t、5 000 t 三个基本子目。清水池容量(500~5 000 t)与定额不同时,按插入法计算;当清水池容量>5 000 t 时,按每增加 500 t 子目另行计算。

④混凝土污水池,按清水池相应子目乘以系数 1.10。

(3)水平运输。

1)水平运输,按施工现场范围内运输编制,适用于预制构件在预制加工厂(总包单位自有)内、构件堆放场地内或构件堆放地至构件起吊点的水平运输。在施工现场范围之外的市政道路上运输,不适用本定额。

2)预制构件在构件起吊点半径 15 m 范围内的水平移动已包括在相应安装子目内。超过上述距离的地面水平移动,按水平运输相应子目,计算场内运输。

3)水平运输<1 km 子目,定额按不同运距综合考虑,实际运距不同时不得调整。每增运 1 km 子目,含每增运 1 km 以内,限施工现场范围内增加运距。

4)混凝土构件运输,已综合了构件运输过程中的构件损耗。

5)金属构件运输子目中的主体构件是指柱、梁、屋架、天窗架、挡风架、防风桁架、平台、操作平台等金属构件。主体构件之外的其他金属构件,为零星构件。

6)水平运输子目中,不包括起重机械、运输机械行驶道路的铺垫、维修所消耗的人工、材料和机械,实际发生时另行计算。

(4)大型机械进出场。

1)大型机械基础,适用于塔式起重机、施工电梯、卷扬机等大型机械需要设置基础的情况。

2)混凝土独立式基础,已综合了基础的混凝土、钢筋、地脚螺栓和模板。但不包括基础的挖土、回填和复土配重。其中,钢筋、地脚螺栓的规格和用量及现浇混凝土强度等级与定额不同时,可以换算,其他不变。

3)大型机械安装、拆卸,是指大型施工机械在现场进行安装与拆卸所需的人工、材料、机械和试运转,以及机械辅助设施的折旧、搭设、拆除等工作内容。

4)大型机械场外运输是指大型施工机械整体或分体自停放地点运至施工现场或由一施工地点运至另一施工地点的运输、装卸、辅助材料等工作内容。

5)大型机械进出场子目未列明机械规格、能力的,均涵盖各种规格、能力。大型机械本体的规格,定额按常用规格编制。实际与定额不同时,可以换算,消耗量及其他均不变。

6)大型机械进出场子目未列机械,不单独计算其安装、拆卸和场外运输。

(5)施工机械停滞是指非施工单位自身原因、非不可抗力所造成的施工现场施工机械的停滞。

19.2.2 施工运输工程工程量计算规则

(1)垂直运输。凡定额单位为"m²"的,均按《建筑工程建筑面积计算规范》(GB/T 50353—2013)的相应规定,以建筑面积计算。但以下另有规定者,按以下相应规定计算:

1)民用建筑(无地下室)基础的垂直运输,按建筑物底层建筑面积计算。建筑物底层不能计算建筑面积或计算 1/2 建筑面积的部位配置基础时,按其勒脚以上结构外围内包面积,合并于底层建筑面积一并计算。

民用建筑(无地下室)±0.000以下存在多种基础形式时,其垂直运输以各种基础形式所对应的底层建筑面积之和确定工程量,以体积大的基础形式执行定额。

民用建筑(无地下室)±0.000以下基础含量≤3 m³/10 m²(底层建筑面积)时,其垂直运输子目乘以系数0.5。

2)混凝土地下室(含基础)的垂直运输,按地下室底层建筑面积计算。筏形基础所在层的建筑面积为地下室底层建筑面积。地下室层数不同时,面积大的筏形基础所在层的建筑面积为地下室底层建筑面积。

3)檐高≤20 m建筑物的垂直运输,按建筑物建筑面积计算。

①各层建筑面积均相等时,任一层建筑面积为标准层建筑面积。

②除底层、顶层(含阁楼层)外,中间层建筑面积均相等(或中间仅一层)时,中间任一层(或中间层)的建筑面积为标准层建筑面积。

③除底层、顶层(含阁楼层)外,中间各层建筑面积不相等时,中间各层建筑面积的平均值为标准层建筑面积。两层建筑物,两层建筑面积的平均值为标准层建筑面积。

④同一建筑物结构形式不同时,按建筑面积大的结构形式确定建筑物的结构形式。

4)檐高>20 m建筑物的垂直运输,按建筑物建筑面积计算。

①同一建筑物檐口高度不同时,应区别不同檐口高度分别计算;层数多的地上层的外墙外垂直面(向下延伸至±0.000)为其分界。

②同一建筑物结构形式不同时,应区别不同结构形式分别计算。

5)工业厂房的垂直运输,按工业厂房的建筑面积计算。同一厂房结构形式不同时,应区别不同结构形式分别计算。

6)钢结构工程的垂直运输,按钢结构工程的用钢量,以质量计算。

7)零星工程垂直运输。

①基础(含垫层)深度>3 m时,按深度>3 m的基础(含垫层)设计图示尺寸,以体积计算。

②零星工程垂直运输,分别按设计图示尺寸和相关工程量计算规则,以定额单位计算。

8)建筑物分部工程垂直运输。

①主体工程垂直运输,按建筑物建筑面积计算。

②外装修工程垂直运输,按外装修的垂直投影面积(不扣除门窗等各种洞口,凸出外墙面的侧壁也不增加),以面积计算。同一建筑物外装修总高度不同时,应区别不同装修高度分别计算;高层(向下延伸至±0.000)与底层交界处的工程量,并入高层工程量内计算。

③内装修工程垂直运输,按建筑物建筑面积计算。同一建筑物总层数不同时,应区别内装修施工所在最高楼层分别计算。

9)构筑物垂直运输,以构筑物座数计算。

(2)水平运输。

1)混凝土构件运输,按构件设计图示尺寸以体积计算。

2)金属构件运输,按构件设计图示尺寸以质量计算。

(3)大型机械进出场。

1)大型机械基础,按施工组织设计规定的尺寸,以体积(或长度)计算。

2)大型机械安装拆卸和场外运输,按施工组织设计规定以"台次"计算。

(4)施工机械停滞,按施工现场施工机械的实际停滞时间,以"台班"计算。

$$机械停滞费 = \sum[(台班折旧费 + 台班人工费 + 台班其他费) \times 停滞台班数量]$$

1)机械停滞期间,机上人员未在现场或另做其他工作时,不得计算台班人工费。

2)下列情况,不得计算机械停滞台班:
①机械迁移过程中的停滞。
②按施工组织设计或合同规定,工程完成后不能立即转入下一个工程所发生的停滞。
③施工组织设计规定的合理停滞。
④法定假日及冬雨期因自然气候影响发生的停滞。
⑤双方合同中另有约定的合理停滞。

19.3 任务实施

【应用案例 19-1】
某民用建筑工程为现浇混凝土结构,主楼部分为20层,檐口高度为80 m,裙楼部分为8层,檐口高度为36 m,9层以上每层建筑面积为650 m²,8层部分每层建筑面积为1 000 m²,试计算垂直运输工程量,确定定额项目,并计算省价措施项目费。

解:
(1)计算主楼部分工程量。
$S_主 = 650 \times 20 = 13\,000 (m^2)$
套用定额19-1-25,檐高80 m以内现浇混凝土结构
单价(含税)=652.54 元/10 m²
省价措施项目费=13 000/10×652.54=848 302.00(元)
(2)计算裙楼部分工程量。
$S_裙 = (1\,000 - 650) \times 8 = 2\,800 (m^2)$
套用定额19-1-23,檐高40 m以内现浇混凝土结构
单价(含税)=647.41 元/10 m²
省价措施项目费=2 800/10×647.41=181 274.80(元)

【应用案例 19-2】
某工程使用自升式塔式起重机一台,檐高为99.9 m,该塔式起重机基础为独立式基础,现浇混凝土体积为20 m³,主体施工完后,塔机的基础需要拆除,试计算工程量,确定定额项目,并列表计算省价措施项目费。

解:
(1)塔式起重机基础混凝土工程量 $V = 20\ m^3$
套用定额19-3-1,塔式起重机混凝土基础
单价(含税)=10 312.83 元/10 m³
(2)塔式起重机基础混凝土拆除工程量=20 m³
套用定额19-3-4,塔式起重机基础混凝土拆除
单价(含税)=2 627.34 元/10 m³
(3)塔式起重机安装、拆卸工程量=1 台次
套用定额19-3-6,自升式塔式起重机安装、拆卸,檐高≤100 m
单价(含税)=16 668.66 元/台次
(4)塔式起重机场外运输工程量=1 台次
套用定额19-3-19,自升式塔式起重机场外运输,檐高≤100 m
单价(含税)=14 136.26 元/台次
(5)列表计算省价措施项目费,见表19-3。

表 19-3　应用案例 19-2 省价措施项目费

序号	定额编号	项目名称	单位	工程量	增值税(简易计税)/元 单价(含税)	合价
1	19－3－1	塔式起重机混凝土基础	10 m³	2	10 312.83	20 625.66
2	19－3－4	塔式起重机基础混凝土拆除	10 m³	2	2 627.34	5 254.68
3	19－3－6	自升式塔式起重机安装、拆卸，檐高≤100 m	台次	1	16 668.66	16 668.66
4	19－3－19	自升式塔式起重机场外运输，檐高≤100 m	台次	1	14 136.26	14 136.26
		省价措施项目费合计	元			56 685.26

【应用案例 19-3】

某工程(现浇混凝土结构)单线(结构外边线，无外墙外保温)示意如图 19-1 所示，试计算该工程招标控制价中垂直运输及垂直运输机械进出场的相关工程量，确定定额项目，并列表计算省价措施项目费。

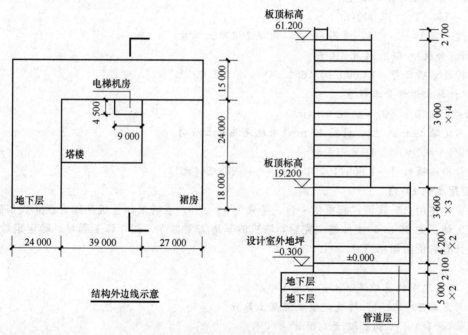

图 19-1　某现浇混凝土结构平面及剖面示意

解：

(1)计算垂直运输工程量。

1)地下层垂直运输。

地下层底层建筑面积＝90×57＝5 130(m²)

管道层建筑面积＝66×42×0.5＝1 386(m²)

地下层总建筑面积＝5 130×2＋1 386＝11 646(m²)

套用定额 19－1－12，±0.000 以下混凝土地下层(含基础)，地下室底层建筑面积≤10 000 m²

单价(含税)＝420.61 元/10 m²

2)塔楼垂直运输。

塔楼檐高＝61.20＋0.30＝61.50(m)

由于61.50－60＝1.50(m)＜2.20 m，故1.50 m忽略不计。

①塔楼三层～顶层总建筑面积＝39×24×17＋9×4.5＝15 952.50(m²)

套用定额19－1－24，现浇混凝土结构垂直运输，檐高≤60 m

单价(含税)＝652.49元/10 m²

②塔楼一层～二层层高＝4.20－3.60＝0.6(m)＜1 m

塔楼一层～二层总建筑面积＝39×24×2＝1 872(m²)

套用定额19－1－24，现浇混凝土结构垂直运输，檐高≤60 m，层高＞3.6 m，乘以1.15

单价(含税)＝652.49元/10 m²

3)裙房垂直运输。

裙房檐高＝19.20＋0.30＝19.50(m)

①裙房标准层建筑面积＝66×42－39×24＝1 836(m²)

裙房总建筑面积＝1 836×5＝9 180(m²)

套用定额19－1－19，现浇混凝土结构，檐高≤20 m，标准层建筑面积＞1 000 m²

单价(含税)＝296.86元/10 m²

②裙房一层～二层层高＝4.20－3.60＝0.6(m)＜1 m

裙房一层～二层总建筑面积＝1 836×2＝3 672(m²)

套用定额19－1－19，现浇混凝土结构，檐高≤20 m，标准层建筑面积＞1 000 m²，层高＞3.6 m，乘以1.15

单价(含税)＝296.86元/10 m²

(2)计算垂直运输机械进出场。

1)垂直运输机械现浇混凝土基础。

①自升式起重机基础：塔楼39×24＝936(m²)，1座

裙房66×42－39×24＝1 836(m²)，2座

地下层90×57＝5 130(m²)，4座

②施工电梯：塔楼1座

③卷扬机：裙房2座

地下层：4座

合计：30×7＋10×1＋3×6＝238(m³)

套用定额19－3－1，独立式基础，现浇混凝土

单价(含税)＝10 312.83元/10 m³

套用定额19－3－4，混凝土基础拆除

单价(含税)＝2 627.34元/10 m³

2)垂直运输机械安装拆卸、场外运输。

①自升式起重机：塔楼檐高＝60 m，安拆、外运各1台次。

套用定额19－3－6，自升式塔式起重机安拆，檐高≤100 m

单价(含税)＝16 668.66元/台次

套用定额19－3－19，自升式塔式起重机场外运输，檐高≤100 m

单价(含税)＝14 136.26元/台次

裙房地下层檐高＜20 m，安拆、外运各6台次。

套用定额19－3－5，自升式塔式起重机安拆，檐高≤20 m

单价(含税)=11 448.58 元/台次

套用定额19-3-18,自升式塔式起重机场外运输,檐高≤20 m

单价(含税)=10 502.68 元/台次

②施工电梯:塔楼檐高=60 m,安拆、外运各1台次。

套用定额19-3-10,卷扬机、施工电梯安拆,檐高≤100 m

单价(含税)=9 941.35 元/台次

套用定额19-3-23,卷扬机、施工电梯场外运输,檐高≤100 m

单价(含税)=11 254.01 元/台次

③卷扬机:裙房地下层,檐高≤20 m,安拆、外运各6台次。

套用定额19-3-9,卷扬机、施工电梯安拆,檐高≤20 m

单价(含税)=4 698.78 元/台次

套用定额19-3-22,卷扬机、施工电梯场外运输,檐高≤20 m

单价(含税)=3 962.34 元/台次

(3)列表计算省价措施项目费,见表19-4。

表19-4 应用案例19-3省价措施项目费

序号	定额编号	项目名称	单位	工程量	增值税(简易计税)/元 单价(含税)	合价
1	19-1-12	±0.000以下混凝土地下层(含基础),地下室底层建筑面积≤10 000 m²	10 m²	1 164.6	420.61	489 842.41
2	19-1-24	现浇混凝土结构垂直运输,檐高≤60 m	10 m²	1 595.25	652.49	1 040 884.67
3	19-1-24	现浇混凝土结构垂直运输,檐高≤60 m,层高>3.6 m,乘以1.15	10 m²	215.28	652.49	140 468.05
4	19-1-19	现浇混凝土结构,檐高≤20 m,标准层建筑面积>1 000 m²	10 m²	918.00	296.86	272 517.48
5	19-1-19	现浇混凝土结构,檐高≤20 m,标准层建筑面积>1 000 m²,层高>3.6 m,乘以1.15	10 m²	422.28	296.86	125 358.04
6	19-3-1	独立式基础,现浇混凝土	10 m³	23.8	10 312.83	245 445.35
7	19-3-4	混凝土基础拆除	10 m³	23.8	2 627.34	62 530.69
8	19-3-6	自升式塔式起重机安拆,檐高≤100 m	台次	1	16 668.66	16 668.66
9	19-3-19	自升式塔式起重机场外运输,檐高≤100 m	台次	1	14 136.26	14 136.26
10	19-3-5	自升式塔式起重机安拆,檐高≤20 m	台次	6	11 448.58	68 691.48
11	19-3-18	自升式塔式起重机场外运输,檐高≤20 m	台次	6	10 502.68	63 016.08
12	19-3-10	卷扬机、施工电梯安拆,檐高≤100 m	台次	1	9 941.35	9 941.35
13	19-3-23	卷扬机、施工电梯场外运输,檐高≤100 m	台次	1	11 254.01	11 254.01
14	19-3-9	卷扬机、施工电梯安拆,檐高≤20 m	台次	6	4 698.78	28 192.68
15	19-3-22	卷扬机、施工电梯场外运输,檐高≤20 m	台次	6	3 962.34	23 774.04
		省价措施项目费合计	元			2 612 721.25

注：垂直运输机械和其他大型机械的配备，因为工程具体情况、招标工期、机械生产能力、企业机械调度情况等因素，不同的工程之间会有千差万别的变化；许多情况下，还会与相应定额子目中配置的机械的工作方式、规格、能力等不一致。例如，建筑面积、建筑层数相差不大的建筑物，有的配备 1 000 kN·m 的自升式塔式起重机，有的就可能配备小一些或大一些的自升式塔式起重机。同样是地下两层的土方大开挖，有的用斗容量 1 m³ 的液压挖掘机，有的就可能用斗容量大一些，甚至是其他工作方式的挖掘机。建筑物的垂直运输，按不同结构形式、不同檐高，分别计算工程量，并分别套用相应垂直运输子目后，预算汇料结果可能出现同一工程，使用两种甚至几种不同型号的自升式塔式起重机、施工电梯等情况。

19.4　知识拓展

(1)招标控制价。编制招标控制价时，所有大型机械，如土方机械、垂直运输机械（自升式塔式起重机、施工电梯、卷扬机）等，一律执行相应定额子目中配置的机械，不得调整。

垂直运输按相应规定计算工程量、套用相应定额子目后，预算汇料结果可能出现的不同型号的自升式塔式起重机、施工电梯等情况，一律不作调整。

自升式塔式起重机、施工电梯（或卷扬机）的混凝土独立式基础，建筑物底层（不含地下室）建筑面积 1 000 m² 以内，各计 1 座；超过 1 000 m²，每增加 400~1 000 m²，各增加 1 座。建筑物地下层建筑面积 1 500 m² 以内，各计 1 座；超过 1 500 m²，每增加 600~1 500 m²，各增加 1 座。每座分别按 30 m³、10 m³（或 3 m³）计算。现浇混凝土独立式基础，应同时计算基础拆除。

其他大型机械，其基础不单独计算。自升式塔式起重机、施工电梯（或卷扬机）的安装拆卸和场外运输，其工程量应与其基础座数一致。

其他大型机械的安装拆卸和场外运输，凡按相应规定能够计算的，应按预算汇料结果中的机械名称，每个单位工程至少计 1 台次；工程规模较大或招标工期较短时，按单位工程工程量、招标工期天数、大型机械工作能力等具体因素合理确定。

(2)投标报价。施工单位投标时，应根据工程具体情况、招标工期、机械生产能力、企业机械调度情况等因素，在施工组织设计中（可参考预算汇料结果）明确各种大型机械的配备情况，如大型机械名称、规格、台数、用途和使用时间等。编制报价时，一般应保持其与施工组织设计相一致。

大型机械的基础、安装拆卸和场外运输，施工组织设计未明确具体做法时，可按招标控制价口径编入报价。大型机械的安装拆卸和场外运输，凡按相应规定能够计算的，一般每个单位工程只能计 1 台次。

(3)竣工结算。大型机械的使用和计价，竣工结算时，应按施工合同的具体约定（不可竞争费用除外）办理。施工单位中标、进场后，应做好施工组织设计的完善、优化工作，如施工组织设计未能明确的自升式塔式起重机的独立式基础，应详细说明其具体做法（钢筋、地脚螺栓的规格和用量，现浇混凝土强度等级等）。特别是对于那些与相应定额子目中配置机械不一致的大型机械，应充分说明其必要性和不可替代性。经过完善、优化的施工组织设计，应取得建设单位的认可和批准。

由于种种原因，施工组织设计对某些做法未能具体明确时，由于施工组织设计估计不足或者由于施工条件变化，必须修改施工组织设计的某些做法时，应该以详细、确切的现场签证予以记录和弥补。其中，涉及合同价款调整且能够予以说明的，应该说明调整合同价款的计算方法。经建设单位批准的施工组织设计和手续完备的现场签证，是调整合同价款并按实结算的主要依据之一。

小 结

通过本任务的学习，要求学生掌握以下内容：

(1)掌握垂直运输(民用建筑垂直运输、工业厂房垂直运输、钢结构工程垂直运输、零星工程垂直运输、构筑物垂直运输)的定额说明及工程量计算规则，并能正确套用定额项目。

(2)掌握水平运输(混凝土构件水平运输、金属构件水平运输)的定额说明及工程量计算规则，并能正确套用定额项目。

(3)掌握大型机械进出场(大型机械基础、大型机械安装拆卸、大型机械场外运输)的定额说明及工程量计算规则，并能正确套用定额项目。

习 题

1. 某工程建筑物檐高为 120 m，使用自升式塔式起重机一台，该塔机基础混凝土体积为 30 m³，试计算工程量，确定定额项目，并计算省价措施项目费。

2. 某工程平面和立面示意如图 19-2 所示，主楼为 25 层，裙楼为 8 层，女儿墙墙高为 2 m，屋顶电梯间、水箱间为砖砌外墙。试计算该工程招标控制价中垂直运输及垂直运输机械进出场的相关工程量，确定定额项目，并计算省价措施项目费。

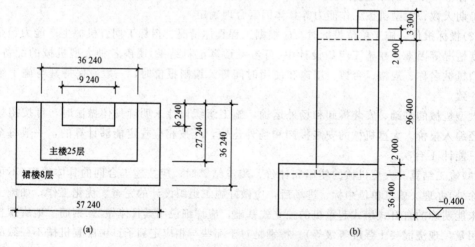

图 19-2 某工程平面与立面示意
(a)平面图；(b)立面图

任务20　建筑施工增加

20.1　实例分析

某造价咨询公司造价师张某接到某工程超高施工增加造价编制任务,该工程做法简况如下:

某民用建筑工程为现浇混凝土结构,主楼部分为20层,檐口高度为80.1 m,裙楼部分为8层,檐口高度为36 m,主楼部分±0.000以上部分的人工费为2 886 880.00元,起重机械费为1 608 600.00元,裙楼部分±0.000以上部分的人工费为286 880.00元,起重机械费为108 600.00元。张某现需要结合《山东省建筑工程消耗量定额》(SD 01—31—2016)和《山东省建筑工程价目表》(2020年)计算人工起重机械超高施工增加工程量,确定定额项目,并计算省价分部分项工程费(假设以上费用均为实体项目的费用)。

在我国超过100 m的摩天大楼建筑数量为2 000余座,在全世界最高的20座建筑物有11座位于中国。超高层建筑是一个城市的象征和标志,它的背后是技术的进步和成本的增加,所以建筑越高,人工和机械的费用也在不断攀升,因此,学生必须培养"精准计量"的工匠精神,达到"合理节约"的目的。

20.2　相关知识

20.2.1　建筑施工增加定额说明

(1)本部分定额包括人工起重机械超高施工增加、人工其他机械超高施工增加、其他施工增加三节。

(2)超高施工增加。

1)超高施工增加,适用于建筑物檐口高度>20 m的工程。檐口高度是指设计室外地坪至檐口滴水(或屋面板板顶)的高度。只有楼梯间、电梯间、水箱间等凸出建筑物主体屋面时,其凸出部分不计入檐口高度。建筑物檐口高度超过定额相邻檐口高度<2.20 m时,其超过部分忽略不计。

2)超高施工增加以不同檐口高度的降效系数(%)表示。起重机械降效是指轮胎式起重机(包括轮胎式起重机安装子目所含机械,但不含除外内容)的降效。其他机械降效是指除起重机械以外的其他施工机械(不含除外内容)的降效,见表20-1。各项降效系数,均指完成建筑物檐口高度20 m以上所有工程内容(不含除外内容)的降效。

表 20-1　机械超高施工增加范围表

序号	本部分归类	机械名称		机械举例	机械台班定额	超高施工增加
1	起重机械	轮胎式起重机(不含 2)			起重机械	计算
2	除外内容的机械	①垂直运输机械	塔式起重机		垂直运输机械	不计算
			施工电梯			
			电动卷扬机			
		②除外内容(不含①)的机械		混凝土输送泵		
				混凝土振捣器		
3	其他机械	除 1 之外所有机械(不含 2)				计算

3)超高施工增加,按总包施工单位施工整体工程(含主体结构工程、外装饰工程、内装饰工程)编制。

①建设单位单独发包外装饰工程时,单独施工的主体结构工程和外装饰工程,均应计算超高施工增加。单独主体结构工程的适用定额,同整体工程。单独外装饰工程,按设计室外地坪至外墙装饰顶坪的高度,执行相应檐高的定额子目。

②建设单位单独发包内装饰工程,且内装饰施工无垂直运输机械、无施工电梯上下时,按内装饰工程所在楼层,执行表 20-2 对应子目的人工降效系数并乘以系数 2,计算超高人工增加。

表 20-2　单独内装饰工程超高人工增加对照表

定额号	檐高/m	内装饰所在层	定额号	檐高/m	内装饰所在层
20-2-1	≤40	7~12	20-2-8	≤180	49~54
20-2-2	≤60	13~18	20-2-9	≤200	55~60
20-2-3	≤80	19~24	20-2-10	≤220	61~66
20-2-4	≤100	25~30	20-2-11	≤240	67~72
20-2-5	≤120	31~36	20-2-12	≤260	73~78
20-2-6	≤140	37~42	20-2-13	≤280	79~84
20-2-7	≤160	43~48	20-2-14	≤300	85~90

4)超高施工增加,也适用于设计室外地坪至满堂基础底坪之间高度>20 m 的地下层工程。

(3)其他施工增加。

1)本节装饰成品保护增加子目,以需要保护的装饰成品的面积表示;其他 3 个施工增加子目,以其他相应施工内容的人工降效系数(%)表示。

2)冷库暗室内作增加。冷库暗室内作增加是指冷库暗室内作施工时,需要增加的照明、通风、防毒设施的安装、维护、拆除以及防护用品、人工降效、机械降效等内容。

3)地下暗室内作增加。地下暗室内作增加是指在没有自然采光、自然通风的地下暗室内作施工时,需要增加的照明或通风设施的安装、维护、拆除以及人工降效、机械降效等内容。

4)样板间内作增加。样板间内作增加是指在拟定的连续、流水施工之前,在特定部位先行内作施工,借以展示施工效果、评估建筑做法,或取得变更依据的小面积内作施工需要增加的人工降效、机械降效、材料损耗增大等内容。

注:本部分其余 3 个内作施工增加子目,不仅指内作装饰施工,也包括在先期完成的相应围合空间内进行混凝土、砌体等二次结构的施工,其属性与超高施工增加子目相同。

5)装饰成品保护增加。装饰成品保护增加是指建设单位单独分包的装饰工程及防水、保温工程,与主体工程一起经总包单位完成竣工验收时,总包单位对竣工成品的清理、清洁、维护等需要增加的内容。建设单位与单独分包的装饰施工单位的合同约定,不影响总包单位计取该项费用。

注:①本部分装饰成品保护增加子目,属于装饰工程的实体项目。

②总包单位自行完成或总包单位自行分包完成上列工程内容时,不适用该子目。

(4)实体项目(分部分项工程)的施工增加,仍属于实体项目;措施项目(如模板工程等)的施工增加,仍属于措施项目。

20.2.2 建筑施工增加工程量计算规则

(1)超高施工增加。

1)整体工程超高施工增加的计算基数,为±0.000以上工程的全部工程内容,但下列工程内容除外:±0.000所在楼层结构层(垫层)及其以下全部工程内容;±0.000以上的预制构件制作工程;现浇混凝土搅拌制作、运输及泵送工程;脚手架工程;施工运输工程。

2)同一建筑物檐口高度不同时,按建筑面积加权平均计算其综合降效系数。

$$综合降效系数 = \sum (某檐高降效系数 \times 该檐高建筑面积) \div 总建筑面积$$

上式中,①建筑面积是指建筑物±0.000以上(不含地下室)的建筑面积。

②不同檐高的建筑面积,以层数多的地上层的外墙外垂直面(向下延伸至±0.000)为其分界。

③檐高小于20 m建筑物的降效系数,按0计算。

3)整体工程超高施工增加,按±0.000以上工程(不含除外内容)的定额人工、机械消耗量之和,乘以相应子目规定的降效系数计算。

4)单独主体结构工程和单独外装饰工程超高施工增加的计算方法,同整体工程。

5)单独内装饰工程超高人工增加,按所在楼层内装饰工程的定额人工消耗量之和,乘以表20-2对应子目的人工降效系数的2倍计算。

(2)其他施工增加。

1)其他施工增加(装饰成品保护增加除外),按其他相应施工内容的定额人工消耗量之和乘以相应子目规定的降效系数(%)计算。

2)装饰成品保护增加,按下列规定,以面积计算:

①楼、地面(含踢脚)、屋面的块料面层、铺装面层,按其外露面层(油漆涂料层忽略不计,下同)工程量之和计算。

②室内墙(含隔断)、柱面的块料面层、铺装面层、裱糊面层,按其距楼、地面高度≤1.80 m的外露面层工程量之和计算。

③室外墙、柱面的块料面层、铺装面层、装饰性幕墙,按其首层顶板顶坪以下的外露面层工程量之和计算。

④门窗、围护性幕墙,按其工程量之和计算。

⑤栏杆、栏板,按其长度乘以高度之和计算。

⑥工程量为面积的各种其他装饰,按其外露面层工程量之和计算。

(3)超高施工增加与其他施工增加(装饰成品保护增加除外)同时发生时,其相应系数连乘。

系数连乘说明

20.3 任务实施

【应用案例20-1】

某民用建筑工程为现浇混凝土结构,主楼部分为20层,檐口高度为80.1 m,裙楼部分为8层,檐口高度为36 m,主楼部分±0.000以上部分的人工费为2 886 880.00元,起重机械费为

1 608 600.00元,裙楼部分±0.000以上部分的人工费为286 880.00元,起重机械费为108 600.00元,试计算人工起重机械超高施工增加工程量,确定定额项目,并计算省价分部分项工程费(假设以上费用均为实体项目的费用)。

解:

(1)主楼部分人工超高施工增加工程量=2 886 880.00元

套用定额20—1—3,人工起重机械超高施工增加,檐高≤80 m

省价分部分项工程费=2 886 880.00×13.58%=392 038.30(元)

主楼部分起重机械超高施工增加工程量=1 608 600.00元

套用定额20—1—3,人工起重机械超高施工增加,檐高≤80 m

省价分部分项工程费=1 608 600.00×27.15%=436 734.90(元)

(2)裙楼部分人工超高施工增加工程量=286 880.00元

套用定额20—1—1,人工起重机械超高施工增加,檐高≤40 m

省价分部分项工程费=286 880.00×4.27%=12 249.78(元)

裙楼部分起重机械超高施工增加工程量=108 600.00元

套用定额20—1—1,人工起重机械超高施工增加,檐高≤40 m

省价分部分项工程费=108 600.00×10.13%=11 001.18(元)

20.4 知识拓展

(1)砌筑砂浆配合比见表20-3。

表20-3 砌筑砂浆配合比　　　　　　　　　　　　　　　　m³

定额编号		1	2	3	4	5
项目		混合砂浆				
		M5.0	M7.5	M10	M15	M20
名称	单位	数量				
材料	普通硅酸盐水泥 42.5 MPa	t	0.157 6	0.179 9	0.202 4	0.247 2	0.292 0
	黄砂(过筛中砂)	m³	1.015 0	1.015 0	1.015 0	1.015 0	1.015 0
	石灰	t	0.086 5	0.076 6	0.066 7	0.046 9	0.027 2
	水	m³	0.400 0	0.400 0	0.400 0	0.400 0	0.400 0
定额编号		6	7	8	9	10	11	12
项目		水泥砂浆					干硬性水泥浆	
		M5.0	M7.5	M10	M15	M20	1:3	1:4
名称	单位	数量						
材料	普通硅酸盐水泥 42.5 MPa	t	0.165 4	0.188 9	0.212 5	0.259 5	0.306 6	0.404 0	0.303 0
	黄砂(过筛中砂)	m³	1.015 0	1.015 0	1.015 0	1.015 0	1.015 0	1.200 0	1.200 0
	水	m³	0.294 0	0.294 0	0.294 0	0.294 0	0.294 0	0.100 0	0.100 0

(2)抹灰砂浆配合比见表20-4。

表 20-4 抹灰砂浆配合比 m³

定额编号		13	14	15	16	17	18	19
项目		石灰抹灰砂浆		水泥抹灰砂浆				
		1:2.5	1:3	1:1	1:1.5	1:2	1:2.5	1:3
名称	单位	数量						
材料	石灰	t	0.240 0	0.216 0	—	—	—	—	—
	普通硅酸盐水泥 42.5 MPa	t	—	—	0.758 0	0.644 0	0.550 0	0.485 0	0.404 0
	黄砂（过筛中砂）	m³	1.200 0	1.200 0	0.760 0	0.810 0	1.100 0	1.200 0	1.200 0
	水	m³	0.600 0	0.600 0	0.300 0	0.300 0	0.300 0	0.300 0	0.300 0

定额编号		20	21	22	23	24	25	26
项目		水泥石灰抹灰砂浆						
		1:1:1	1:0.5:1	1:0.2:2	1:1:2	1:0.3:3	1:0.5:2	1:0.5:3
名称	单位	数量						
材料	普通硅酸盐水泥 42.5 MPa	t	0.467 0	0.577 0	0.504 0	0.379 0	0.391 0	0.453 0	0.368 0
	石灰	t	0.234 0	0.144 0	0.048 0	0.192 0	0.060 0	0.117 0	0.090 0
	黄砂（过筛中砂）	m³	0.460 0	0.580 0	1.000 0	0.760 0	1.170 0	0.760 0	1.100 0
	水	m³	0.600 0	0.600 0	0.600 0	0.600 0	0.600 0	0.600 0	0.600 0

定额编号		27	28	29	31	30	32	33
项目		水泥石灰抹灰砂浆						
		1:0.5:4	1:0.5:5	1:1:4	1:1:6	1:2:1	1:3:9	2:1:8
名称	单位	数量						
材料	普通硅酸盐水泥 42.5 MPa	t	0.303 0	0.242 0	0.275 0	0.203 0	0.335 0	0.129 0	0.303 0
	石灰	t	0.078 0	0.060 0	0.138 0	0.102 0	0.336 0	0.192 0	0.078 0
	黄砂（过筛中砂）	m³	1.200 0	1.200 0	1.100 0	1.200 0	0.330 0	1.160 0	1.200 0
	水	m³	0.600 0	0.600 0	0.600 0	0.600 0	0.600 0	0.600 0	0.600 0

定额编号		34	35	36	37	38	39	40
项目		水泥石膏砂浆	水泥石灰膏砂浆			麻刀石灰浆	白水泥白石子浆	素水泥浆
		1:3:9	1:0.3:3	1:1:6	2:1:8		1:1.5	
名称	单位	数量						
材料	普通硅酸盐水泥 42.5 MPa	t	0.129 0	0.391 0	0.203 0	0.303 0	—	—	1.502 0
	石灰膏	m³	0.320 0	0.100 0	0.170 0	0.130 0	1.010 0	—	—
	黄砂（过筛中砂）	m³	1.160 0	1.100 0	1.200 0	1.200 0	—	—	—
	水	m³	0.600 0	0.600 0	0.600 0	0.600 0	0.500 0	0.300 0	0.300 0
	麻刀	kg	—	—	—	—	12.120 0	—	—
	白水泥	t	—	—	—	—	—	0.979 0	—
	白石子	t	—	—	—	—	—	1.272 0	—

(3)特种砂浆配合比见表20-5。

表20-5 特种砂浆配合比 (m³)

定额编号			41	42
项目			环氧砂浆 1:0.07:2.4	环氧树脂底料 1:0.07:0.15
	名称	单位	数量	
材料	石英粉	kg	667.700 0	170.000 0
	石英砂	kg	1 336.300 0	—
	丙酮	kg	67.000 0	1 171.000 0
	乙二胺	kg	167.000 0	86.000 0
	环氧树脂	kg	337.000 0	1 171.000 0

定额编号			43	44	45
项目			沥青砂浆 1:2:7	耐酸沥青砂浆 1.3:2.6:7.4	耐酸砂浆 1:2
	名称	单位	数量		
材料	黄砂(过筛中砂)	m³	1.260 0	—	—
	滑石粉	kg	468.000 0	—	—
	石英粉	kg	—	543.000 0	—
	石英砂	kg	—	1 547.000 0	—
	石油沥青 10#	kg	244.000 0	280.000 0	—
	普通硅酸盐水泥 42.5 MPa	t	—	—	0.694 0
	石屑	m³	—	—	0.905 0
	水	m³	—	—	0.300 0

定额编号			46	47	48
项目			膨胀水泥砂浆 1:1	铁屑砂浆 1:0.3:1.5	水泥珍珠岩 1:10
	名称	单位	数量		
材料	普通硅酸盐水泥 42.5 MPa	t	—	1.099 0	0.143 0
	黄砂(过筛中砂)	m³	—	0.760 0	0.260 0
	水	m³	0.300 0	—	0.400 0
	膨胀水泥	kg	758.000 0	—	—
	金属屑	kg	—	1 660.000 0	—
	珍珠岩	m³	—	—	1.230 0

(4)其他配合比见表20-6。

表 20-6 其他配合比   m³

定额编号		49	50	51	52
项目		环氧稀胶泥	环氧树脂胶泥	耐酸沥青胶泥	
			1:0.1:0.08:2	1:1:0.5	1:2:0.5
名称	单位	数量			
材料	石英粉	kg	862.000 0	1 294.000 0	783.000 0	1 220.000 0
	丙酮	kg	258.610 0	65.000 0	—	—
	乙二胺	kg	60.320 0	52.000 0	—	—
	环氧树脂	kg	652.000 0	652.000 0	—	—
	石棉（六级）	kg	—	—	39.000 0	31.000 0
	石油沥青 10#	kg	—	—	810.000 0	631.000 0

定额编号		53	54	55
项目		灰土		石灰炉渣
		2:8	3:7	1:10
名称	单位	数量		
材料	石灰	t	0.162 0	0.243 0	0.055 0
	黏土	m³	1.310 0	1.150 0	—
	水	m³	0.200 0	0.200 0	0.300 0
	炉渣	m³	—	—	1.110 0

小 结

通过本任务的学习，要求学生掌握以下内容：
(1)掌握人工起重机械超高施工增加的定额说明及工程量计算规则，并能正确套用定额项目。
(2)掌握人工其他机械超高施工增加的定额说明及工程量计算规则，并能正确套用定额项目。
(3)掌握其他施工增加的定额说明及工程量计算规则，并能正确套用定额项目。

习 题

某民用建筑工程为现浇混凝土结构，主楼部分为30层，檐口高度为110 m，裙楼部分为10层，檐口高度为40.1 m，主楼部分±0.000以上部分的人工费为32.687万元(其中实体项目人工费28.612万元)，起重机械费为18.645万元(其中实体项目的起重机械费15.236万元)，裙楼部分±0.000以上部分的人工费为26.356万元(全为实体项目的人工费)，起重机械费为9.689万元(全为实体项目的起重机械费)。试计算人工起重机械超高施工增加工程量，确定定额项目，并计算省价分部分项(措施项目)工程费。

任务 21 建设工程工程量清单计价规范

21.1 实例分析

某造价咨询公司造价师张某接到某工程基础土石方工程造价编制任务,该工程基础土石方开挖简况如下:

某工程基础平面图和断面图如图 21-1 所示,土质为普通土,采用挖掘机挖土(大开挖,坑内作业),自卸汽车运土,运距为 500 m。张某现需要结合《建设工程工程量清单计价规范》(GB 50500—2013)的规定编制该基础土石方工程量清单,应采用何种格式?编制哪些内容?

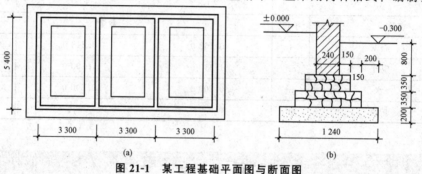

图 21-1 某工程基础平面图与断面图
(a)基础平面图;(b)基础断面图

随着我国工程建设管理改革的不断深化,工程建设逐步实现了市场化控制,实行工程量清单计价势在必行。自住房和城乡建设部(原建设部)在 2003 年发布《建设工程工程量清单计价规范》(GB 50500—2013)并实施以来,清单计价的造价管理模式逐渐为工程建筑市场主体各方从业人员所接受,有助于对建设工程施工各方行为进行有效控制,创建稳定、健康的工程建设市场秩序,减少纠纷,从而建设文明、和谐的社会。正如二十大报告提出:全面建成社会主义现代化强国,总的战略安排是分两步走:从二〇二〇年到二〇三五年基本实现社会主义现代化;从二〇三五年到本世纪中叶把我国建成富强民主文明和谐美丽的社会主义现代化强国。

21.2 相关知识

21.2.1 总则及术语

(1)为规范建设工程造价计价行为,统一建设工程计价文件的编制原则和计价方法,根据《中华人民共和国建筑法》《中华人民共和国合同法》《中华人民共和国招标投标法》等法律法规,制定国家标准《建设工程工程量清单计价规范》(GB 50500—2013)(以下简称"计价规范")。

(2)"计价规范"适用于建设工程发承包及实施阶段的计价活动。

计价活动说明

(3)建设工程发承包及实施阶段的工程造价应由分部分项工程费、措施项目费、其他项目费、规费和税金组成。表21-1所示为分部分项工程清单与计价表,表21-2所示为单价措施项目清单与计价表。

表21-1 分部分项工程清单与计价表

工程名称:×××建筑工程　　　　　　　标段:　　　　　　　　第1页 共1页

序号	项目编码	项目名称	项目特征描述	计量单位	工程量	金额/元		
						综合单价	合价	其中:暂估价
		1. 土(石)方工程						
1	010101003001	挖沟槽土方	1. 土壤类别:坚土 2. 挖土深度:2m以内	m³	1 560.00	28.00	43 680.00	
		…… (其他略)						
		分部小计						
		5. 混凝土及钢筋混凝土工程						
21	010502001001	矩形柱	1. 混凝土种类:清水混凝土 2. 混凝土强度等级:C40	m³	480.00	380.00	182 400.00	
		…… (其他略)						
		分部小计						
		(其他略)						
		合计					86 892 844.25	

表21-2 单价措施项目清单与计价表

工程名称:×××建筑工程　　　　　　　标段:　　　　　　　　第1页 共1页

序号	项目编码	项目名称	项目特征描述	计量单位	工程量	金额/元		
						综合单价	合价	其中:暂估价
1	011702002001	矩形柱	竹胶板模板钢支撑,支撑高度3.6m内	m²	1 920.00	50.00	96 000.00	
		…… (其他略)						
		合计					27 485 500.00	

(4)招标工程量清单、招标控制价、投标报价、工程计量、合同价款调整、工程价款结算与支付以及工程造价鉴定等工程造价文件的编制与核对,应由具有资格的工程造价专业人员承担。

(5)承担工程造价文件的编制与核对的工程造价人员及其所在单位,应对工程造价文件的质量负责。

(6)建设工程发承包及实施阶段的计价活动应遵循客观、公正、公平的原则。

(7)建设工程发承包及实施阶段的计价活动,除应遵守"计价规范"外,尚应符合国家现行有关标准的规定。

(8)有关术语的定义。

1)工程量清单:载明建设工程分部分项工程项目、措施项目、其他项目的名称和相应数量以及规费、税金项目等内容的明细清单,见表21-3。

分部分项工程

表21-3 分部分项工程清单与计价表

工程名称:×××建筑工程　　　　标段:　　　　　　　第1页 共1页

序号	项目编码	项目名称	项目特征描述	计量单位	工程量	金额/元		
						综合单价	合价	其中:暂估价
			1. 土(石)方工程					
1	010101003001	挖沟槽土方	1. 土壤类别:坚土 2. 挖土深度:2 m以内	m³	1 560.00			
			……					
			(其他略)					
			5. 混凝土及钢筋混凝土工程					
21	010502001001	矩形柱	1. 混凝土种类:清水混凝土 2. 混凝土强度等级:C40	m³	480.00			
			……					
			(其他略)					

2)招标工程量清单:招标人依据国家标准、招标文件、设计文件以及施工现场实际情况编制的,随招标文件发布供投标报价的工程量清单,包括其说明和表格。总说明见表21-4。

表21-4 总说明

工程名称:×××建筑工程　　　　　　　　　　　　　　　第1页 共1页

1. 工程概况:本工程地处闹市区,工程由30层高主楼及其南侧5层高的裙房组成。主楼与裙房间首层设过街通道作为消防疏散通道。建筑地下部分功能主要为地下车库兼设备用房。建筑面积为73 000 m²,主楼地上30层、地下3层,裙楼地上5层、地下3层,地下三层层高3.6 m,地下二层层高4.5 m,地下一层层高4.6 m,一、二、四层层高5.1 m,其余楼层层高3.9 m。建筑檐高:主楼122.10 m,裙楼23.10 m。结构类型:主楼为框架-剪力墙结构,裙楼为框架结构;基础为钢筋混凝土桩基础。

2. 工程招标范围:本次招标范围为施工图(图纸工号:×××;日期:×年×月×日)范围内除室内精装修、外墙装饰等分包项目以外的建筑工程。

3. 工程量清单编制依据:

(1)《山东省建设工程工程量清单计价规则(2011版)》《山东省建设工程工程量清单项目设置及计算规则》。

(2)工程施工设计图纸及相关资料。

> (3)招标文件。
> (4)与建设项目相关的标准、规范、技术资料等。
> 4. 其他有关说明。总承包人应配合专业工程承包人完成以下工作:
> (1)按专业工程承包人的要求提供施工工作面并对施工现场进行统一管理,对竣工资料进行统一整理汇总。
> (2)分包项目的主体预埋、预留由总承包人负责。

3)已标价工程量清单:构成合同文件组成部分的投标文件中已标明价格,经算术性错误修正(如有)且承包人已确认的工程量清单,包括其说明和表格。

4)综合单价:完成一个规定清单项目(如分部分项工程项目、措施清单项目等)所需的人工费、材料和工程设备费、施工机具使用费和企业管理费、利润以及一定范围内的风险费用。

风险费用

5)工程量偏差:承包人按照合同工程的图纸(含经发包人批准由承包人提供的图纸)实施,按照现行国家计量规范规定的工程量计算规则计算得到的完成合同工程应予计量的实际工程量与招标工程量清单列出的工程量之间的偏差。

6)暂列金额:招标人在工程量清单中暂定并包括在合同价款中的一笔款项。用于工程合同签订时尚未确定或者不可预见的所需材料、工程设备、服务的采购,施工中可能发生的工程变更、合同约定调整因素出现时的合同价款调整以及发生的索赔、现场签证确认等的费用,见表21-5。

表21-5 暂列金额明细表

工程名称:×××建筑工程　　　　　　标段:　　　　　　　　　第1页 共1页

序号	项目名称	计量单位	暂定金额/元	备注
1	工程量清单中工程量偏差和设计变更	项	5 000 000.00	
2	国家的法律、法规、规章和政策发生变化时的调整及材料价格风险	项	2 000 000.00	
3	其他	项	2 000 000.00	
	合计		9 000 000.00	

注:暂列金额的性质:包括在合同价款中,但并不直接属承包人所有,而是由发包人暂定并掌握使用的一笔款项。

7)暂估价:招标人在工程量清单中提供的用于支付必然发生但暂时不能确定价格的材料、工程设备的单价以及专业工程的金额,见表21-6。

表21-6 材料(工程设备)暂估单价及调整表

工程名称:×××建筑工程　　　　　　标段:　　　　　　　　　第1页 共1页

序号	材料(工程设备)名称、规格、型号	计量单位	数量		暂估/元		确认/元		差额±/元		备注
			暂估	确认	单价	合价	单价	合价	单价	合价	
1	彩釉砖 300×300	块			3.84						拟用于地面项目。甲指乙供
2	4 mm厚BAC双面自粘防水卷材	m²			80.00						拟用于防水项目。甲供

续表

序号	材料(工程设备)名称、规格、型号	计量单位	数量 暂估	数量 确认	暂估/元 单价	暂估/元 合价	确认/元 单价	确认/元 合价	差额±/元 单价	差额±/元 合价	备注
3	剁斧花岗石	m²			114.00						拟用于室外项目。甲指乙供
4	悬摆式防爆波活门	m²			8 000.00						拟用于门窗项目。甲供
5	钢筋混凝土活门槛单扇密闭门	m²			5 000.00						拟用于门窗项目。甲供
6	钢筋混凝土单扇密闭门	m²			4 800.00						拟用于门窗项目。甲供
7	3 mm厚BAC双面自粘防水卷材	m²			60.00						拟用于防水项目。甲供
	……										
	(其他略)										

注:"暂估价"是指在招标阶段预见肯定要发生,只是因为标准不明确或者需要由专业承包人完成,暂时又无法确定具体价格时采用的一种价格形式。

8) 计日工:在施工过程中,承包人完成发包人提出的工程合同范围以外的零星项目或工作,按合同中约定的单价计价的一种方式,见表21-7。

表 21-7 计日工表

工程名称:×××建筑工程　　　　　标段:　　　　　　第1页 共1页

编号	项目名称	单位	暂定数量	实际数量	综合单价/元	合价/元 暂定	合价/元 实际
一	人工						
1	普通工	工日	50				
2	技工(综合)	工日	30				
	人工小计						
二	材料						
1	水泥 42.5 MPa	t	1				
2	中砂	m³	8				
	材料小计						
三	施工机械						
1	灰浆搅拌机(400 L)	台班	10				
2	电动夯实机 20~62 N·m	台班	40				
	施工机械小计						
	合计						

注:"计日工"是指对零星项目或工作采取的一种计价方式,类似于定额计价中的签证记工。它包括以下含义:①完成计日工作业所需的人工、材料、施工机械台班等,其单价由投标人通过投标报价确定;②"计日工"的数量按完成发包人发出的计日工指令的数量确定。

9)总承包服务费:总承包人为配合协调发包人进行的专业工程分包,发包人自行采购的工程设备、材料等进行保管以及施工现场管理、竣工资料汇总整理等服务所需的费用,见表21-8。

表 21-8 总承包服务费计价表

工程名称:×××建筑工程　　　　　　标段:　　　　　　　　第1页 共1页

序号	项目名称	项目价值/元	服务内容	计算基础	费率/%	金额/元
1	发包人发包专业工程(室内精装修)	58 400 000.00	1. 按专业工程承包人的要求提供施工工作面并对施工现场进行统一管理,对竣工资料进行统一整理汇总。 2. 为专业工程承包人提供垂直运输机械和焊接电源接入点,并承担垂直运输费和电费			
2	发包人供应材料	150 000.00	对发包人提供的材料进行验收、保管和使用发放			
		合计				

注:工程总承包根据总承包人承包建设工程不同阶段的工作内容具有不同的含义。该条"总承包服务费"是在工程建设的施工阶段实行施工总承包时,当招标人在法律、法规允许的范围内对工程进行分包和自行采购供应部分设备、材料时,要求总承包提供相关服务以及对施工现场进行协调和统一管理,对竣工资料进行统一整理等所需的费用。

10)安全文明施工费:在合同履行过程中,承包人按照国家法律、法规、标准等规定,为保证安全施工、文明施工,保护现场内外环境和搭拆临时设施等所采用的措施而发生的费用。

11)索赔:在工程合同履行过程中,合同当事人一方因非己方的原因而遭受损失,按合同约定或法律、法规规定应由对方承担责任,从而向对方提出补偿的要求,见表21-9。

安全文明施工

表 21-9 费用索赔申请(核准)表

工程名称:×××建筑工程　　　　　　标段:　　　　　　　　编号:

致:_____(发包人全称)
　　根据施工合同条款第_____条的约定,由于_____原因,我方要求索赔金额(大写)_____元,
(小写_____),请予核准。
　　附:1. 费用索赔的详细理由和依据;
　　　　2. 索赔金额的计算;
　　　　3. 证明材料:

　　　　　　　　　　　　　　　　　　　　　　　　　　　　　　　　　　承包人(章)
造价人员_____　　承包人代表_____　　　　日　期_____

续表

| 复核意见：
根据施工合同条款第_____条的约定，你方提出的费用索赔申请经复核：
☐不同意此项索赔，具体意见见附件。
☐同意此项索赔，索赔金额的计算，由造价工程师复核。

监理工程师_____
日　　期_____ | 复核意见：
根据施工合同条款第_____条的约定，你方提出的费用索赔申请经复核，索赔金额为(大写)_____元，(小写_____元)。

造价工程师_____
日　　期_____ |
|---|---|
| 审核意见：
☐不同意此项索赔。
☐同意此项索赔，与本期进度款同期支付。

　　　　　　　　　　　　　　　　　　　　　　发包人(章)
　　　　　　　　　　　　　　　　　　　　　　发包人代表_____
　　　　　　　　　　　　　　　　　　　　　　日　　期_____ ||

12) 现场签证：发包人现场代表(或其授权的监理人、工程造价咨询人)与承包人现场代表就施工过程中涉及的责任事件所作的签认证明，见表21-10。

注：此处的"现场签证"专指在工程建设施工过程中，发承包双方的现场代表(或其委托人)对发包人要求承包人完成施工合同内容以外的额外工作及其产生的费用作出书面签字确认的凭证。

表 21-10　现场签证表

工程名称：×××建筑工程　　　　　标段：　　　　　　　　编号：

施工单位		日期	
致：_____(发包人全称)_____
根据_____(指令人姓名)，_____年_____月_____日的口头指令或你方_____(或监理人)_____年_____月_____日的书面通知，我方要求完成此项工作应支付价款金额为(大写)_____元，(小写_____元)，请予核准。
附：1. 签证事由及原因：
　　2. 附图及计算式：

　　　　　　　　　　　　　　　　　　　　　　　　　　　　承包人(章)
造价人员_____　　　承包人代表_____　　　　　日　　期_____ ||||
| 复核意见：
你方提出的此项签证申请经复核：
☐不同意此项签证，具体意见见附件。
☐同意此项签证，签证金额的计算，由造价工程师复核。

监理工程师_____
日　　期_____ || 复核意见：
☐此项签证按承包人中标的计日工单价计算，金额为(大写)_____元，(小写_____元)。
☐此项签证因无计日工单价，金额为(大写)_____元(小写_____元)。

造价工程师_____
日　　期_____ ||
| 审核意见：
☐不同意此项签证。
☐同意此项签证，与本期进度款同期支付。

　　　　　　　　　　　　　　　　　　　　　　　　　　　　发包人(章)
　　　　　　　　　　　　　　　　　　　　　　　　　　　　发包人代表_____
　　　　　　　　　　　　　　　　　　　　　　　　　　　　日　　期_____ ||||

13）提前竣工（赶工）费：承包人应发包人的要求，采取加快工程进度的措施，使合同工期缩短，由此产生的应由发包人支付的费用。

14）误期赔偿费：承包人未按照合同工程的计划进度施工，导致实际工期超过合同工期（包括经发包人批准的延长工期），承包人应向发包人赔偿损失发生的费用。

15）企业定额：施工企业根据本企业的施工技术和管理水平而编制的人工、材料和施工机械台班等的消耗标准。

注：本条的"企业定额"专指施工企业定额。它是施工企业根据企业本身拥有的施工技术、机械装备和具有的管理水平而编制的，完成一个规定计量单位的工程项目所需要的人工、材料、机械台班等的消耗标准，是施工企业内部进行施工管理的标准，也是施工企业投标报价的依据之一。

16）规费：根据国家法律、法规规定，由省级政府和省级有关权力部门规定必须缴纳或计取的，应计入建筑安装工程造价的费用。

注：①国家"计价规范"中的规费包括社会保险费（养老保险费、失业保险费、医疗保险费、工伤保险费、生育保险费）、住房公积金和工程排污费。

②山东省费用项目组成及计算规则中的规费包括安全文明施工费（环境保护费、文明施工费、安全施工费、临时设施费）、社会保险费（养老保险费、失业保险费、医疗保险费、工伤保险费、生育保险费）、住房公积金、工程排污费和建设项目工伤保险。

17）税金：国家税法规定的应计入建筑安装工程造价内的增值税、城市维护建设税、教育费附加和地方教育附加。规费和税金项目计价见表 21-11。

表 21-11 规费、税金项目计价表

工程名称：×××建筑工程　　　　标段：　　　　　　　　　　第 页 共 页

序号	项目名称	计算基础	计算基数	计算费率/%	金额/元
1	规费	定额人工费			
1.1	社会保险费	定额人工费			
(1)	养老保险费	定额人工费			
(2)	失业保险费	定额人工费			
(3)	医疗保险费	定额人工费			
(4)	工伤保险费	定额人工费			
(5)	生育保险费	定额人工费			
1.2	住房公积金	定额人工费			
1.3	工程排污费	按工程所在地环境保护部门收取标准，按实计入			
2	税金	分部分项工程费＋措施项目费＋其他项目费＋规费－按规定不计税的工程设备金额			
	合计				

注：社会保险费和住房公积金国家"计价规范"是以人工费作为计算基础的，具体计算基础应以各省（市）行业建设主管部门的规定执行，如山东省社会保险费的计算基础为"分部分项工程费＋措施项目费＋其他项目费"，住房公积金的计算基础为"按工程所在地相关规定计算"。

18）发包人：具有工程发包主体资格和支付工程价款能力的当事人以及取得该当事人资格的合法继承人，也称招标人。

19）承包人：被发包人接受的具有工程施工承包主体资格的当事人以及取得该当事人资格的合法继承人，也称投标人。

20)工程造价咨询人：取得工程造价咨询资质等级证书，接受委托从事建设工程造价咨询活动的当事人以及取得该当事人资格的合法继承人。

21)招标代理人：取得工程招标代理资质等级证书，接受委托从事建设工程招标代理活动的当事人以及取得该当事人资格的合法继承人。

22)造价工程师：取得《造价工程师注册证书》，在一个单位注册从事建设工程造价活动的专业人员。

23)造价员：取得《全国建设工程造价员资格证书》，在一个单位注册从事建设工程造价活动的专业人员。

24)招标控制价：招标人根据国家或省级、行业建设主管部门颁发的有关计价依据和办法，以及拟定的招标文件和招标工程量清单，结合工程具体情况编制的招标工程的最高投标限价。

25)投标价：投标人投标时响应招标文件要求所报出的对已标价工程量清单汇总后标明的总价。

26)签约合同价：发承包双方在施工合同中约定的工程造价，即包括分部分项工程费、措施项目费、其他项目费、规费和税金的合同总金额，也称为合同价款。

招标控制价等

27)竣工结算价：发承包双方依据国家有关法律、法规和标准规定，按照合同约定确定的，包括在履行合同过程中按合同约定进行的合同价款调整，是承包人按合同约定完成全部承包工作后，发包人应付给承包人的合同总金额。

21.2.2 一般规定

1. 计价方式

(1)使用国有资金投资的建设工程发承包，必须采用工程量清单计价。

注：①该条为强制性条文，必须严格执行。

②"计价规范"从资金来源方面，规定了强制实行工程量清单计价的范围。

a. 国有资金投资的工程建设项目包括：使用各级财政预算资金的项目；使用纳入财政管理的各种政府性专项建设资金的项目；使用国有企事业单位自有资金，并且国有资产投资者实际拥有控制权的项目。

b. 国家融资资金投资的工程建设项目包括：使用国家发行债券所筹资金的项目；使用国家对外借款或者担保所筹资金的项目；使用国家政策性贷款的项目；国家授权投资主体融资的项目；国家特许的融资项目。

c. 国有资金(含国家融资资金)为主的工程建设项目是指国有资金占投资总额50%以上，或虽不足50%但国有投资者实质上拥有控股权的工程建设项目。

(2)非国有资金投资的建设工程，宜采用工程量清单计价。

注：是否采用工程量清单计价由业主决定，当确定采用工程量清单计价时，应执行"计价规范"。

(3)不采用工程量清单计价的建设工程，应执行"计价规范"除工程量清单等专门性规定外的其他规定。

注：对于不采用工程量清单计价的工程，除不执行工程量清单计价的专门性规定外，还应执行"计价规范"中的工程价款调整、工程计量和价款支付、索赔与现场签证、竣工结算以及工程计价争议处理等内容。

(4)工程量清单应采用综合单价计价。

注：该条为强制性条文，必须严格执行。

(5)措施项目中的安全文明施工费必须按照国家或省级、行业建设主管部门的规定计算，不得作为竞争性费用。

注：该条为强制性条文，必须严格执行。

(6)规费和税金必须按国家或省级、行业建设主管部门的规定计算，不

安全文明施工费

得作为竞争性费用。

注：该条为强制性条文，必须严格执行。

2. 计价风险

(1)建设工程发承包，必须在招标文件、合同中明确计价中的风险内容及其范围，不得采用无限风险、所有风险或类似语句规定计价中的风险内容及其范围。

注：①本条为强制性条文，必须严格执行。

②本条规定了招标人采用工程量清单进行工程招标发包时，在招标文件中必须载明投标人在投标报价时应考虑的风险内容明细及其风险范围或风险幅度。

③工程施工发包是一种期货交易行为，工程建设本身又具有单件性和建设周期长的特点。在工程施工过程中影响工程施工及工程造价的风险因素很多，但并非所有的风险都是承包人能预测、能控制和应承担其造成的损失。基于市场交易的公平性和工程施工过程中发承包双方权、责的对等性要求，发承包双方应合理分摊(或分担)风险，所以要求招标人在招标文件中禁止采用以所有风险或类似的语句规定投标人应承担的风险内容及其风险范围或风险幅度。

(2)下列影响合同价款调整的因素出现，应由发包人承担。

1)国家法律、法规、规章和政策发生变化。

2)省级或行业建设主管部门发布的人工费调整(承包人对人工费或人工单价的报价高于发布的除外)。

3)由政府定价或政府指导价管理的原材料等价格进行了调整。

(3)由于市场物价波动影响合同价款，应由发承包双方合理分摊并填写表21-12或表21-13作为合同附件。

当合同中没有约定，发承包双方发生争议时，按"计价规范"中"物价变化"的(1)～(3)条规定实施。

合同价款调整

物价变化

表21-12 承包人提供主要材料和工程设备一览表

(适用于造价信息差额调整法)

工程名称：×××建筑工程　　　　标段：　　　　　　　第 页 共 页

序号	名称、规格、型号	单位	数量	风险系数/%	基准单价/元	投标单价/元	发承包人确认单价/元	备注
1	钢筋	t	3 000	5	3 800			
2	砂子	m³	5 000	5	78			
	……							

说明：①此表由招标人填写除"投标单价"栏的内容，投标人在投标时自主确定投标单价。

②招标人应优先采用工程造价管理机构发布的单价作为基准单价，未发布的，通过市场调查确定其基准单价。

造价信息
调整价格差额

表 21-13　承包人提供主要材料和工程设备一览表

（适用于价格指数差额调整法）

工程名称：×××建筑工程　　　　　　　　标段：　　　　　　　　第　页　共　页

序号	名称、规格、型号	变值权重 B	基本价格指数 F_0	现行价格指数 F_t	备注
	定值权重 A				
	合计	1			

说明：①"名称、规格、型号""基本价格指数"栏由招标人填写，基本价格指数应首先采用工程造价管理机构发布的价格指数，没有时，可采用发布的价格代替；如人工、机械费也采用本法调整，由招标人在"名称"栏填写。

②"变值权重"栏由投标人根据该项人工、机械费和材料、工程设备价值在投标总报价中所占的比例填写，1 减去其比例为定值权重。

③"现行价格指数"按约定的付款证书相关周期最后一天的前 42 天的各项价格指数填写，该指数应首先采用工程造价管理机构发布的价格指数，没有时，可采用发布的价格代替。

（4）由于承包人使用机械设备、施工技术以及组织管理水平等自身原因造成施工费用增加的，应由承包人全部承担。

注：根据我国工程建设特点，投标人应完全承担的风险是技术风险和管理风险，如管理费和利润；应有限度承担的是市场风险，如材料（工程设备）价格、施工机械使用费等的风险，材料（工程设备）价格的涨幅超过招标时基准价格 5% 以上由发包人承担，5% 以内由承包人承担，施工机械使用费的涨幅超过招标时基准价格 10% 以上由发包人承担，10% 以内由承包人承担；应完全不承担的是法律、法规、规章和政策变化的风险。

（5）当不可抗力发生，影响合同价款时，应按"计价规范"中"不可抗力"规定执行。

价格指数
调整价格差额

不可抗力

3. 发包人（承包人）提供材料和工程设备

（1）发包人提供的材料和工程设备（简称甲供材料）应在招标文件中按照表 21-14 发包人提供材料和工程设备一览表规定填写，写明甲供材料的名称、规格、数量、单价、交货方式、送达地点等。承包人投标时，甲供材料单价应计入相应项目的综合单价中。签约后，发包人应按合同约定扣除甲供材料款，不予支付。

表 21-14　发包人提供材料和工程设备一览表

工程名称：×××建筑工程　　　　　　　　标段：　　　　　　　　第　页　共　页

序号	材料（工程设备）名称、规格、型号	单位	数量	单价/元	交货方式	送达地点	备注
1	水泥	t	3 000	300			
2	石子	m³	5 000	60			
	……						

说明：此表由招标人填写，供投标人在投标报价、确定总承包服务费时参考。

（2）承包人应根据合同工程进度计划的安排，向发包人提交甲供材料交货的日期计划。发包人应按计划提供。

注：①发包人提供的甲供材料如规格、数量或质量不符合合同要求，或由于发包人原因发生交货日期延误、交货地点及交货方式变更等情况的，发包人应承担由此增加的费用和(或)工期延误，并应向承包人支付合理利润。

②发承包双方对甲供材料的数量发生争议不能达成一致的，应按照相关工程的计价定额同类项目规定的材料消耗量计算。

③若发包人要求承包人采购已在招标文件中确定为甲供材料的，材料价格应由发承包双方根据市场调查确定，并应另行签订补充协议。

（3）除合同约定的发包人提供的甲供材料外，合同工程所需的材料和工程设备应由承包人提供，承包人提供的材料和工程设备均应由承包人负责采购、运输和保管。

（4）承包人应按合同约定将采购材料和工程设备的供货人及品种、规格、数量和供货时间等提交发包人确认，并负责提供材料和工程设备的质量证明文件，满足合同约定的质量标准。

质量标准补充说明

21.2.3　工程量清单编制

1. 一般规定

（1）招标工程量清单应由具有编制能力的招标人或受其委托，具有相应资质的工程造价咨询人或招标代理人编制。

注：本条规定了招标人应负责编制工程量清单，若招标人不具有编制工程量清单的能力，根据《工程造价咨询企业管理办法》(原建设部第149号令)的规定，可委托具有工程造价咨询资质的工程造价咨询企业编制。

（2）采用工程量清单方式招标，招标工程量清单必须作为招标文件的组成部分，其准确性和完整性由招标人负责。

注：①该条为强制性条文，必须严格执行。

②工程施工招标发包可采用多种方式，但采用工程量清单方式招标发包，招标人必须将工程量清单作为招标文件的组成部分，连同招标文件一并发(或售)给投标人。

③招标人对编制的工程量清单的准确性(数量)和完整性(不缺项、漏项)负责，如委托工程造价咨询人编制，其责任仍由招标人承担。

④投标人依据工程量清单进行投标报价，对工程量清单不负有核实义务，更不具有修改和调整的权利。

（3）招标工程量清单是工程量清单计价的基础，应作为编制招标控制价、投标报价、计算工程量、支付工程款、调整合同价款、办理竣工结算以及工程索赔等的依据之一。

（4）招标工程量清单应以单位（项）工程为单位编制，应由分部分项工程量清单、措施项目清单、其他项目清单、规费项目清单、税金项目清单组成。

（5）编制招标工程量清单应依据：

1)国家标准《建设工程工程量清单计价规范》(GB 50500—2013)和《房屋建筑与装饰工程工程量计算规范》(GB 50854—2013)。

工作量清单

2)国家或省级、行业建设主管部门颁发的计价依据和办法。

3)建设工程设计文件。

4)与建设工程有关的标准、规范、技术资料。

5)拟定的招标文件及其补充通知、答疑纪要。

6)施工现场情况、工程特点及常规施工方案。

7)其他相关资料。

(6)工程量计算除依据国家标准《房屋建筑与装饰工程工程量计算规范》(GB 50854—2013)各项规定外,尚应依据以下文件:

1)经审定的施工设计图纸及其说明。

2)经审定的施工组织设计或施工技术措施方案。

3)经审定的其他有关技术经济文件。

(7)国家标准《房屋建筑与装饰工程工程量计算规范》(GB 50854—2013)对现浇混凝土工程项目"工作内容"中包括模板工程的内容,同时又在措施项目中单列了现浇混凝土模板工程项目。对此,由招标人根据工程实际情况选用。若招标人在措施项目清单中未编列现浇混凝土模板项目清单,即表示现浇混凝土模板项目不单列,现浇混凝土工程项目的综合单价中应包括模板工程费用,见表21-15、表21-16。

表 21-15 现浇混凝土柱(编号:010502)

项目编码	项目名称	项目特征	计量单位	工程量计算规则	工作内容
010502001	矩形柱	1. 混凝土种类 2. 混凝土强度等级	m^3	按设计图示尺寸以体积计算。 柱高: 1. 有梁板的柱高,应自柱基上表面(或楼板上表面)至上一层楼板上表面之间的高度计算。 2. 无梁板的柱高,应自柱基上表面(或楼板上表面)至柱帽下表面之间的高度计算。 3. 框架柱的柱高:应自柱基上表面至柱顶高度计算。 4. 构造柱按全高计算,嵌接墙体部分(马牙槎)并入柱身体积。 5. 依附柱上的牛腿和升板的柱帽并入柱身体积计算	1. 模板及支架(撑)制作、安装、拆除、堆放、运输及清理模内杂物、刷隔离剂等。 2. 混凝土制作、运输、浇筑、振捣、养护
010502002	构造柱	1. 混凝土种类 2. 混凝土强度等级	m^3		
010502003	异形柱	1. 柱形状 2. 混凝土种类 3. 混凝土强度等级	m^3		

注:混凝土种类指清水混凝土、彩色混凝土等,如在同一地区既使用预拌(商品)混凝土,又允许现场搅拌混凝土时,也应注明。

表 21-16 混凝土模板及支架(撑)(编号:011702)

项目编码	项目名称	项目特征	计量单位	工程量计算规则	工作内容
011702002	矩形柱		m^2	按模板与现浇混凝土构件的接触面积计算。 ①现浇钢筋混凝土墙、板单孔面积≤0.3 m^2 的孔洞不予扣除,洞侧壁模板亦不增加;单孔面积>0.3 m^2 时应予扣除,洞侧壁模板面积并入墙、板工程量内计算。 ②现浇框架分别按梁、板、柱有关规定计算;附墙柱、暗梁、暗柱并入墙内工程量内计算。 ③柱、梁、墙、板相互连接的重叠部分,均不计算模板面积。 ④构造柱按图示外露部分计算模板面积	1. 模板制作。 2. 模板安装、拆除、整理堆放及场内外运输。 3. 清理模板黏结物及模内杂物,刷隔离剂等
011702003	构造柱		m^2		
011702004	异形柱	柱截面形状	m^2		

注:本条既考虑了各专业的定额编制情况,又考虑了使用者方便计价,对现浇混凝土模板采用两种方式进行编制,

即《房屋建筑与装饰工程工程量计算规范》(GB 50854—2013)对现浇混凝土工程项目,一方面"工作内容"中包括模板工程的内容,以 m³ 计量,与混凝土工程项目一起组成综合单价;另一方面,又在措施项目中单列了现浇混凝土模板工程项目,以 m² 计量,单独组成综合单价。此处有三层内容:一是招标人根据工程的实际情况在同一个标段(或合同段)中在两种方式中选择其一;二是招标人若采用单列现浇混凝土模板工程,必须按《房屋建筑与装饰工程工程量计算规范》(GB 50854—2013)所规定的计量单位、项目编码、项目特征描述列出清单,同时,现浇混凝土项目中不含模板的工程费用;三是若招标人不单列现浇混凝土模板工程项目,不再编列现浇混凝土模板项目清单,现浇混凝土工程项目的综合单价中包括了模板的工程费用。

(8)国家标准《房屋建筑与装饰工程工程量计算规范》(GB 50854—2013)中预制混凝土构件按现场制作编制项目,"工作内容"中包括模板工程,不再另列。若采用成品预制混凝土构件时,构件成品价(包括模板、钢筋、混凝土等所有费用)应计入综合单价中,即成品的出厂价格及运杂费等进入综合单价。

(9)国家标准《房屋建筑与装饰工程工程量计算规范》(GB 50854—2013)中金属结构构件按成品编制项目,构件成品价应计入综合单价中,若采用现场制作,包括制作的所有费用。

注:结合金属结构构件目前是以市场工厂成品生产的实际,按成品编制项目,购置费应计入综合单价,若采用现场制作,包括制作的所有费用应进入综合单价。

(10)国家标准《房屋建筑与装饰工程工程量计算规范》(GB 50854—2013)中门窗(橱窗除外)按成品编制项目,门窗成品价应计入综合单价中。若采用现场制作,包括制作的所有费用。

注:结合目前"门窗均以工厂化成品生产"的市场情况,本规范门窗(橱窗除外)按成品编制项目,成品价(成品原价、运杂费等)应计入综合单价。若采用现场制作,包括制作的所有费,即制作的所有费用应计入综合单价。

(11)房屋建筑与装饰工程涉及电气、给水排水、消防等安装工程的项目,按照国家标准《通用安装工程工程量计算规范》(GB 50856—2013)的相应项目执行;涉及小区道路、室外给水排水等工程的项目,按照国家标准《市政工程工程量计算规范》(GB 50857—2013)的相应项目执行。采用爆破法施工的石方工程按照国家标准《爆破工程工程量计算规范》(GB 50862—2013)的相应项目执行。

2. 工程量清单的编制内容

(1)分部分项工程量清单的编制内容。

1)分部分项工程量清单应包括项目编码、项目名称、项目特征、计量单位和工程量。

注:本条规定了构成一个分部分项工程量清单的五个要件——项目编码、项目名称、项目特征、计量单位和工程量,这五个要件在分部分项工程量清单的组成中缺一不可,见表 21-17。

表 21-17 分部分项工程量清单与计价表

工程名称:×××建筑工程　　　　　　标段:　　　　　　　　第 1 页　共 1 页

序号	项目编码	项目名称	项目特征描述	计量单位	工程量	金额/元		
						综合单价	合价	其中:暂估价
1	010101004001	挖基坑土方	1. 土壤类别:普通土 2. 挖土深度:0.7 m	m³	235.66			
2	010101004002	挖基坑土方	1. 土壤类别:坚土 2. 挖土深度:0.9 m	m³	302.99			
3	010103001001	回填方	1. 回填材料要求:就地取土 2. 回填质量要求:人工夯填	m³	359.51			

续表

序号	项目编码	项目名称	项目特征描述	计量单位	工程量	金额/元		
						综合单价	合价	其中：暂估价
4	010501003001	独立基础	1. 混凝土类别：混凝土 2. 混凝土强度等级：C25(40)	m³	135.47			
5	010515001001	现浇构件钢筋	钢筋种类、规格：Φ12	t	4.848			
			小计					

2)分部分项工程量清单应根据国家标准《房屋建筑与装饰工程工程量计算规范》(GB 50854—2013)附录规定的项目编码、项目名称、项目特征、计量单位和工程量计算规则进行编制。

3)分部分项工程量清单的项目编码，应采用12位阿拉伯数字表示，1～9位应按国家标准《房屋建筑与装饰工程工程量计算规范》(GB 50854—2013)附录的规定设置，10～12位应根据拟建工程的工程量清单项目名称设置，同一招标工程的项目编码不得有重码。

4)分部分项工程量清单的项目名称应按国家标准《房屋建筑与装饰工程工程量计算规范》(GB 50854—2013)附录的项目名称结合拟建工程的实际确定。

5)分部分项工程量清单项目特征应按国家标准《房屋建筑与装饰工程工程量计算规范》(GB 50854—2013)附录中规定的项目特征，结合拟建工程项目的实际予以描述。

6)分部分项工程量清单中所列工程量应按国家标准《房屋建筑与装饰工程工程量计算规范》(GB 50854—2013)附录中规定的工程量计算规则计算。

7)分部分项工程量清单的计量单位应按国家标准《房屋建筑与装饰工程工程量计算规范》(GB 50854—2013)附录中规定的计量单位确定。

注：以上7条为强制性条文，必须严格执行。

8)国家标准《房屋建筑与装饰工程工程量计算规范》(GB 50854—2013)附录中有两个或两个以上计量单位的，应结合拟建工程项目的实际情况，选择其中一个确定，见表21-18。

表21-18 现浇混凝土楼梯(编号：010506)

项目编码	项目名称	项目特征	计量单位	工程量计算规则	工程内容
010506001	直形楼梯	1. 混凝土种类 2. 混凝土强度等级	1. m² 2. m³	1. 以 m² 计量，按设计图示尺寸以水平投影面积计算。不扣除宽度≤500 mm的楼梯井，伸入墙内部分不计算。 2. 以 m³ 计量，按设计图示尺寸以体积计算	1. 模板及支架(撑)制作、安装、拆除、堆放、运输及清理模内杂物、刷隔离剂等。 2. 混凝土制作、运输、浇筑、振捣、养护
010506002	弧形楼梯				

注：整体楼梯(包括直形楼梯、弧形楼梯)水平投影面积包括休息平台、平台梁、斜梁和楼梯的连接梁。当整体楼梯与现浇楼板无梯梁连接时，以楼梯的最后一个踏步边缘加 300 mm 为界。

注：当附录中有两个或两个以上计量单位的项目，在工程计量时，应结合拟建工程项目的实际情况，选择其中一个作为计量单位，在同一个建设项目(或标段、合同段)中，有多个单位工程的相同项目计量单位必须保持一致。

9)工程计量时每一项目汇总的有效位数应遵守下列规定：

①以"t"为单位，应保留小数点后三位数字，第四位小数四舍五入。

②以"m、m²、m³、kg"为单位，应保留小数点后两位数字，第三位小数四舍五入。

③以"个、件、根、组、系统"为单位,应取整数。

10)编制工程量清单出现国家标准《房屋建筑与装饰工程工程量计算规范》(GB 50854—2013)附录中未包括的项目,编制人应作补充,并报省级或行业工程造价管理机构备案,省级或行业工程造价管理机构应汇总报住房和城乡建设部标准定额研究所。

补充项目说明

(2)措施项目清单的编制内容。

1)措施项目中列出了项目编码、项目名称、项目特征、计量单位、工程量计算规则的项目,编制工程量清单时,应按照国家标准《房屋建筑与装饰工程工程量计算规范》(GB 50854—2013)中分部分项工程的规定执行。

注:①该条为强制性条文,必须严格执行。

②措施项目包括一般措施项目(安全文明施工,夜间施工,非夜间施工照明,二次搬运,冬雨期施工,大型机械设备进出场及安拆,施工排水,施工降水,地上、地下设施和建筑物的临时保护设施,已完工程及设备保护)、脚手架工程、混凝土模板及支架(撑)、垂直运输、超高施工增加。

2)措施项目仅列出项目编码、项目名称,未列出项目特征、计量单位和工程量计算规则的项目,编制工程量清单时,应按国家标准《房屋建筑与装饰工程工程量计算规范》(GB 50854—2013)附录S措施项目规定的项目编码、项目名称确定,见表21-19。

表21-19 安全文明施工及其他措施项目(编码:011707)

项目编码	项目名称	工程内容及包含范围
011707001	安全文明施工	1. 环境保护:现场施工机械设备降低噪声、防扰民措施费用;水泥和其他易飞扬细颗粒建筑材料密闭存放或采取覆盖措施等费用;工程防扬尘洒水费用;土石方、建渣外运车辆冲洗、防洒漏等费用;现场污染源的控制、生活垃圾清理外运、场地排水排污措施的费用;其他环境保护措施费用。 2. 文明施工:"五牌一图"的费用;现场围挡的墙面美化(包括内外粉刷、刷白、标语等)、压顶装饰费用;现场厕所便槽刷白、贴面砖,水泥砂浆地面或地砖费用,建筑物内临时便溺设施费用;其他施工现场临时设施的装饰装修、美化措施费用;现场生活卫生设施费用;符合卫生要求的饮水设备、淋浴、消毒等设施费用;生活用洁净燃料费用;防煤气中毒、防蚊虫叮咬等措施费用;施工现场操作场地的硬化费用;现场绿化费用、治安综合治理费用;现场配备医药保健器材、物品费用和急救人员培训费用;用于现场工人的防暑降温费和电风扇、空调等设备及用电费用;其他文明施工措施费用。 3. 安全施工:安全资料、特殊作业专项方案的编制,安全施工标志的购置及安全宣传的费用;"三宝"(安全帽、安全带、安全网)、"四口"(楼梯口、电梯井口、通道口、预留洞口)、"五临边"(阳台围边、楼板围边、屋面围边、槽坑围边、卸料平台两侧),水平防护架、垂直防护架、外架封闭等防护的费用;施工安全用电的费用,包括配电箱三级配电、两级保护装置要求、外电防护措施;起重机、塔式起重机等起重设备(含井架、门架)及外用电梯的安全防护措施(含警示标志)费用及卸料平台的临边防护、层间安全门、防护棚等设施费用;建筑工地起重机械的检验检测费用;施工机具防护棚及其围栏的安全保护设施费用;施工安全防护通道的费用;工人的安全防护用品、用具购置费用;消防设施与消防器材的配置费用;电气保护、安全照明设施费;其他安全防护措施费用。 4. 临时设施:施工现场采用彩色定型钢板、砖、混凝土块等围挡的安砌、维修、拆除或摊销费;施工现场临时建筑物、构筑物的搭设、维修、拆除或摊销的费用,如临时宿舍、办公室、食堂、厨房、厕所、诊疗所、临时文化福利用房、临时仓库、加工场、搅拌台、临时简易水塔、水池等。施工现场临时设施的搭设、维修、拆除或摊销的费用,如临时供水管道、临时供电管线、小型临时设施等;施工现场规定范围内临时简易道路铺设,临时排水沟、排水设施安砌、维修、拆除的费用;其他临时设施搭设、维修、拆除或摊销的费用

续表

项目编码	项目名称	工程内容及包含范围
011707002	夜间施工	1. 夜间固定照明灯具和临时可移动照明灯具的设置、拆除。 2. 夜间施工时，施工现场交通标志、安全标牌、警示灯等的设置、移动、拆除。 3. 包括夜间照明设备摊销及照明用电、施工人员夜班补助、夜间施工劳动效率降低等
011707003	非夜间施工照明	为保证工程施工正常进行，在地下室等特殊施工部位施工时所采用的照明设备的安拆、维护、摊销及照明用电等
011707004	二次搬运	由于施工场地条件限制而发生的材料、成品、半成品等一次运输不能到达堆放地点，必须进行二次或多次搬运
011707005	冬雨期施工	1. 冬雨（风）期施工时增加的临时设施（防寒保温、防雨、防风设施）的搭设、拆除。 2. 冬雨（风）期施工时，对砌体、混凝土等采用的特殊加温、保温和养护措施。 3. 冬雨（风）期施工时，施工现场的防滑处理、对影响施工的雨雪的清除。 4. 包括冬雨（风）期施工时增加的临时设施的摊销、施工人员的劳动保护用品、冬雨（风）期施工劳动效率降低等
011707006	地上、地下设施和建筑物的临时保护设施	在工程施工过程中，对已建成的地上、地下设施和建筑物进行的遮盖、封闭、隔离等必要保护措施
011707007	已完工程及设备保护	对已完工程及设备采取的覆盖、包裹、封闭、隔离等必要保护措施

注：本表所列项目应根据工程实际情况计算措施项目费用，需分摊的应合理计算摊销费用。

3）措施项目应根据拟建工程的实际情况列项，若出现国家标准《房屋建筑与装饰工程工程量计算规范》（GB 50854—2013）未列的项目，可根据工程实际情况对措施项目清单进行补充，且补充项目的有关规定及编码的设置规定同分部分项工程。

（3）其他项目清单的编制内容。

1）其他项目清单应按照下列内容列项：暂列金额、暂估价（包括材料暂估单价、工程设备暂估单价、专业工程暂估价）、计日工、总承包服务费。

2）暂列金额应根据工程特点，按有关计价规定估算。

3）暂估价中的材料、工程设备暂估价应根据工程造价信息或参照市场价格估算，列出明细表；专业工程暂估价应分不同专业，按有关计价规定估算，列出明细表。

4）计日工应列出项目名称、计量单位和暂估数量。

5）出现第1）条未列的项目，应根据工程实际情况补充。

（4）规费项目清单的编制内容。

1）规费项目清单应按照下列内容列项：社会保险费（包括养老保险费、失业保险费、医疗保险费、工伤保险费、生育保险费）、住房公积金、工程排污费。

2）出现第1）条未列的项目，应根据省级政府或省级有关权力部门的规定列项。

（5）税金项目清单的编制内容。

措施项目

暂列金额

1)税金项目清单应包括下列内容:增值税、城市维护建设税和教育费附加。
2)出现第1)条未列的项目,应根据税务部门的规定进行列项。

3. 工程量清单的编制格式

(1)封面、扉页的填写(见表21-20、表21-21)。

表21-20 招标工程量清单封面

_____工程
招标工程量清单

招 标 人:_____
(单位盖章)

造价咨询人:_____
(单位盖章)

年 月 日

表 21-21　招标工程量清单扉页

<u>　　　　　　　　</u>**工程**

招标工程量清单

招 标 人：<u>　　　　　　</u>　　　　工程造价
　　　（单位盖章）　　　　　咨 询 人：<u>　　　　　　</u>
　　　　　　　　　　　　　　　（单位资质专用章）

法定代表人　　　　　　　　　　　法定代表人
或其授权人：<u>　　　　　　</u>　　或其授权人：<u>　　　　　　</u>
　　　（签字或盖章）　　　　　　　　（签字或盖章）

编 制 人：<u>　　　　　　</u>　　　复核人：<u>　　　　　　</u>
　（造价人员签字盖专用章）　　　（造价工程师签字盖专用章）

编制时间：<u>　</u>年<u>　</u>月<u>　</u>日　　　复核时间：<u>　</u>年<u>　</u>月<u>　</u>日

注：扉页应按规定的内容填写、签字、盖章，由造价员编制的工程量清单应有负责审核的造价工程师签字、盖章；受委托编制的工程量清单，应有造价工程师签字、盖章以及工程造价咨询人盖章。

(2)总说明的编制(见表 21-22)。

表 21-22　总 说 明

工程名称：　　　　　　　　　　　　　　　　　　　　　　　　　第　页　共　页

注：总说明应按下列内容填写：
①工程概况：建设规模、工程特征、计划工期、施工现场实际情况、自然地理条件、环境保护要求等。
②工程招标和专业工程发包范围。
③工程量清单编制依据：如采用的标准、施工图纸、标准图集等。
④工程质量、材料、施工等的特殊要求。
⑤其他需要说明的问题。

（3）分部分项工程清单与计价表的编制（见表21-23）。

表21-23 分部分项工程清单与计价表

工程名称： 　　　　　　　　标段： 　　　　　　　　第 页 共 页

序号	项目编码	项目名称	项目特征描述	计量单位	工程量	金额/元		
						综合单价	合价	其中：暂估价
本页小计								
合计								

表21-23说明：

1）本清单中的项目编码、项目名称、项目特征描述、计量单位及工程量应根据国家标准《房屋建筑与装饰工程工程量计算规范》(GB 50854—2013)进行编制，是拟建工程分项"实体"工程项目及相应数量的清单，编制时应执行"五统一"的规定，不得因情况不同而变动。

2）本清单中项目编码的前9位应按国家标准《房屋建筑与装饰工程工程量计算规范》(GB 50854—2013)中的项目编码进行填写，不得变动；后3位由工程量清单编制人，根据清单项目设置的数量进行编制。

3）项目特征描述技巧。

①必须描述的内容：

a. 涉及正确计量的内容必须描述，如门窗洞口尺寸或框外围尺寸。

b. 涉及结构要求的内容必须描述，如混凝土构件的混凝土强度等级，是使用C20还是C30或C40等，因混凝土强度等级不同，其价格也不同。

c. 涉及材质要求的内容必须描述，如油漆的品种，是调和漆还是硝基清漆等。

d. 涉及安装方式的内容必须描述，如管道工程中，钢管的连接方式是螺纹连接还是焊接等。

②可不详细描述的内容：

a. 无法准确描述的可不详细描述，如土壤类别。由于我国幅员辽阔，南北东西差异较大，特别是对于南方来说，在同一地点，由于表层土与表层土以下的土壤，其类别是不同的，要求清单编制人准确判定某类土壤所占比例是困难的，在这种情况下，可考虑将土壤类别描述为综合，注明由投标人根据地质勘察资料自行确定土壤类别，决定报价。

b. 施工图纸、标准图集标注明确，可不再详细描述，对这些项目可描述为见××图集××页××节点大样等。

c. 还有一些项目可不详细描述，但清单编制人在项目特征描述中应注明由招标人自定，如土(石)方工程中的"取土运距""弃土运距"等。

③可不描述的内容：

a. 对计量计价没有实质影响的内容可以不描述，如对现浇混凝土柱的断面形状的特征规定可以不描述，因为混凝土构件是按"m³"计量，对此的描述实质意义不大。

b. 应由投标人根据施工方案确定的可以不描述，如对石方的预裂爆破的单孔深度及装药量的特征规定，如清单编制人来描述是困难的，由投标人根据施工要求，在施工方案中确定，自主报价比较恰当。

c. 应由投标人根据当地材料和施工要求确定的可以不描述，如对混凝土构件中的混凝土拌合料使用的石子种类及粒径、砂的种类及特征规定可以不描述。因为混凝土拌合料使用砾石还是碎石，使用粗砂还是中砂、细砂或特细砂，除构件本身特殊要求需要指定外，主要取决于工程所在地砂、石子材料的供应情况。

注：①编制工程量清单时，在本表"工程名称"栏应填写详细具体的工程称谓，对于房屋建筑而言，习惯上并无标段划分，可不填写"标段"栏，但相对于管道敷设、道路施工，则往往以标段划分，此时，应填写"标段"栏，其他各表涉及此类设置，道理相同。

②现行"消耗量定额"，其项目是按施工工序进行划分的，包括的工程内容一般是单一的，据此规定了相应的工程量计算规则，以该工程量计算规则计算出的工程数量，一般是施工中实际发生的数量。而工程量清单项目的划分，一般是以一个"综合实体"来考虑的，且包括多项工程内容，据此规定了相应的工程量计算规则，以该工程量计算规则计算出的工程数量，不一定是施工中实际发生的数量。应注意两者工程量的计算规则是有区别的。

③根据住建部、财政部发布的《建筑安装工程费用项目组成》(建标〔2013〕44号)的规定，为计取规费等的使用，可在表中增设其中："定额人工费"。

（4）措施项目清单与计价表的编制(见表21-24、表21-25)。

表 21-24　单价措施项目清单与计价表

工程名称：　　　　　　　　　　标段：　　　　　　　　　　　第　页　共　页

序号	项目编码	项目名称	项目特征描述	计量单位	工程量	金额/元	
						综合单价	合价
本页小计							
合计							

表 21-25　总价措施项目清单与计价表

工程名称：　　　　　　　　　　标段：　　　　　　　　　　　第　页　共　页

序号	项目编码	项目名称	计算基础	费率/%	金额/元	调整费率/%	调整后金额/元	备注
1		安全文明施工费						
2		夜间施工增加费						
3		二次搬运费						
4		冬雨期施工增加费						
5		已完工程及设备保护费						
合计								

编制人(造价人员)：　　　　　　　　　　复核人(造价工程师)：

注：①影响措施项目设置的因素很多，除工程本身因素外，还涉及水文、气象、环境及安全等方面，表中不可能把所有的措施项目一一列出，因情况不同，出现表中未列的措施项目，工程量清单编制人可作补充。

②措施项目清单以"项"为计量单位。

③根据住建部、财政部发布的《建筑安装工程费用项目组成》（建标〔2013〕44号）的规定，"计算基础"中安全文明施工费可为"定额基价"、"定额人工费"或"定额人工费＋定额机械费"，其他项目可为"定额人工费"或"定额人工费＋定额机械费"。

④按施工方案计算的措施费，若无"计算基础"和"费率"的数值，也可只填"金额"数值，但应在备注栏说明施工方案出处或计算方法。

(5)其他项目清单与计价表的编制（见表21-26～表21-31）。

表21-26 其他项目清单与计价汇总表

工程名称： 标段： 第 页 共 页

序号	项目名称	金额/元	结算金额/元	备注
1	暂列金额			明细详见表21-27
2	暂估价			
2.1	材料（工程设备）暂估价/结算价			明细详见表21-28
2.2	专业工程暂估价/结算价			明细详见表21-29
3	计日工			明细详见表21-30
4	总承包服务费			明细详见表21-31
5	索赔与现场签证			清单编制时没有此项
	合计			

注：材料（工程设备）暂估价进入清单项目综合单价，此处不汇总。

表21-27 暂列金额明细表

工程名称： 标段： 第 页 共 页

序号	项目名称	计量单位	暂定金额/元	备注
1				例如："钢结构雨篷项目设计图纸有待完善"
2				
3				
	合计			

注：此表由招标人填写，将暂列金额与拟用项目列出明细，如不能详列明细，也可只列暂定金额总额，投标人应将上述暂列金额计入投标总价中。

表21-28 材料（工程设备）暂估单价及调整表

工程名称： 标段： 第 页 共 页

序号	材料（工程设备）名称、规格、型号	计量单位	数量		暂估/元		确认/元		差额±/元		备注
			暂估	确认	单价	合价	单价	合价	单价	合价	
1											
2											
3											

注：此表由招标人填写"暂估单价"，并在备注栏说明暂估价的材料、工程设备拟用在哪些清单项目上，投标人应将上述材料、工程设备暂估单价计入工程量清单综合单价报价中。

表 21-29　专业工程暂估价及结算价表

工程名称：　　　　　　　　　　　　标段：　　　　　　　　　　　　第　页　共　页

序号	工程名称	工程内容	暂估金额/元	结算金额/元	差额±/元	备注
1						例如："消防工程项目设计图纸有待完善"
2						
3						
4						
5						
6						
	合计					

注：此表"暂估金额"由招标人填写，投标人应将"暂估金额"计入投标总价中。结算时按合同约定结算金额填写。

表 21-30　计日工表

工程名称：　　　　　　　　　　　　标段：　　　　　　　　　　　　第　页　共　页

序号	项目名称	单位	暂定数量	实际数量	综合单价/元	合价/元	
						暂定	实际
一	人工						
1							
2							
	人工小计						
二	材料						
1							
2							
	材料小计						
三	施工机械						
1							
2							
	施工机械小计						
	合计						

注：此表项目名称、暂定数量由招标人填写。编制招标控制价时，单价由招标人按有关计价规定确定；投标时，单价由投标人自主报价，按暂定数量计算合价，计入投标总价中；结算时，按发承包双方确认的实际数量计算合价。

表 21-31　总承包服务费计价表

工程名称：　　　　　　　　　　标段：　　　　　　　　　　　　第　页　共　页

序号	项目名称	项目价值/元	服务内容	计算基础	费率/%	金额/元
1	发包人发包专业工程					
2	发包人提供材料					
	合计	—	—		—	

注：此表项目名称、服务内容由招标人填写。编制招标控制价时，费率及金额由招标人按有关计价规定确定；投标报价时，费率及金额由投标人自主报价，计入投标总价中。

(6)规费、税金项目计价表的编制(见表 21-32)。

表 21-32　规费、税金项目计价表

工程名称：　　　　　　　　　　标段：　　　　　　　　　　　　第　页　共　页

序号	项目名称	计算基础	计算基数	计算费率/%	金额/元
1	规费	定额人工费			
1.1	社会保险费	定额人工费			
(1)	养老保险费	定额人工费			
(2)	失业保险费	定额人工费			
(3)	医疗保险费	定额人工费			
(4)	工伤保险费	定额人工费			
(5)	生育保险费	定额人工费			
1.2	住房公积金	定额人工费			
1.3	工程排污费	按工程所在地环境保护部门收取标准，按实计入			
2	税金	分部分项工程费＋措施项目费＋其他项目费＋规费－按规定不计税的工程设备费			
		合计			

编制人(造价人员)：　　　　　　　　　　复核人(造价工程师)：

(7)主要材料、工程设备一览表的编制(见表 21-33～表 21-35)。

表 21-33　发包人提供材料和工程设备一览表

工程名称：　　　　　　　　　　标段：　　　　　　　　　　　　第　页　共　页

序号	材料(工程设备)名称、规格、型号	单位	数量	单价/元	交货方式	送达地点	备注

说明：此表由招标人填写，供投标人在投标报价、确定总承包服务费时参考。

表 21-34 承包人提供主要材料和工程设备一览表

（适用于造价信息差额调整法）

工程名称：　　　　　　　　　　标段：　　　　　　　　　　　　第　页　共　页

序号	名称、规格、型号	单位	数量	风险系数/%	基准单价/元	投标单价/元	发承包人确认单价/元	备注

说明：①此表由招标人填写除"投标单价"栏的内容，投标人在投标时自主确定投标单价。

②招标人应优先采用工程造价管理机构发布的单价作为基准单价，未发布的，通过市场调查确定其基准单价。

表 21-35 承包人提供主要材料和工程设备一览表

（适用于价格指数差额调整法）

工程名称：　　　　　　　　　　标段：　　　　　　　　　　　　第　页　共　页

序号	名称、规格、型号	变值权重 B	基本价格指数 F_0	现行价格指数 F_t	备注
	定值权重 A				
	合计	1			

说明：①"名称、规格、型号""基本价格指数"栏由招标人填写，基本价格指数应首先采用工程造价管理机构发布的价格指数，没有时，可采用发布的价格代替；如人工、机械费也采用本法调整，由招标人在"名称"栏填写。

②"变值权重"栏由投标人根据该项人工、机械费和材料、工程设备价值在投标总报价中所占的比例填写，1减去其比例为定值权重。

③"现行价格指数"按约定的付款证书相关周期最后一天的前 42 天的各项价格指数填写，该指数应首先采用工程造价管理机构发布的价格指数，没有时，可采用发布的价格代替。

21.2.4 投标报价

1. 投标报价的编制内容

（1）一般规定。

1）投标报价应由投标人或受其委托具有相应资质的工程造价咨询人编制。

2)投标人应依据"(2)编制与复核"的第1)条规定自主确定投标报价。

3)投标报价不得低于工程成本。

注：①本条为强制性条文，必须严格执行。

②本条规定了投标报价的确定原则：投标人自主报价，它是市场竞争形成价格的体现。

③《中华人民共和国招标投标法》第41条规定："中标人的投标应当能够满足招标文件的实质性要求，并且经评审的投标价格最低；但是投标价格低于成本的除外。"要求投标人的投标报价不得低于成本。

4)投标人必须按招标工程量清单填报价格。项目编码、项目名称、项目特征、计量单位、工程量必须与招标工程量清单一致。

注：①本条为强制性条文，必须严格执行。

②实行工程量清单招标，招标人在招标文件中提供工程量清单，其目的是使各投标人在投标报价中具有共同的竞争平台。因此，要求投标人在投标报价时填写的工程量清单中的项目编码、项目名称、项目特征、计量单位、工程数量必须与招标人招标文件中提供的一致。

5)投标人的投标报价高于招标控制价的应予废标。

(2)编制与复核。

1)投标报价应根据下列依据编制和复核：

①国家标准《建设工程工程量清单计价规范》(GB 50500—2013)。

②国家或省级、行业建设主管部门颁发的计价办法。

③企业定额，国家或省级、行业建设主管部门颁发的计价定额和计价办法。

④招标文件、招标工程量清单及其补充通知、答疑纪要。

⑤建设工程设计文件及相关资料。

⑥施工现场情况、工程特点及投标时拟定的施工组织设计或施工方案。

⑦与建设项目相关的标准、规范等技术资料。

⑧市场价格信息或工程造价管理机构发布的工程造价信息。

⑨其他相关资料。

2)综合单价中应包括招标文件中划分的应由投标人承担的风险范围及其费用，招标文件中没有明确的，应提请招标人明确。

项目特征描述

3)分部分项工程和措施项目中的单价项目，应根据招标文件和招标工程量清单项目中的特征描述确定综合单价计算。

4)措施项目中的总价项目金额应根据招标文件及投标时拟定的施工组织设计或施工方案自主确定。

5)其他项目应按下列规定报价：

①暂列金额应按招标工程量清单中列出的金额填写。

②材料、工程设备暂估价应按招标工程量清单中列出的单价计入综合单价；专业工程暂估价应按招标工程量清单中列出的金额填写。

措施项目费

③计日工应按招标工程量清单中列出的项目和数量，自主确定综合单价并计算计日工金额。

④总承包服务费应根据招标工程量清单中列出的内容和提出的要求自主确定。

6)规费和税金应按国家或省级、行业建设主管部门的规定计算，不得作为竞争性费用。

7)招标工程量清单与计价表中列明的所有需要填写单价和合价的项目，投标人均应填写且只允许有一个报价。未填写单价和合价的项目，视为此项费用已包含在已标价工程量清单中其他项目的单价和合价之中。当竣工结算时，此项目不得重新组价予以调整。

总承包服务费

8)投标总价应当与分部分项工程费、措施项目费、其他项目费和规费、税金的合计金额一致。

注：此条本质上是禁止在工程总价基础上进行优惠（或降价、让利），投标人对投标总价的任何优惠（或降价、让利），应当反映在相应清单项目的综合单价中，以方便后期的变更和结算。

2. 投标报价的编制格式

(1)封面、扉页的填写（见表21-36、表21-37）。

表21-36　投标总价封面

_____工程

招标总价

招 标 人：_____
（单位盖章）

年　月　日

表 21-37　投标总价扉页

投标总价

招　标　人：＿＿＿＿＿＿＿＿＿＿＿＿＿＿＿＿＿

工　程　名　称：＿＿＿＿＿＿＿＿＿＿＿＿＿＿＿＿＿

投标总价(小写)：＿＿＿＿＿＿＿＿＿＿＿＿＿＿＿＿＿

　　　　(大写)：＿＿＿＿＿＿＿＿＿＿＿＿＿＿＿＿＿

投　标　人：＿＿＿＿＿＿＿＿＿＿＿＿＿＿＿＿＿
　　　　　　　　　　　(单位盖章)

法定代表人
或其授权人：＿＿＿＿＿＿＿＿＿＿＿＿＿＿＿＿＿
　　　　　　　　　　　(签字或盖章)

编　制　人：＿＿＿＿＿＿＿＿＿＿＿＿＿＿＿＿＿
　　　　　　　　　(造价人员签字盖专用章)

编制时间：　年　月　日

(2)总说明的编制(见表 21-38)。

表 21-38　总说明

工程名称：　　　　　　　　　　　　　　　　　　　　　　第　页　共　页

(3)建设项目投标报价汇总表的编制(见表21-39)。

表21-39　建设项目招标控制价/投标报价汇总表

工程名称：　　　　　　　　　　　　　　　　　　　　　　　　　　　第　页　共　页

序号	单项工程名称	金额/元	其中/元		
			暂估价	安全文明施工费	规费
	合计				

(4)单项工程投标报价汇总表的编制(见表21-40)。

表21-40　单项工程招标控制价/投标报价汇总表

工程名称：　　　　　　　　　　　　　　　　　　　　　　　　　　　第　页　共　页

序号	单位工程名称	金额/元	其中/元		
			暂估价	安全文明施工费	规费
	合计				

注：本表适用于单项工程招标控制价或投标报价的汇总。暂估价包括分部分项工程中的暂估价和专业工程暂估价。

(5)单位工程投标报价汇总表的编制(见表21-41)。

表21-41　单位工程招标控制价/投标报价汇总表

工程名称：　　　　　　　　　标段：　　　　　　　　　　　　　　　第　页　共　页

序号	汇总内容	金额/元	其中：暂估价/元
1	分部分项工程		
1.1			
1.2			
……	……		
2	措施项目		
2.1	其中：安全文明施工费		
3	其他项目		
3.1	其中：暂列金额		
3.2	其中：专业工程暂估价		
3.3	其中：计日工		
3.4	其中：总承包服务费		
4	规费		
5	税金		
投标报价合计＝1＋2＋3＋4＋5			

注：本表适用于单位工程招标控制价或投标报价的汇总。如无单位工程划分，单项工程也使用本表汇总。

(6)分部分项工程和单价措施项目清单与计价表的编制(见表21-42)。

表 21-42　分部分项工程和单价措施项目清单与计价表

工程名称：　　　　　　　　　　　　　标段：　　　　　　　　　　　　第　页　共　页

序号	项目编码	项目名称	项目特征	计量单位	工程量	金额/元		
						综合单价	合价	其中：暂估价
本页小计								
合计								

注：为计取规费等的使用，可在表中增设其中："定额人工费"。

(7)综合单价分析表的编制(见表21-43)。

表 21-43　综合单价分析表

工程名称：　　　　　　　　　　　　　标段：　　　　　　　　　　　　第　页　共　页

项目编码			项目名称			计量单位		工程量		
清单综合单价组成明细										
定额编号	定额项目名称	定额单位	数量	单价			合价			
				人工费	材料费	机械费	管理费和利润	人工费	材料费	机械费	管理费和利润
人工单价			小计							
元/工日			未计价材料费							
清单项目综合单价										
材料费明细	主要材料名称、规格、型号			单位	数量	单价/元	合价/元		暂估单价/元	暂估合价/元
	其他材料费									
	材料费小计									

注：1.如不使用省级或行业建设主管部门发布的计价依据，可不填定额项目、编号等。
2.招标文件提供了暂估单价的材料，按暂估的单价填入表内"暂估单价"栏及"暂估合价"栏。
3.投标人应按照招标文件的要求，附工程量清单综合单价分析表。
4.分部分项工程量清单计价，其核心是综合单价的确定。综合单价的计算一般应按下列顺序进行：
①确定工程内容。根据工程量清单项目名称和拟建工程实际，或参照"分部分项工程量清单项目设置及其消耗量定额"表中的"工程内容"，确定该清单项目主体及其相关工程内容。
②计算工程数量。根据《山东省建筑工程消耗量定额》(SD 01—31—2016)工程量计算规则的规定，分别计算工程量清单项目所包含的每项工程内容的工程数量。
③计算单位含量。分别计算工程量清单项目每计量单位应包含的各项工程内容的工程数量。
计算单位含量＝第②步计算的工程数量÷相应清单项目的工程数量

④选择定额。根据第①步确定的工程内容,参照"分部分项工程量清单项目设置及其消耗量定额"表中的定额名称和编号,选择定额,确定人工、材料和机械台班的消耗量。

⑤选择单价。人工、材料、机械台班单价选用省信息价或市场价。

⑥计算清单项目每计量单位所含某项工程内容的人工、材料、机械台班价款。

"工程内容"的人、材、机价款＝∑(第④步确定的人、材、机消耗量×第⑤步选择的人、材、机单价)×第③步计算含量

⑦计算工程量清单项目每计量单位人工、材料、机械台班价款。

工程量清单项目人、材、机价款＝第⑥步计算的各项工程内容的人、材、机价款之和

⑧选定费率。应根据建设工程费用项目组成及计算规则,并结合本企业和市场的实际情况,确定管理费费率和利润率。

⑨计算综合单价。

综合单价＝第⑦步计算的人、材、机价款＋第⑦步中的省价人工费×(管理费费率＋利润率)

⑩合价＝综合单价×相应清单项目工程数量。

(8)总价措施项目清单与计价表的编制(见表21-44)。

表21-44 总价措施项目清单与计价表

工程名称: 　　　　　　　　　　标段: 　　　　　　　　　　第 页 共 页

序号	项目编码	项目名称	计算基础	费率/%	金额/元	调整费率/%	调整后金额/元	备注
1		安全文明施工费						
2		夜间施工增加费						
3		二次搬运费						
4		冬雨期施工增加费						
5		已完工程及设备保护费						
		合　计						

编制人(造价人员): 　　　　　　　　复核人(造价工程师):

(9)其他项目清单与计价表的编制(见表21-45～表21-50)。

表21-45 其他项目清单与计价汇总表

工程名称: 　　　　　　　　　　标段: 　　　　　　　　　　第 页 共 页

序号	项目名称	金额/元	结算金额/元	备注
1	暂列金额			明细详见表21-46
2	暂估价			
2.1	材料(工程设备)暂估价/结算价			明细详见表21-47
2.2	专业工程暂估价/结算价			明细详见表21-48
3	计日工			明细详见表21-49
4	总承包服务费			明细详见表21-50
5	索赔与现场签证			投标报价时没有此项
	合计			

表 21-46　暂列金额明细表

工程名称：　　　　　　　　　　　标段：　　　　　　　　　　　第　页　共　页

序号	项目名称	计量单位	暂定金额/元	备注
1				例如："钢结构雨篷项目设计图纸有待完善"
2				
3				
合计				

表 21-47　材料（工程设备）暂估单价及调整表

工程名称：　　　　　　　　　　　标段：　　　　　　　　　　　第　页　共　页

序号	材料（工程设备）名称、规格、型号	计量单位	数量		暂估/元		确认/元		差额±/元		备注
			暂估	确认	单价	合价	单价	合价	单价	合价	
1											
2											
3											

表 21-48　专业工程暂估价及结算价表

工程名称：　　　　　　　　　　　标段：　　　　　　　　　　　第　页　共　页

序号	工程名称	工程内容	暂估金额/元	结算金额/元	差额±/元	备注
1						例如："消防工程项目设计图纸有待完善"
2						
3						
合计						

表 21-49　计日工表

工程名称：　　　　　　　　　　　标段：　　　　　　　　　　　第　页　共　页

序号	项目名称	单位	暂定数量	实际数量	综合单价/元	合价/元	
						暂定	实际
一	人工						
1							
2							
人工小计							
二	材料						
1							
2							

续表

序号	项目名称	单位	暂定数量	实际数量	综合单价/元	合价/元	
						暂定	实际
	材料小计						
三	施工机械						
1							
2							
	施工机械小计						
	合计						

表 21-50 总承包服务费计价表

工程名称： 标段： 第 页 共 页

序号	项目名称	项目价值/元	服务内容	计算基础	费率/%	金额/元
1	发包人发包专业工程					
2	发包人提供材料					
	合计		—	—	—	

(10)规费、税金项目计价表的编制(见表 21-51)。

表 21-51 规费、税金项目计价表

工程名称： 标段： 第 页 共 页

序号	项目名称	计算基础	计算基数	计算费率/%	金额/元
1	规费	定额人工费			
1.1	社会保险费	定额人工费			
(1)	养老保险费	定额人工费			
(2)	失业保险费	定额人工费			
(3)	医疗保险费	定额人工费			
(4)	工伤保险费	定额人工费			
(5)	生育保险费	定额人工费			
1.2	住房公积金	定额人工费			
1.3	工程排污费	按工程所在地环境保护部门收取标准，按实计入			
2	税金	分部分项工程费＋措施项目费＋其他项目费＋规费－按规定不计税的工程设备费			
	合计				

编制人(造价人员)： 复核人(造价工程师)：

(11)总价项目进度款支付分解表的编制(见表 21-52)。

表 21-52　总价项目进度款支付分解表

工程名称：　　　　　　　　　　　　　标段：　　　　　　　　　　　　单位：元

序号	项目名称	总价金额	首次支付	二次支付	三次支付	四次支付	五次支付	
	安全文明施工费							
	夜间施工增加费							
	二次搬运费							
	……							
	社会保险费							
	住房公积金							
	合计							

编制人(造价人员)：　　　　　　　　　　　　复核人(造价工程师)：

注：①本表应由承包人在投标报价时根据发包人在招标文件明确的进度款支付周期与报价填写，签订合同时，发承包双方可就支付分解协商调整后作为合同附件。
②单价合同使用本表，"支付"栏时间应与单价项目进度款支付周期相同。
③总价合同使用本表，"支付"栏时间应与约定的工程计量周期相同。

(12)主要材料、工程设备一览表的编制(见表 21-53～表 21-55)。

表 21-53　发包人提供材料和工程设备一览表

工程名称：　　　　　　　　　　　　　标段：　　　　　　　　　　　第　页 共　页

序号	材料(工程设备)名称、规格、型号	单位	数量	单价/元	交货方式	送达地点	备注

表 21-54　承包人提供主要材料和工程设备一览表

(适用于造价信息差额调整法)

工程名称：　　　　　　　　　　　　标段：　　　　　　　　　　　　第　页　共　页

序号	名称、规格、型号	单位	数量	风险系数/%	基准单价/元	投标单价/元	发承包人确认单价/元	备注

表 21-55　承包人提供主要材料和工程设备一览表

(适用于价格指数差额调整法)

工程名称：　　　　　　　　　　　　标段：　　　　　　　　　　　　第　页　共　页

序号	名称、规格、型号	变值权重 B	基本价格指数 F_0	现行价格指数 F_t	备注
	定值权重 A				
	合计	1			

21.3　任务实施

【应用案例 21-1】

某工程基础平面图和断面图如图 21-1 所示，土质为普通土，采用挖掘机挖土(大开挖，坑内作业)，自卸汽车运土，运距为 500 m。若结合《建设工程工程量清单计价规范》(GB 50500—2013)的规定编制该基础土石方工程量清单，需要考虑编制哪些内容？

解：

根据前文"工程量清单的编制格式(表 21-20～表 21-35)"内容所述，结合本任务的实际情况，编制该基础土石方工程量清单时，需要考虑编制以下内容：

(1)招标工程量清单封面。

(2)招标工程量清单扉页。

(3)总说明。

(4)分部分项工程和单价措施项目清单与计价表。

(5)总价措施项目清单与计价表。

(6)其他项目清单与计价汇总表，包括暂列金额明细表、材料(工程设备)暂估单价及调整表、专业工程暂估价及结算价表、计日工表、总承包服务费计价表。

(7)规费、税金项目计价表。

(8)主要材料、工程设备一览表,包括发包人提供材料和工程设备一览表、承包人提供主要材料和工程设备一览表(适用于造价信息差额调整法)或承包人提供主要材料和工程设备一览表(适用于价格指数差额调整法)。

21.4 知识拓展

21.4.1 招标控制价

1. 招标控制价的编制内容

(1)一般规定。

1)国有资金投资的建设工程招标,招标人必须编制招标控制价。

注:①该条为强制性条文,必须严格执行。

②国有资金投资的工程实行工程量清单招标,为了客观、合理地评审投标报价和避免哄抬标价,避免造成国有资产流失,招标人必须编制招标控制价,规定最高投标限价。

2)招标控制价应由具有编制能力的招标人或受其委托具有相应资质的工程造价咨询人编制和复核。

3)工程造价咨询人接受招标人委托编制招标控制价,不得再就同一工程接受投标人委托编制投标报价。

4)招标控制价不应上调或下浮。

5)当招标控制价超过批准的概算时,招标人应将其报原概算审批部门审核。

6)招标人应在发布招标文件时公布招标控制价,同时应将招标控制价及有关资料报送工程所在地或有该工程管辖权的行业管理部门工程造价管理机构备查。

招标控制价

(2)编制与复核。

1)招标控制价应根据下列依据编制与复核:

①国家标准《建设工程工程量清单计价规范》(GB 50500—2013)。

②国家或省级、行业建设主管部门颁发的计价定额和计价办法。

③建设工程设计文件及相关资料。

④拟定的招标文件及招标工程量清单。

⑤与建设项目相关的标准、规范、技术资料。

⑥施工现场情况、工程特点及常规施工方案。

⑦工程造价管理机构发布的工程造价信息,当工程造价信息没有发布时,参照市场价。

⑧其他相关资料。

2)综合单价应包括招标文件中划分的应由投标人承担的风险范围及其费用。招标文件中没有明确的,如是工程造价咨询人编制,应提请招标人明确;如是招标人编制,应予明确。

3)分部分项工程和措施项目中的单价项目,应根据拟定的招标文件和招标工程量清单项目中的特征描述及有关要求确定综合单价计算。

4)措施项目中的总价项目应根据拟定的招标文件和常规施工方案进行计量计价。

5)其他项目应按下列规定计价：

①暂列金额应按招标工程量清单中列出的金额填写。

②暂估价中的材料、工程设备单价应按招标工程量清单中列出的单价计入综合单价。

综合单价

③暂估价中的专业工程金额应按招标工程量清单中列出的金额填写。

④计日工应按招标工程量清单中列出的项目根据工程特点和有关计价依据确定综合单价计算。

总承包服务费

⑤总承包服务费应根据招标工程量清单列出的内容和要求估算。

6)规费和税金应按国家或省级、行业建设主管部门的规定计算，不得作为竞争性费用。

2. 招标控制价的投诉与处理

(1)投标人经复核认为招标人公布的招标控制价未按照国家标准《建设工程工程量清单计价规范》(GB 50500—2013)的规定进行编制的，应当在招标控制价公布后5天内向招投标监督机构和工程造价管理机构投诉。

(2)投诉人投诉时，应当提交由单位盖章和法定代表人或其委托人签名或盖章的书面投诉书。投诉书应包括以下内容：

1)投诉人与被投诉人的名称、地址及有效联系方式。

2)投诉的招标工程名称、具体事项及理由。

3)投诉依据及有关证明材料。

4)相关的请求及主张。

(3)投诉人不得进行虚假、恶意投诉，阻碍投标活动的正常进行。

(4)工程造价管理机构在接到投诉书后应在2个工作日内进行审查，对有下列情况之一的，不予受理：

1)投诉人不是所投诉招标工程招标文件的收受人。

2)投诉书提交的时间不符合上述第(1)条规定的。

3)投诉书不符合上述第(2)条规定的。

4)投诉事项已进入行政复议或行政诉讼程序的。

(5)工程造价管理机构应在不迟于结束审查的次日将是否受理投诉的决定书面通知投诉人、被投诉人以及负责该工程招标投标监督的招标投标管理机构。

(6)工程造价管理机构受理投诉后，应立即对招标控制价进行复查，组织投诉人、被投诉人或其委托的招标控制价编制人等单位人员对投诉问题逐一核对。有关当事人应当予以配合，并应保证所提供资料的真实性。

(7)工程造价管理机构应当在受理投诉的10天内完成复查，特殊情况下可适当延长，并作出书面结论通知投诉人、被投诉人及负责该工程招标投标监督的招标投标管理机构。

(8)当招标控制价复查结论与原公布的招标控制价误差>±3%的，应当责成招标人改正。

(9)招标人根据招标控制价复查结论需要重新公布招标控制价的，且最终公布的时间至招标文件要求提交投标文件截止时间不足15天的，应相应延长投标文件的截止时间。

3. 招标控制价的编制格式

(1)封面、扉页的填写(见表21-56、表21-57)

表 21-56　招标控制价封面

_____工程
招标控制价

招 标 人：_____
　　　　　　　　（单位盖章）

造价咨询人：_____
　　　　　　　　（单位盖章）

年　月　日

表 21-57　招标控制价扉页

_____工程
招标控制价

招标控制价(小写)：_____
　　　　　(大写)：_____

招 标 人：_____　　咨 询 人：_____
　　　　　（单位盖章）　　　　　　　（单位资质专用章）

法定代表人　　　　　　　　　法定代表人
或其授权人：_____　或其授权人：_____
　　　　　（签字或盖章）　　　　　　　（签字或盖章）

编 制 人：_____　　复 核 人：_____
　　　（造价人员签字盖专用章）　　（造价工程师签字盖专用章）

编制时间：　年　月　日　　　复核时间：　年　月　日

(2)其他编制格式与投标报价格式相同(不包括"总价项目进度款支付分解表")。

21.4.2 竣工结算与支付

1. 竣工结算的编制内容

(1)一般规定。

1)工程完工后,发承包双方必须在合同约定时间内办理工程竣工结算。

注:该条为强制性条文,必须严格执行。

2)工程竣工结算应由承包人或受其委托具有相应资质的工程造价咨询人编制,并应由发包人或受其委托具有相应资质的工程造价咨询人核对。

3)当发承包双方或一方对工程造价咨询人出具的竣工结算文件有异议时,可向工程造价管理机构投诉,申请对其进行执业质量鉴定。

4)工程造价管理机构对投诉的竣工结算文件进行质量鉴定,宜按《建设工程工程量清单计价规范》(GB 50500—2013)中"工程造价鉴定"的相关规定进行。

5)竣工结算办理完毕,发包人应将竣工结算文件报送工程所在地或有该工程管辖权的行业管理部门的工程造价管理机构备案,竣工结算文件应作为工程竣工验收备案、交付使用的必备文件。

(2)竣工结算。

1)合同工程完工后,承包人应在经发承包双方确认的合同工程期中价款结算的基础上汇总编制完成竣工结算文件,应在提交竣工验收申请的同时向发包人提交竣工结算文件。

注:承包人未在合同约定的时间内提交竣工结算文件,经发包人催告后 14 天内仍未提交或没有明确答复,发包人有权根据已有资料编制竣工结算文件,作为办理竣工结算和支付结算款的依据,承包人应予以认可。

2)发包人应在收到承包人提交的竣工结算文件后的 28 天内审核完毕。

注:①发包人经核实,认为承包人还应进一步补充资料和修改结算文件,应在上述时限内向承包人提出核实意见,承包人在收到核实意见后的 28 天内按照发包人提出的合理要求补充资料,修改竣工结算文件,并再次提交给发包人复核后批准。

②办理竣工结算的时间如果合同另有约定,必须按合同约定时间办理。

3)发包人应在收到承包人再次提交的竣工结算文件后的 28 天内予以复核,将复核结果通知承包人,并应遵守下列规定:

①发包人、承包人对复核结果无异议的,应在 7 天内在竣工结算文件上签字确认,竣工结算办理完毕。

②发包人或承包人对复核结果认为有误的,无异议部分按照本条第①款规定办理不完全竣工结算。有异议部分由发承包双方协商解决;协商不成的,应按照合同约定的争议解决方式处理。

4)发包人在收到承包人竣工结算文件后的 28 天内,不审核竣工结算或未提出审核意见的,视为承包人提交的竣工结算文件已被发包人认可,竣工结算办理完毕。

注:承包人在收到发包人提出的核实意见后的 28 天内,不确认也未提出异议的,视为发包人提出的核实意见已被承包人认可,竣工结算办理完毕。

5)发包人委托工程造价咨询人审核竣工结算的,工程造价咨询人应在 28 天内审核完毕,审核结论与承包人竣工结算文件不一致的,应提交给承包人复核,承包人应在 14 天内将同意审核结论或不同意见的说明提交工程造价咨询人。

注:①工程造价咨询人收到承包人提出的异议后,应再次复核,复核无异议的,按"计价规范"中"竣工结算"第 3 条第 1 款规定办理,复核后仍有异议的,按"计价规范"中"竣工结算"第 3 条第 2 款规定办理。

②承包人逾期未提出书面异议，视为工程造价咨询人审核的竣工结算文件已经承包人认可。

6）对发包人或发包人委托的工程造价咨询人指派的专业人员与承包人指派的专业人员经审核后无异议并签名确认的竣工结算文件，除非发包人能提出具体、详细的不同意见，发承包人都应在竣工结算文件上签名确认，如其中一方拒不签认的，按下列规定办理：

①若发包人拒不签认的，承包人可不提供竣工验收备案资料，并有权拒绝与发包人或其上级部门委托的工程造价咨询人重新核对竣工结算文件。

②若承包人拒不签认的，发包人要求办理竣工验收备案的，承包人不得拒绝提供竣工验收资料；否则，由此造成的损失，承包人承担相应责任。

7）合同工程竣工结算核对完成，发承包双方签字确认后，发包人不得要求承包人与另一个或多个工程造价咨询人重复核对竣工结算。

8）发包人对工程质量有异议，拒绝办理工程竣工结算的，已竣工验收或已竣工未验收但实际投入使用的工程，其质量争议应按该工程保修合同执行，竣工结算应按合同约定办理；已竣工未验收且未实际投入使用的工程以及停工、停建工程的质量争议，双方应就有争议的部分委托有资质的检测鉴定机构进行检测，并应根据检测结果确定解决方案，或按工程质量监督机构的处理决定执行后办理竣工结算，无争议部分的竣工结算应按合同约定办理。

工程竣工结算

2. 结算款支付

(1) 承包人应根据办理的竣工结算文件，向发包人提交竣工结算款支付申请。

注：结算款支付申请应包括下列内容：竣工结算价款总额；累计已实际支付的合同价款；应预留的质量保证金；实际应支付的竣工结算款金额。

(2) 发包人应在收到承包人提交竣工结算款支付申请后 7 天内予以核实，向承包人签发竣工结算支付证书。

(3) 发包人签发竣工结算支付证书后的 14 天内，按照竣工结算支付证书列明的金额向承包人支付结算款。

(4) 发包人在收到承包人提交竣工结算款支付申请后 7 天内不予核实，不向承包人签发竣工结算支付证书，视为承包人的竣工结算款支付申请已被发包人认可；发包人应在收到承包人提交的竣工结算支付申请 7 天后的 14 天内，按照承包人提交的竣工结算款支付申请列明的金额向承包人支付结算款。

(5) 发包人未按上述(3)、(4)条规定支付竣工结算款的，承包人可催告发包人支付，并有权获得延迟支付的利息。发包人在竣工结算支付证书签发后或者在收到承包人提交的竣工结算款支付申请 7 天后的 56 天内仍未支付的，除法律另有规定外，承包人可与发包人协商将该工程折价，也可直接向人民法院申请将该工程依法拍卖。承包人就该工程折价或拍卖的价款优先受偿。

3. 质量保证金

(1) 发包人应按照合同约定的质量保证金比例从结算款中预留质量保证金。

(2) 承包人未按合同约定履行属于自身责任的工程缺陷修复义务的，发包人有权从质量保证金中扣除用于缺陷修复的各项支出。经查验，工程缺陷属于发包人原因造成的，应由发包人承担查验和缺陷修复的费用。

(3) 在合同约定的缺陷责任期终止后，发包人应按照下述"4. 最终结清"的规定，将剩余的质量保证金返还给承包人。

4. 最终结清

(1) 缺陷责任期终止后，承包人应按照合同约定向发包人提交最终结清支付申请。发包人对最终结清支付申请有异议的,有权要求承包人进行修正和提供补充资料。承包人修正后,应再次向发包人提交修正后的最终结清支付申请。

(2)发包人应在收到最终结清支付申请后的14天内予以核实,并向承包人签发最终结清支付证书。

(3)发包人应在签发最终结清支付证书后的14天内,按照最终结清支付证书列明的金额向承包人支付最终结清款。

(4)发包人未在约定的时间内核实,又未提出具体意见的,视为承包人提交的最终结清支付申请已被发包人认可。

(5)发包人未按期最终结清支付的,承包人可催告发包人支付,并有权获得延迟支付的利息。

(6)最终结清时,承包人被预留的质量保证金不足以抵减发包人工程缺陷修复费用的,承包人应承担不足部分的补偿责任。

(7)承包人对发包人支付的最终结清款有异议的,应按照合同约定的争议解决方式处理。

小　结

通过本任务的学习,要求学生掌握以下内容:
(1)掌握建设工程工程量清单计价中的相关术语。
(2)掌握工程量清单编制的一般规定、分部分项工程项目、措施项目、其他项目、规费、税金等的相关规定及工程量清单编制格式要求。
(3)掌握招标控制价编制的一般规定、编制与复核、投诉与处理等规定及编制格式要求。
(4)掌握投标报价编制的一般规定、编制与复核等规定及编制格式要求。
(5)掌握竣工结算与支付的一般规定、编制与复核、竣工结算、结算款支付、质量保证金和最终结清等规定。

习　题

1. 简述项目编码、项目特征的含义。
2. 什么叫作总承包服务费?
3. 什么叫作暂估价?
4. 简述工程量清单的具体编制内容。
5. 总说明具体包括哪些内容?
6. 简述工程量清单报价的具体编制内容。
7. 简述招标控制价的编制要求。
8. 简述竣工结算的核对时限要求。
9. 办理竣工结算时,发包人对工程质量有异议时如何处理?

任务 22　房屋建筑与装饰工程工程量计算规范应用

22.1　实例分析

某造价咨询公司造价师张某接到某工程基础土石方工程造价编制任务，该工程基础土石方开挖简况如下：

某工程基础平面图和断面图如图 21-1 所示，土质为普通土，采用挖掘机挖土（大开挖，坑内作业），自卸汽车运土，运距为 500 m。张某现需要结合《建设工程工程量清单计价规范》（GB 50500—2013）、《房屋建筑与装饰工程工程量计算规范》（GB 50854—2013）等规范的规定编制该基础土石方分部分项工程清单与计价表。

随着我国改革开放的加快，建设市场也加快了对外开放的步伐。为建设市场主体创造一个与国际惯例接轨的市场竞争环境，就需要一种国际通行的计价方法，工程量清单计价是国际通行的计价做法。实行工程量清单计价，有利于提高建设各方参与国际竞争的能力，提高工程建设的管理水平，规范招标行为，这就需要学生培养遵纪守法、公正平等的职业精神。正如二十大报告提出：加快建设法治社会。弘扬社会主义法治精神，传承中华优秀传统法律文化，引导全体人民做社会主义法治的忠实崇尚者、自觉遵守者、坚定捍卫者。建设覆盖城乡的现代公共法律服务体系，深入开展法治宣传教育，增强全民法治观念。

22.2　相关知识

(1)为规范房屋建筑与装饰工程造价计量行为，统一房屋建筑与装饰工程工程量计算规则、工程量清单的编制方法，制定"计价规范"。

(2)"计价规范"适用于工业与民用的房屋建筑与装饰工程发承包及实施阶段计价活动中的工程计量与工程量清单编制。

(3)房屋建筑与装饰工程计价，必须按"计价规范"规定的工程量计算规则进行工程计量。

注：①该条为强制性条文，必须严格执行。

②该条规定了执行"计价规范"的范围，明确了无论国有资金投资或非国有资金投资的工程建设项目，其工程计量必须执行"计价规范"。

③所谓工程量计算，是指建设工程项目以工程设计图纸、施工组织设计或施工方案及有关技术经济文件为依据，按照相关工程国家标准的计算规则、计量单位等规定，进行工程数量的计算活动，在工程建设中简称工程计量。

(4)房屋建筑与装饰工程计量活动，除应遵守"计价规范"外，尚应符合国家现行有关标准的规定。

注：为便于在执行规范条文时区别对待，对要求严格程度不同的用词说明如下：

①表示很严格，非这样做不可的用词：正面词采用"必须"，反面词采用"严禁"。

②表示严格，在正常情况下均应这样做的用词：正面词采用"应"，反面词采用"不应"或"不得"。

③表示允许稍有选择，在条件许可时首先应这样做的用词：正面词采用"宜"，反面词采用"不宜"；表示有选择，在一定条件下可以这样做的用词，采用"可"。

(5)工程量清单与投标报价等的编制规定参见"任务 21"。

22.3 任务实施

【应用案例 22-1】

某工程基础平面图和断面图如图 21-1 所示,土质为普通土,采用挖掘机挖土(大开挖,坑内作业),自卸汽车运土,运距为 500 m。试结合《建设工程工程量清单计价规范》(GB 50500—2013)、《房屋建筑与装饰工程工程量计算规范》(GB 50854—2013)、《山东省建筑工程消耗量定额》(SD 01—31—2016)、《山东省建筑工程价目表》(2020 年)等规范的规定编制该基础土石方分部分项工程清单与计价表。

解:

(1)编制"挖基础土方"分部分项工程量清单。根据《房屋建筑与装饰工程工程量计算规范》(GB 50854—2013)中"A.1 土方工程"所包含的内容,见表 22-1,结合工程实际,确定以下几项内容:

表 22-1 "A.1 土方工程"

项目编码	项目名称	项目特征	计量单位	工程数量	工程内容
010101002	挖一般土方	1. 土壤类别 2. 挖土深度 3. 弃土运距	m³	按设计图示尺寸以体积计算	1. 排地表水 2. 土方开挖 3. 围护(挡土板)及拆除 4. 基底钎探 5. 运输

1)该项目编码为 010101002001。

2)土壤类别为普通土,挖土深度为 1.7 m,弃土运距 500 m。

3)计算工程数量。按照《山东省建筑工程消耗量定额》(SD 01—31—2016)中沟槽、地坑、一般土石方划分的规定:底宽(设计图示垫层或基础的底宽)≤3 m 且底长>3 倍底宽为沟槽;坑底面积≤20 m²,且底长≤3 倍底宽为地坑;超出上述范围,又非平整场地的,为一般土石方。所以本应用案例基础土方开挖属于一般土石方项目,其挖土方总体积计算结果如下:

基坑底面积 $S_{底}=(A+C)\times(B+2C)=(3.3\times3+1.24)\times(5.4+1.24)=73.97(\text{m}^2)$

基坑顶面积 $S_{顶}=(A+2C+2KH)\times(B+2C+2KH)=(3.3\times3+1.24+2\times0.33\times1.7)\times$
$(5.4+1.24+2\times0.33\times1.7)=95.18(\text{m}^2)$

挖土方总体积 $V=\dfrac{H}{3}\times(S_{底}+S_{顶}+\sqrt{S_{底}\times S_{顶}})=1.7/3\times(73.97+95.18+\sqrt{73.97\times95.18})$
$=143.40(\text{m}^3)$

4)工程内容为土方开挖、基底钎探和土方运输。

将上述结果及相关内容填入"分部分项工程清单与计价表"中,见表 22-2。

表 22-2 分部分项工程清单与计价表

工程名称:某工程　　　　　标段:　　　　　　　第 1 页 共 1 页

序号	项目编码	项目名称	项目特征	计量单位	工程数量	金额/元		
						综合单价	合价	其中:暂估价
1	010101002001	挖一般土方	1. 土壤类别:普通土 2. 挖土深度:1.7 m 3. 弃土运距:500 m	m³	143.40			0

(2) 编制"挖基础土方"分部分项工程投标报价。

1) 计算综合单价。计算综合单价可以参照"任务21"中所介绍的计算方法进行计算，也可以参照下列简化计算方法进行计算：

①确定工程内容。该项目发生的工程内容为：土方开挖、基底钎探和土方运输。

②计算工程数量。

土方开挖总工程量＝143.40 m³（计算方法与前述清单计算方法相同）

挖掘机挖装土方工程量＝143.40×0.95＝136.23（m³）

自卸汽车运土工程量＝136.23 m³

人工清理修整工程量＝143.40×0.063＝9.03（m³）

人工装车工程量＝9.03 m³

自卸汽车运土方工程量＝9.03 m³

基底钎探工程量＝73.97 m²

③选择定额，确定单价（含税）。

挖掘机挖装土方：套用定额1－2－41，单价（含税）＝57.43元/10 m³

自卸汽车运土：套用定额1－2－58，单价（含税）＝64.89元/10 m³

人工清理修整：套用定额1－2－3，单价（含税）＝605.44元/10 m³

人工装车：套用定额1－2－25，单价（含税）＝183.04元/10 m³

自卸汽车运土方：套用定额1－2－58，单价（含税）＝64.89元/10 m³

基底钎探：套用定额1－4－4，单价（含税）＝89.39元/10 m²

④选定费率。根据工程类别确定管理费费率和利润率，假设工程类别为三类，则企业管理费费率为25.4%，利润率为15%。

⑤计算综合单价。

$$综合单价 = \left(\frac{工程内容1单价}{定额单位} \times \frac{按定额计价计算规则计算的工程量}{按清单计价计算规则计算的工程量} + \frac{工程内容2单价}{定额单位} \times \frac{按定额计价计算规则计算的工程量}{按清单计价计算规则计算的工程量} + \cdots\right) + \left(\frac{工程内容1省价人工费}{定额单位} \times \frac{按定额计价计算规则计算的工程量}{按清单计价计算规则计算的工程量} + \frac{工程内容2省价人工费}{定额单位} \times \frac{按定额计价计算规则计算的工程量}{按清单计价计算规则计算的工程量} + \cdots\right) \times (管理费费率 + 利润率)$$

$$= \left(\frac{工程内容1单价}{定额单位} \times 按定额计价计算规则计算的工程量 + \frac{工程内容2单价}{定额单位} \times 按定额计价计算规则计算的工程量 + \cdots\right)/按清单计价计算规则计算的工程量 + \left(\frac{工程内容1省价人工费}{定额单位} \times 按定额计价计算规则计算的工程量 + \frac{工程内容2省价人工费}{定额单位} \times 按定额计价计算规则计算的工程量 + \cdots\right)/按清单计价计算规则计算的工程量 \times (管理费费率 + 利润率)$$

＝分部分项工程费/按清单计价计算规则计算的工程量＋省价人工费/按清单计价计算规则计算的工程量×(管理费费率＋利润率)

2) 编制综合单价分析表，见表22-3（参考山东省综合单价分析表）。

表 22-3 综合单价分析表

| 序号 | 编码 | 名称 | 单位 | 工程量 | 综合单价组成/元 ||||| 综合单价/(元·m^{-3}) |
					人工费	材料费	机械费	计费基础	管理费和利润	
1	010101002001	挖一般土方	m^3	143.40	9.20	0.95	11.43	9.20	3.72	25.30
	1-2-41	挖掘机挖装一般土方普通土	10 m^3	13.623	1.09	0	4.36	1.09		
	1-2-58	自卸汽车运土方运距≤1 km	10 m^3	13.623	0.36	0.08	5.72	0.36		
	1-2-3	人工清理修整	10 m^3	0.903	3.81	0	0	3.81		
	1-2-25	人工装车	10 m^3	0.903	1.15			1.15		
	1-2-58	自卸汽车运土方运距≤1 km	10 m^3	0.903	0.02	0	0.38	0.02		
	1-4-4	基底钎探	10 m^2	7.397	2.77	0.87	0.97	2.77		

注：①综合单价分析表中人工费、材料费、机械费的计算方法如下：
如定额 1-2-41：
人工费=(13.623×11.52)/143.40=1.09(元/m^3)
机械费(含税)=(13.623×45.91)/143.40=4.36(元/m^3)
再如定额 1-4-4：
人工费=(7.397×53.76)/143.40=2.77(元/m^3)
材料费(含税)=(7.397×16.87)/143.40=0.87(元/m^3)
机械费(含税)=(7.397×18.76)/143.40=0.97(元/m^3)
其他定额项目的人工费、材料费和机械费按照此方法直接在表内计算，此处略。
②管理费和利润的计费基础为省价人工费，管理费和利润=9.20×(25.4%+15%)=3.72(元/m^3)。
③综合单价=人工费+材料费+机械费+管理费和利润=9.20+0.95+11.43+3.72=25.30(元/m^3)。

3) 填写分部分项工程清单与计价表，计算合价，见表 22-4。

表 22-4 分部分项工程清单与计价表

工程名称：某工程　　　　标段：　　　　第1页 共1页

| 序号 | 项目编码 | 项目名称 | 项目特征 | 计量单位 | 工程数量 | 金额/元 | | |
						综合单价	合价	其中：暂估价
1	010101002001	挖一般土方	1. 土壤类别：普通土 2. 挖土深度：1.7 m 3. 弃土运距：500 m	m^3	143.4	25.30	3 628.02	0

【应用案例 22-2】

某工程基础平面图与断面图如图 2-1 所示，地面为水泥砂浆地面，100 mm 厚 C15 混凝土垫层，场外集中搅拌量为 25 m^3/h，混凝土运输车运输，运距 3 km，管道泵送混凝土(固定泵)；基础为 M10.0 水泥砂浆砌筑砖基础(3：7 灰土垫层采用电动夯实机打夯)。试结合《建设工程工程量清单计价规范》(GB 50500—2013)、《房屋建筑与装饰工程工程量计算规范》(GB 50854—2013)、《山东省建筑工程消耗量定额》(SD 01—31—2016)、《山东省建筑工程价目表》(2020 年)等规范的规定编制该工程垫层分部分项工程清单与计价表。

解：

(1) 编制分部分项工程量清单。根据《房屋建筑与装饰工程工程量计算规范》(GB 50854—2013)中"D.4 垫层(除混凝土垫层)""E.1 现浇混凝土基础"所包含的内容，见表22-5，结合工程实际，确定以下几项内容：

表 22-5 垫层项目

项目编码	项目名称	项目特征	计量单位	工程数量	工程内容
010404001	垫层	垫层材料种类、配合比、厚度	m³	按设计图示尺寸以m³计算	1. 垫层材料的拌制 2. 垫层铺设 3. 材料运输
010501001	垫层	1. 混凝土种类 2. 混凝土强度等级	m³	按设计图示尺寸以体积计算。不扣除伸入承台基础的桩头所占体积	1. 模板及支撑制作、安装、拆除、堆放、运输、清理模内杂物、刷隔离剂等 2. 混凝土制作、运输、浇筑、振捣、养护

1) 该项目编码分别为：010404001001、010501001001。
2) 项目特征见表22-6。
3) 计算工程数量。
① 计算条形基础3:7灰土垫层工程量。
$L_{中} = (9.00+16.5) \times 2 + 0.24 \times 3 = 51.72(m)$
$L_{净垫层} = 9 - 1.2 = 7.8(m)$
$V_{基础垫层} = 1.2 \times 0.30 \times 51.72 + 1.20 \times 0.30 \times 7.8 = 21.43(m^3)$
② 计算地面垫层工程量。
$V_{地面垫层} = (16.5 - 0.24 \times 2) \times (9.00 - 0.24) \times 0.10 = 14.03(m^3)$
4) 第1项垫层工程内容为3:7灰土垫层。第2项垫层工程内容为混凝土浇筑、制作、运输、泵送增加材料、管道输送混凝土。

将上述结果及相关内容填入"分部分项工程清单与计价表"中，见表22-6。

表 22-6 分部分项工程清单与计价表

工程名称：某工程　　　　　　　标段：　　　　　　　第1页 共1页

序号	项目编码	项目名称	项目特征	计量单位	工程数量	综合单价	合价	其中：暂估价
1	010404001001	垫层	3:7灰土垫层	m³	21.43			0
2	010501001001	垫层	1. 混凝土种类：清水混凝土 2. 混凝土强度等级：C15	m³	14.03			

(2) 编制分部分项工程投标报价。
1) 计算综合单价。计算综合单价可以参照"任务21"中所介绍的计算方法进行计算，也可以参照下列简化计算方法进行计算：

①确定工程内容。该项目发生的工程内容为：第 1 项垫层工程内容为 3∶7 灰土垫层。第 2 项垫层工程内容为混凝土浇筑、制作、运输、泵送增加材料、管道输送混凝土。

②计算工程数量。

第 1 项垫层：

3∶7 灰土垫层工程量=21.43 m^3（计算规则同清单计算规范）

第 2 项垫层：

混凝土垫层浇筑工程量=14.03 m^3（计算规则同清单计算规范）

混凝土垫层制作工程量=14.03×1.01=14.17（m^3）

混凝土垫层运输工程量=14.17 m^3

混凝土垫层泵送增加材料工程量=14.17 m^3

管道输送混凝土工程量=14.17 m^3

③选择定额，确定单价(含税)。

第 1 项垫层：

3∶7 灰土垫层：套用定额 2—1—1(换)

单价(含税)=2 017.78+(880.64+14.12)×0.05=2 062.52(元/10 m^3)

第 2 项垫层：

混凝土垫层浇筑：套用定额 2—1—28，单价(含税)=5 537.97 元/10 m^3

混凝土垫层制作：套用定额 5—3—4，单价(含税)=416.34 元/10 m^3

混凝土垫层运输：套用定额 5—3—6，单价(含税)=292.43 元/10 m^3

混凝土垫层泵送增加材料：套用定额 5—3—15，单价(含税)=308.30 元/10 m^3

垫层管道输送混凝土：套用定额 5—3—16，单价(含税)=46.22 元/10 m^3

④选定费率。根据工程类别确定管理费费率和利润率，假设工程类别为三类，则企业管理费费率为 25.4%，利润率为 15%。

⑤计算综合单价，见表 22-7。

2)编制综合单价分析表，见表 22-7(参考山东省综合单价分析表)。

表 22-7 综合单价分析表

序号	编码	名称	单位	工程量	综合单价组成/元					综合单价/(元·m^{-3})
					人工费	材料费	机械费	计费基础	管理费和利润	
1	010404001001	垫层	m^3	21.43	92.47	112.30	1.48	92.47	37.36	243.61
	2—1—1(换)	3∶7 灰土垫层机械振动	10 m^3	2.143	92.47	112.30	1.48	92.47		
2	010501001001	垫层	m^3	14.03	117.23	483.39	60.57	117.23	47.36	708.55
	2—1—28	C15 混凝土垫层无筋	10 m^3	1.403	106.24	446.86	0.70	106.24		
	5—3—4	场外集中搅拌混凝土，25 m^3/h	10 m^3	1.417	8.40	3.31	30.34	8.40		
	5—3—6	运输混凝土运输车，运距≤5 km	10 m^3	1.417	0	0	29.53	0		

续表

序号	编码	名称	单位	工程量	综合单价组成/元					综合单价/(元·m^{-3})
					人工费	材料费	机械费	计费基础	管理费和利润	
	5−3−15	泵送混凝土增加材料	10 m³	1.417	0	31.14	0		0	
	5−3−16	管道输送混凝土,输送高度≤50 m 基础	10 m³	1.417	2.59	2.08	0	2.59		

3) 填写分部分项工程清单与计价表,计算合价,见表 22-8。

表 22-8 分部分项工程清单与计价表

工程名称:某工程　　　　　　　　　　标段:　　　　　　　　　　第 1 页　共 1 页

序号	项目编码	项目名称	项目特征	计量单位	工程数量	金额/元		
						综合单价	合价	其中:暂估价
1	010404001001	垫层	3:7 灰土垫层	m³	21.43	243.61	5 220.56	0
2	010501001001	垫层	1. 混凝土种类:清水混凝土 2. 混凝土强度等级:C15	m³	14.03	708.55	9 940.96	0

22.4　知识拓展

【应用案例 22-3】

某工程用打桩机,打图 3-1 所示钢筋混凝土预制方桩,共 100 根。试结合《建设工程工程量清单计价规范》(GB 50500—2013)、《房屋建筑与装饰工程工程量计算规范》(GB 50854—2013)、《山东省建筑工程消耗量定额》(SD 01—31—2016)、《山东省建筑工程价目表》(2020 年)等规范的规定编制该工程打桩分部分项工程清单与计价表。

解:

(1) 编制分部分项工程量清单。根据《房屋建筑与装饰工程工程量计算规范》(GB 50854—2013)中"C.1 打桩"所包含的内容,见表 22-9,结合工程实际,确定以下几项内容:

表 22-9　打桩

项目编码	项目名称	项目特征	计量单位	工程数量	工程内容
010301001	预制钢筋混凝土方桩	1. 地层情况 2. 送桩深度、桩长 3. 桩截面 4. 桩倾斜度 5. 沉桩方法 6. 接桩方式 7. 混凝土强度等级	m³	以 m³ 计量,按设计图示截面积乘以桩长(包括桩尖)以实体积计算	1. 工作平台搭折 2. 桩机竖折、移位 3. 沉桩 4. 接桩 5. 送桩

1)该项目编码为:010301001001。
2)项目特征见表22-10。
3)计算工程数量。

工程量=0.5×0.5×(24+0.6)×100=615.00(m^3)

4)工程内容为沉桩。

将上述结果及相关内容填入"分部分项工程清单与计价表"中,见表22-10。

表22-10 分部分项工程清单与计价表

工程名称:某工程　　　　　　　　　　　标段:　　　　　　　　　　　第1页 共1页

序号	项目编码	项目名称	项目特征	计量单位	工程数量	金额/元		
						综合单价	合价	其中:暂估价
1	010301001001	预制钢筋混凝土方桩	1. 桩长 24.6 m 2. 桩截面 500 mm×500 mm 3. 打桩	m^3	615.00			0

(2)编制分部分项工程投标报价。

1)计算综合单价。计算综合单价可以参照"任务21"中所介绍的计算方法进行计算,也可以参照下列简化计算方法进行计算:

①确定工程内容。该项目发生的工程内容为:打桩。

②计算工程数量。

工程量=0.5×0.5×(24+0.6)×100=615.00(m^3)

③选择定额,确定单价(含税)。

套用定额3-1-2,单价(含税)=2 500.75元/10 m^3

④选定费率。根据工程类别确定管理费费率和利润率,假设工程类别为二类,则企业管理费费率为17.8%,利润率为13.1%。

⑤计算综合单价,见表22-11。

2)编制综合单价分析表,见表22-11(参考山东省综合单价分析表)。

表22-11 综合单价分析表

序号	编码	名称	单位	工程量	综合单价组成/元					综合单价/(元·m^{-3})
					人工费	材料费	机械费	计费基础	管理费和利润	
1	010301001001	预制钢筋混凝土方桩	m^3	615.00	84.74	10.73	154.61	84.74	26.18	276.26
	3-1-2	打预制钢筋混凝土方桩,桩长≤25 m	10 m^3	61.50	84.74	10.73	154.61			

3)填写分部分项工程清单与计价表,计算合价,见表22-12。

表 22-12　分部分项工程清单与计价表

工程名称：某工程　　　　　　　　　　标段：　　　　　　　　　　第1页 共1页

序号	项目编码	项目名称	项目特征	计量单位	工程数量	金额/元		
						综合单价	合价	其中：暂估价
1	010301001001	预制钢筋混凝土方桩	1. 桩长 24.6 m 2. 桩截面 500 mm×500 mm 3. 打桩	m³	615.00	276.26	169 899.90	0

小　结

通过本任务的学习，要求学生掌握以下内容：

(1) 掌握分部分项工程清单与计价表、措施项目清单与计价表的编制方法，包括项目编码的编制、项目特征的描述、多个计量单位的确定。

(2) 掌握《房屋建筑与装饰工程工程量计算规范》(GB 50854—2013)中工程量的计算方法。

(3) 掌握综合单价的计算方法，能够利用综合单价分析表直接计算综合单价。

习　题

1. 某工程基础为砌筑砖基础，砂浆为 M5.0 水泥砂浆，其基础平面图与断面图如图 4-1 所示。试结合《建设工程工程量清单计价规范》(GB 50500—2013)、《房屋建筑与装饰工程工程量计算规范》(GB 50854—2013)、《山东省建筑工程消耗量定额》(SD 01—31—2016)、《山东省建筑工程价目表》(2020年)等规范的规定编制该工程分部分项工程清单与计价表。

2. 某现浇钢筋混凝土独立基础详图如图 5-1 所示，已知基础混凝土强度等级为 C30，垫层混凝土强度等级为 C20，石子粒径均 <20 mm，混凝土为场外集中搅拌 25 m³/h，泵送混凝土；J—1 断面配筋为：①筋 Φ12@100，②筋 Φ14@150；J—2 断面配筋为：③筋 Φ12@100，④筋 Φ14@150。试结合《建设工程工程量清单计价规范》(GB 50500—2013)、《房屋建筑与装饰工程工程量计算规范》(GB 50854—2013)、《山东省建筑工程消耗量定额》(SD 01—31—2016)、《山东省建筑工程价目表》(2020年)等规范的规定编制该工程分部分项工程清单与计价表。

参考文献

[1] 中华人民共和国住房与城乡建设部,中华人民共和国国家质量监督检验检疫总局. GB 50500—2013 建设工程工程量清单计价规范[S]. 北京:中国计划出版社,2013.

[2] 中华人民共和国住房与城乡建设部. GB 50854—2013 房屋建筑与装饰工程工程量计算规范[S]. 北京:中国计划出版社,2013.

[3] 规范编制组. 2013 建设工程计价计量规范辅导[M]. 北京:中国计划出版社,2013.

[4] 山东省住房和城乡建设厅. SD 01—31—2016 山东省建筑工程消耗量定额[S]. 北京:中国计划出版社,2016.

[5] 山东省住房和城乡建设厅. 山东省建设工程费用项目组成及计算规则:鲁建标字〔2016〕40号[S]. 济南:山东省住房和城乡建设厅,2016.

[6] 山东省工程建设标准定额站. 山东省建筑工程价目表[M]. 济南:山东省工程建设标准定额站,2020.

[7] 山东省工程建设标准定额站. 2020 年人工、材料、机械台班价格表[M]. 济南:山东省工程建设标准定额站,2020.

[8] 山东省住房和城乡建设厅. 山东省建设工程施工机械台班费用编制规则[S]. 济南:山东省住房和城乡建设厅,2016.

[9] 山东省住房和城乡建设厅. 山东省建设工程施工仪器仪表台班费用编制规则[S]. 济南:山东省住房和城乡建设厅,2016.

[10] 山东省工程建设标准定额站. 山东省建筑工程消耗量定额交底培训资料[M]. 济南:山东省工程建设标准定额站,2016.

[11] 山东省工程建设标准定额站. 山东省建设工程工程量清单计价规则[S]. 济南:山东省工程建设标准定额站,2011.

[12] 山东省建设厅. 山东省建筑工程工程量清单计价办法[M]. 北京:中国建筑工业出版社,2011.

[13] 山东省建设厅. 山东省装饰装修工程工程量清单计价办法[M]. 北京:中国建筑工业出版社,2011.

[14] 肖明和. 建筑工程计量与计价[M]. 3 版. 北京:北京大学出版社,2015.

[15] 丁春静. 建筑工程计量与计价[M]. 3 版. 北京:机械工业出版社,2014.